"十四五"职业教育国家规划教材

电子产品装配与调试

第2版

主　编　吴明波　晏学峰

副主编　邹红卫　文　辉　肖玉龙

参　编　谢枚宏　袁春艳　叶元伟

主　审　谭立新

工学结合：新理念

考核评价：新模式

课程思政：新案例

技能竞赛：新指导

中南大學出版社

www.csupress.com.cn

·长沙·

出版说明

INTRODUCTION

根据《国务院关于大力发展职业教育的决定》、国务院印发的《关于加快发展现代职业教育的决定》等文件提出的教材建设要求，以及《中等职业学校专业教学标准(试行)》(2014)要求职业教育科学化、标准化、规范化等要求，中南大学出版社组织全国近30余所中等职业学校的骨干教师及行业(企业)专家编写了这套《职业教育电子类专业“新课标”规划教材》。

本套教材的编写紧紧围绕目标，以项目模块重新构建知识体系结构，书中内容都以典型产品为载体设计活动来进行的，围绕工作任务、工作现场来组织教学内容，在任务的引领下学习理论，实现理论教学与实践教学融通合一、能力培养与工作岗位对接合一、实习实训与顶岗工作学做合一。

本套教材力求以任务项目为引领，以就业为导向，以标准为尺度，以技能为核心，达到使学校教师、学生在使用本套教材时，感到实用、够用、好用。归纳起来，本套教材具有以下特色：

(1)以任务为驱动，对接真实工作场景性强，教学目的性强，实用性强，教—学—做合一一体性强。

(2)各项目及内容按照循序渐进、由易到难，所选案例、任务、项目贴近学生，注重知识的趣味性、实用性和可操作性。

(3)把培养学生学习能力贯穿于整个教材中，尽量避免各套教材的实训项目内容重复，注意主辅协调、合理搭配，提高教学效果。

(4)考虑到各个学校实训条件，教材中许多项目还设计了仿真教学，兼顾各中等职业学校的实际教学要求，让学生能轻松学习知识和技能。

(5)注重立体化教材建设。通过主教材、电子教案、实训指导、习题及解答等教学资源的有机结合，提高教学服务水平，为高素质技能型人才的培养创造良好的条件。

由于职业教育改革和发展的速度很快，加之我们的水平和经验有限，因此在教材的编写和出版过程中难免出现问题和错误。我们恳请使用这套教材的师生及时向我们反馈质量信息，以利于我们今后不断提高教材的出版质量，为广大师生提供更多、更实用的教材。意见反馈及教学资源联系方式：451899305@ qq. com

编委会主任　李正祥

2014 年 6 月

前言

Foreword

第二版前言

为了深入贯彻党的二十大精神和全国教育大会精神，落实《国家职业教育改革实施方案》(国发〔2019〕4号)和《职业院校教材管理办法》(教材〔2019〕3号)有关要求，深化职业教育“三教”改革，使教材适应新的职业教育教学改革方向，更贴近教学的实际需要，对该教材进行了修订。

结合第一版的情况，我们对全书做了修订工作，主要内容有：

(1)在书中空白处，采用二维码的形式增加了为我国社会主义建设作出贡献的大国工匠、全国劳模的介绍。

(2)对教材里描述不规范、不恰当的地方进行了修改。

(3)增加了导线连接方面的内容及最新的电子产品的介绍。

(4)制作了部分案例的课件和微课。

本书的修订参考了国内最新出版的相关教材以及网络资源，特别是湖南盛逸特电子科技有限公司提供了实际案例，在这里对原作者和湖南盛逸特电子科技有限公司表示衷心的感谢。本书的实训案例由湖南盛逸特电子科技有限公司提供支持，如需购买本书套件的读者请与该公司联系(电话：073184154911)。

由于编者水平有限，难免出现一些疏漏之处，请各位专家批评指正。

编　者

2022年12月

第一版前言

随着社会的日新月异，我国对技能型人才的需求越来越多。职业学校是培养技能型人才的摇篮。为适应中等职业学校电子专业技能课程的教学，我们特意编写该项目式实训教材。本书突破传统的教育模式，以行为过程为导向，以项目教学为抓手，重点培养学生的动手操作能力，体现“做中学，学中做”的职业教育的特色。

本书的教学内容一般在学习完电工技术和电子技术课程内容后进行。我们考虑了实训课程的特点与所教知识的趣味性与实用性，编写了3个项目的内容：项目1——元器件与焊接知识；项目2——插件类电子产品的装配与调试；项目3——贴片类电子产品的装配与调试。项目1介绍了电子技术中所涉及的大部分元器件的性能与检测方法，手工焊接方法(包括插件元件和贴片元件的焊接方法)，焊接工艺要求，电子产品的调试工艺等。项目2、项目3在综合考虑了知识的趣味性与实用性的基础上，选择了有源迷你音箱、对讲机、抢答器、音乐彩灯等任务。这些任务包括了声、光、电等方面知识的应用，也包括了模拟电路和数字电路的大部分知识的应用。

由于时间仓促，加上编者水平有限，书中难免有不足之处，恳请各位读者提出宝贵意见，以便进一步完善。

本书可作为中等职业学校、技工学校的电子类、信息类等专业学生的教材，也可作为电子技能实训课程、电子产品装配与调试竞赛项目培训和电子专业技能抽查的参考用书。

本书的实训资料由湖南盛逸特电子科技有限公司大力提供。感谢该公司为本书免费提供的实训工具、套件、耗材等。如需购买本书套件的读者请与该公司联系（电话：073184154911）。

编　者

2014年7月

目录

Contents

项目 1

元器件与焊接知识

精益求精，匠心筑梦
——大国工匠李凯军

任务 1.1　电子元器件的识别与检测

元器件是组成各种电路的最小单位，学习各种电路原理，应从元器件开始。组成各种电器的元器件种类繁多，本任务将介绍几种最基本的元器件和集成电路的基本知识。学习这些元器件，主要是学习它们的外形特征、主要电气特性及应用、型号命名、参数表示方法及如何用万用表判别元器件的好坏。

1.1.1　电阻器和电位器

1.1.1.1　常见电阻器和电位器的外形与符号

电阻器在电子产品中是一种必不可少、用得最多的元器件。它具有一定的几何形状、物理特性、技术参数，且对电流有阻碍作用。电阻器在电路中的作用可概括为：降压、分压、限流、分流、取样、负载；其主要特性可概括为：串联分压、并联分流。电阻器最常用的单位有：MΩ、kΩ、Ω。其国际通用单位是“Ω”。各单位之间的换算关系：$1\ M\Omega = 10^3\ k\Omega = 10^6\ \Omega$。图 1-1-1 是部分电阻器和电位器的外形示意图；图 1-1-2 是常见电阻器和电位器的图形符号。

1.1.1.2　电阻器和电位器的主要参数

1. 标称阻值和偏差

标称阻值是指在电阻器上面所标示的阻值，常用符号“R”表示。

偏差是指电阻器的实际阻值与其标称阻值的差值与标称阻值之比的百分数。普通电阻器

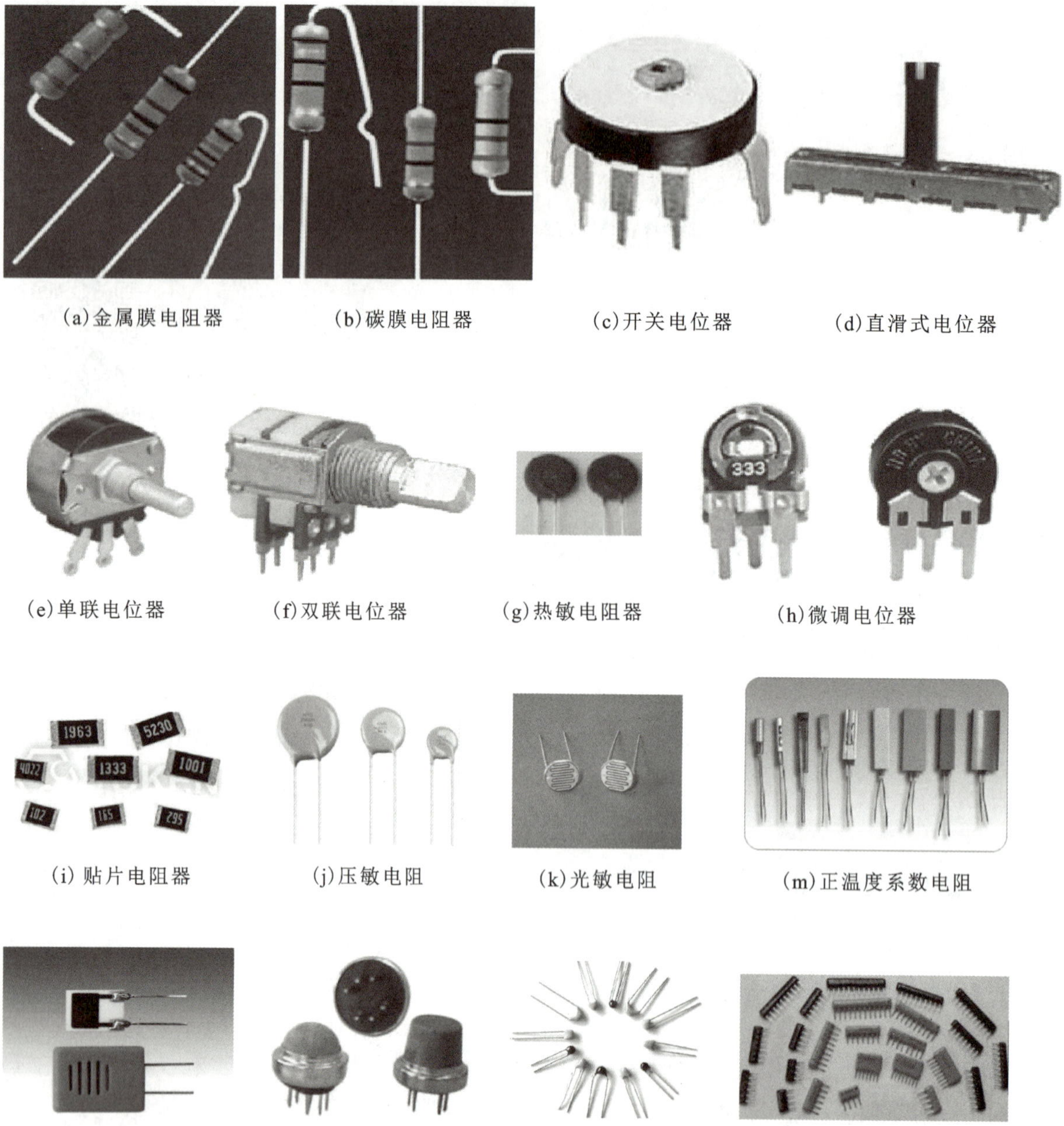

(a)金属膜电阻器　(b)碳膜电阻器　(c)开关电位器　(d)直滑式电位器

(e)单联电位器　(f)双联电位器　(g)热敏电阻器　(h)微调电位器

(i) 贴片电阻器　(j)压敏电阻　(k)光敏电阻　(m)正温度系数电阻

(n)湿敏电阻　(o)气敏电阻　(p)负温度热敏电阻　(q)直插排阻

图 1-1-1　电阻器和电位器的外形

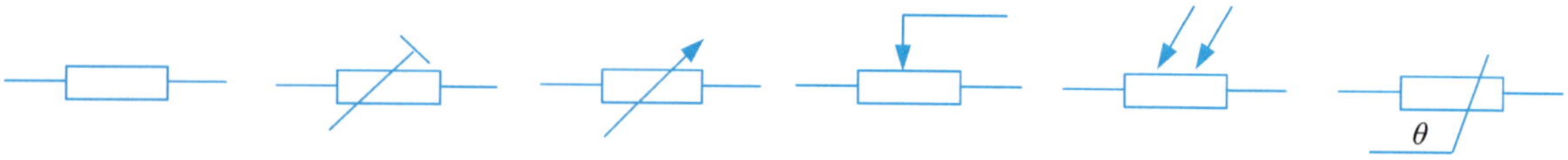

(a) 电阻器　(b) 微调电阻器　(c) 可变电阻器　(d) 电位器　(e) 光敏电阻器　(f) 热敏电阻

图 1-1-2　常见电阻器和电位器的图形符号

的偏差一般分为±5%（Ⅰ级）、±10%（Ⅱ级）、±20%（Ⅲ级）三级。常见的精密电阻偏差为±0.5%、±1%、±2%。电阻器的偏差标注有三种方式：

①直接用百分数表示。如±5%、±10%等。

②只用百分数的数字表示。如±5%、±10%就只标5、10。

③用字母符号表示。常用来表示偏差的字母符号有F（±1%）、G（±2%）、J（±5%）、K（±10%）、M（±20%）、N（±30%）。当电阻器没标偏差时，这时就表示其偏差为±20%。另一个要强调的是，这些表示电阻偏差的字母符号，同样适合于电容器、电感器等。

2. 额定功率

电阻器的额定功率是指电阻器在电路中连续工作时，所能承受的最大消耗功率。电阻的体积越大，功率越大。我们常见的是1/4 W的电阻。1/8 W以下的额定功率，在电阻上一般不标；1/8 W以上的额定功率一般要求在其图形符号上标出。标记方法如图1-1-3所示。

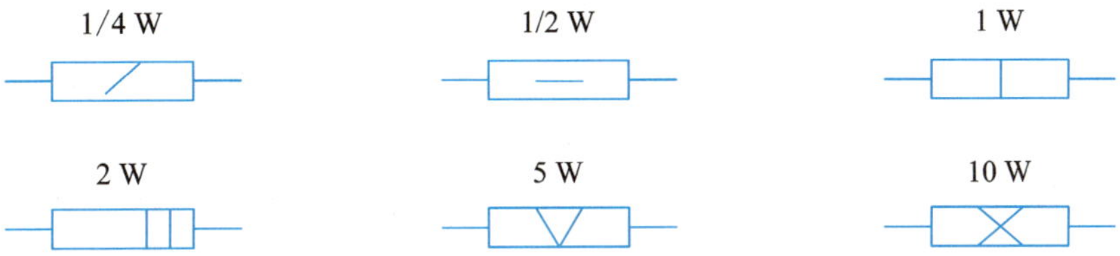

图1-1-3 额定功率值的电阻在电路图上的符号

3. 温度系数

电阻的温度系数是指温度每变化1 ℃，所引起的电阻值的相对变化。温度系数越小，电阻的稳定性越好。凡阻值随温度的升高而增大的为正温度系数，具有这种特性的电阻称正温度系数电阻；凡阻值随温度的升高而减小的为负温度系数，具有这种特性的电阻称负温度系数电阻。

1.1.1.3 电阻器和电位器的型号命名方法

1. 电阻器型号命名方法

电阻器型号命名方法如表1-1-1所示，示例如下：

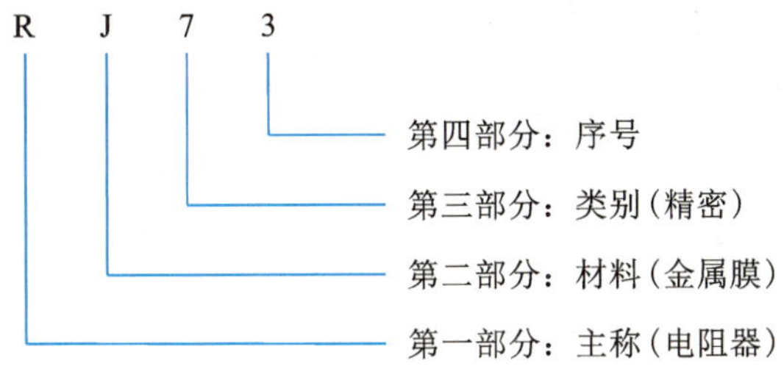

表 1-1-1　电阻器型号命名方法

第一部分：主称		第二部分：材料		第三部分：特征分类			第四部分：序号
符号	意义	符号	意义	符号	意义		
					电阻器	电位器	
R	电阻器	T	碳膜	1	普通	普通	对主称、材料相同，仅性能指标、尺寸大小有差别，但基本不影响互换使用的产品，给予同一序号；若性能指标、尺寸大小明显影响互换时，则在序号后面用大写字母作为区别代号
W	电位器	H	合成膜	2	普通	普通	
		S	有机实心	3	超高频	—	
		N	无机实心	4	高阻	—	
		J	金属膜	5	高温	—	
		Y	氧化膜	6	—	—	
		C	沉积膜	7	精密	精密	
		I	玻璃釉膜	8	高压	特殊函数	
		P	硼碳膜	9	特殊	特殊	
		U	硅碳膜	G	高功率	—	
		X	线绕	T	可调	—	
		M	压敏	W	—	微调	
		G	光敏	D	—	多圈	
		R	热敏	B	温度补偿	—	
				C	温度测量	—	
				P	旁热式	—	
				W	稳压式	—	
				Z	正温度系数	—	

2. 贴片电阻器的命名方法

国内贴片电阻的命名方法：

- 5%精度的命名：RS-05K102JTL
- 1%精度的命名：RS-05K1002FTL

以上式中：R——表示厚膜片式固定电阻器。

S——表示该贴片电阻额定功率。

05——表示封装尺寸(英寸)。02 表示 0402、03 表示 0603、05 表示 0805、06 表示 1206、1210 表示 1210、1812 表示 1812、10 表示 1210、12 表示 2512。贴片电阻的封装与参数见表 1-1-2。

K——表示温度系数为 100 ppm($\times10^{-6}$)。其他型号包括：W：±200 ppm；U：±400 ppm；K：±100 ppm；L：±250 ppm。

102——表示电阻阻值为 1000 Ω(1 kΩ)。

J——表示该贴片电阻的阻值误差精度为±5%。其他代号所代表的意义如下：

D：±0.5%　　F：±1%　　G：±2%　　J：±5%　　K：±10%

T——表示该贴片电阻的包装形式为编带包装。除了编带包装外，贴片电阻还有塑料盒包装(用 B 表示)和塑料袋散装(用 C 表示)两种包装方法。

L——表示无铅化等级为 L 级，即整体低铅(小于或等于 1000 ppm)，如果是 G，则表示为整体无铅(小于或等于 100 ppm)。

表 1-1-2　贴片电阻的封装与参数

英制 /mil	公制 /mm	长(L) /mm	宽(W) /mm	高(H) /mm	额定功率 /W	最大工作电压/V
0201	0603	0.60±0.05	0.30±0.05	0.23±0.05	1/20	25
0402	1005	1.00±0.10	0.50±0.10	0.30±0.10	1/16	50
0603	1608	1.60±0.15	0.80±0.15	0.40±0.10	1/16	50
0805	2012	2.00±0.20	1.25±0.15	0.50±0.10	1/10	150
1206	3216	3.20±0.20	1.60±0.15	0.55±0.10	1/8	200
1210	3225	3.20±0.20	2.50±0.20	0.55±0.10	1/4	200
1812	4832	4.50±0.20	3.20±0.20	0.55±0.10	1/2	200
2010	5025	5.00±0.20	2.50±0.20	0.55±0.10	1/2	200
2512	6432	6.40±0.20	3.20±0.20	0.55±0.10	1	200

现在常用的电阻、电容、电感、二极管都有贴片封装，贴片封装用四位数字标识，表明了器件的长度和宽度等参数。常见的贴片电阻有 0805、0603，如 0805 表示该器件的长是 2 mm，宽是 1.25 mm。(08 表示 80 mil，40 mil=1 mm，其他类似)贴片电阻有 5%和 1%两种精度，购买时不特别说明的话就是指 5%。

1.1.1.4　电阻器和电位器的标示内容及方法

1. 插件电阻器的标示内容及方法

(1)直接标示法。

将电阻器的主要参数直接标注在电阻器的外壳上，如图 1-1-4 所示。

(2)数码标示法。

用 3 位数字表示电阻值、用相应字母表示允许偏差的方法称为数码标示法。其中，数码按从左到右的顺序，第一、二位为电阻值的有效值，第三位为零的个数，电阻的单位是 Ω。10 Ω 以下的小数点也与文字符号法相同(见本教材 P7)，如 2.2 Ω 也用 2R2 来表示。

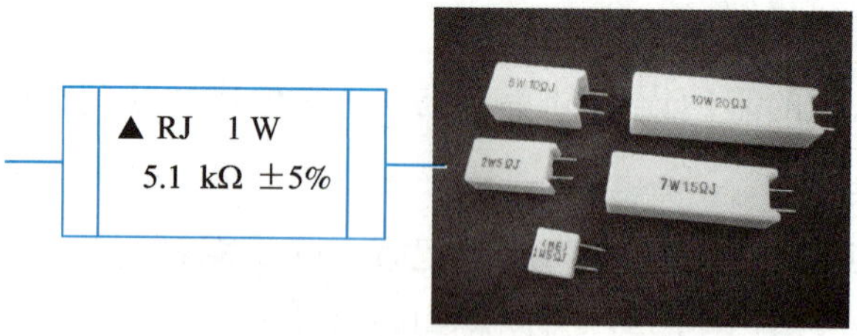

▲—电阻器的商标；RJ—“R”代表电阻器，“J”表示电阻器由金属材料制作而成；1W—电阻器的额定功率为 1 W；5. 1 kΩ—电阻器的电阻值为 5. 1 kΩ；±5%—电阻值的允许偏差为±5%。

图 1-1-4　直接标示法

例 1-1-1　标志为 222 J 和 103 K 的电阻器，标称阻值及偏差各为多少？

解： 222J：22×10^{2} Ω±5% = 2200 Ω±5% = 2. 2 kΩ±5%

103K：10×10^{3} Ω±10% = 10000 Ω±10% = 10 kΩ±10%

(3)色环标示法。

色环标示法即色标法，是将电阻器的类别及主要技术参数的数值用颜色(色环或色点)标注在它的外表面上，色标法与对应数值如表 1-1-3 所示。色标电阻(色环电阻)器可分为三环、四环、五环三种标法，如图 1-1-5 所示。

表 1-1-3　色标法与对应数值

颜色	有效数字	倍率	允许偏差/%
棕色	1	$\times10^{1}$	±1%
红色	2	$\times10^{2}$	±2%
橙色	3	$\times10^{3}$	—
黄色	4	$\times10^{4}$	—
绿色	5	$\times10^{5}$	±0. 5%
蓝色	6	$\times10^{6}$	±0. 25%
紫色	7	$\times10^{7}$	±0. 1%
灰色	8	$\times10^{8}$	—
白色	9	$\times10^{9}$	+50%，-20%
黑色	0	$\times10^{0}$	—
金色	—	$\times10^{-1}$	±5%
银色	—	$\times10^{-2}$	±10%
无色	—	—	±20%

三色环电阻器的色环表示标称电阻值(允许误差均为±20%)。例如，色环为棕黑红，表示 10×10^{2} = 1. 0 kΩ±20%的电阻器。

四色环电阻器的色环表示标称值(两位有效数字)及精度。例如，色环为棕绿橙金表示 15×10^{3} = 15 kΩ±5%的电阻器。

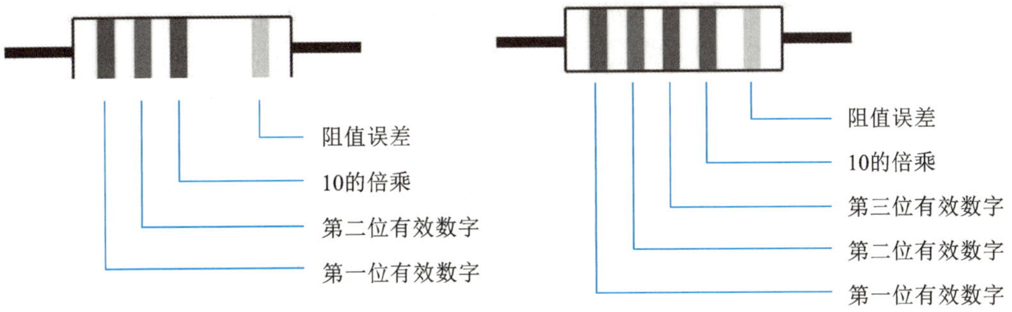

(a) 四色环标注法　　　　(b) 五色环标注法

图 1-1-5　色环标示法

五色环电阻器的色环表示标称值(三位有效数字)及精度。例如，色环为红紫绿黄棕表示 $275\times10^4=2.75\ \mathrm{M\Omega}\pm1\%$ 的电阻器。

一般四色环和五色环电阻器表示允许误差的色环的特点是该环离其他环的距离较远。较标准的表示应是表示允许误差的色环的宽度是其他色环的(1.5~2)倍。有些色环电阻器由于厂家生产不规范，无法用上面的特征判断，这时只能借助万用表判断。

(4) 文字符号法。

文字符号法是用数字和文字符号或两者有规律地组合，在电阻器上标出主要参数的标示方法。符号前面的数字表示整数阻值，后面的数字依次表示第一位小数阻值和第二位小数阻值。如：0.1 Ω，可标注为 R1 或 Ω1；1 kΩ，可标注为 1K；3.3 MΩ，可标注为 3M3。

1.1.1.5　电阻器和电位器的检测

1. 用万用表测量实际电阻值

将万用表拨到欧姆挡，测量过程中，每换一次电阻挡位，都必须“校零”。两只表笔(不分正、负)分别与电阻的两端引脚相接即可测出实际电阻值。为了提高测量精度，应根据被测电阻标称值的大小来选择量程，并应使指针指示值尽可能落到刻度的中段位置，即全刻度起始的 20%~80% 弧度范围内，以使测量更准确。根据电阻误差等级不同，读数与标称阻值之间分别允许有±5%、±10%或±20%的误差。如不相符，超出误差范围，则说明该电阻器变值了。

注意：测试时，特别是在测几十千欧以上阻值的电阻时，手不要触及表笔和电阻的导电部分；被检测的电阻必须从电路中拆焊下来或至少要焊开一个端头，以免电路中的其他元器件对测试产生影响，造成测量误差；色环电阻的阻值虽然能以色环标识来确定，但在使用时最好还是用万用表测量一下其实际阻值。

2. 检测电位器

(1) 转动电位器的转轴或滑动电位器的滑片。

在操作过程中，若能感到平滑和具有良好的手感，并且电位器内部无“沙沙”声，说明此电位器性能良好；否则，应对其进行检修。

(2)测量电位器的标称阻值。

测量出的电位器两定片之间的阻值应为其标称阻值。如果测量值与电位器的实际标称阻值相差很大，则说明其已损坏。

(3)检测滑动片与电阻体定片之间的接触状况。

将万用表拨到欧姆挡，根据被测电位器的标称阻值大小，选择合适的量程挡，并校零。万用表的一只表笔接触中心焊片(滑动)的引脚(注意：中心焊片的引脚是固定的，而滑动片是可以直接移动的)，另一只表笔接触其两端定片引脚中的任意一个，慢慢地将转轴(柄)从一个极端旋转到另一个极端，其阻值应从近似0(原因是电位器上存在着活动触头，而活动触头存在着接触电阻)连续变化到电位器的标称阻值，或者做相反变化。在此操作过程中，万用表的指针不应有跳动现象，否则，表明电位器的活动触头有接触不良的故障。

(4)检测开关性能。

带开关的电位器，当将其开关接通或断开时，应能听到清脆的响声，否则，将对其进行检修。将万用表置于R×1挡，两只表笔分别接触开关的两个焊片：当开关接通时，开关的两焊片之间的阻值应近似为0，否则说明电位器开关触头接触不良；当开关断开时，开关的两焊片之间的阻值应为无穷大，否则说明电位器开关失控。

(5)检测电位器外壳与各引脚的绝缘性能。

将万用表置于R×10 k挡，万用表的一只表笔接触电位器的外壳，另一只表笔逐个接触电位器的各个引脚。测得的阻值都应为无穷大，否则说明电位器外壳与引脚存在着短路现象或者它们之间的绝缘性能不好。

1.1.1.6 特种电阻

1. 光敏电阻

光敏电阻又称为光导管，如图1-1-1(k)所示。它是利用半导体的光电效应制成的一种电阻值随入射光的强弱而改变的电阻；光照强，电阻减小，光照弱，电阻增大。

其主要参数：

①亮电阻(kΩ)：指光敏电阻受到光照射时的电阻值。

②暗电阻(MΩ)：指光敏电阻在无光照射(黑暗环境)时的电阻值。

③最高工作电压(V)：指光敏电阻在额定功率下所允许承受的最高电压。

④灵敏度：指光敏电阻在有光照射和无光照射时电阻值的相对变化。

除此之外，还有亮电流、暗电流、时间常数和电阻温度系数等。

检测：

①检测暗电阻：用小黑纸片遮在光敏电阻的透光窗，此时万用表的指针应有微小幅度的摆动，阻值明显很大。暗电阻为数兆欧至几十兆欧，则说明光敏电阻质量良好。

②检测亮电阻：将光源对准光敏电阻的透光窗口，此时万用表的指针应有较大幅度的摆动，阻值明显减小。此值越小说明光敏电阻性能越好，若此值很大甚至无穷大，表明光敏电阻

内部开路损坏，不能再继续使用。

③检测灵敏性：将光敏电阻透光窗口对准入射光线，用小黑纸片在光敏电阻的透光窗上部晃动，使其间断受光，此时万用表指针应随黑纸片的晃动而左右摆动。如果万用表指针始终停在某一位置不随纸片晃动而摆动，说明光敏电阻的光敏材料已经损坏。

2. 热敏电阻

热敏电阻电阻值随着其表面温度的变化而变化，热敏电阻器如图 1-1-1(g)所示。热敏电阻分为正温度系数和负温度系数电阻。选用时不仅要注意其额定功率、最大工作电压、标称阻值，还要注意最高工作温度和电阻温度系数等参数，并注意阻值变化方向。检测如下所述：

①常温检测(室内温度接近 25 ℃)。将两表笔接触热敏电阻的两引脚测出其实际阻值，并与标称阻值相对比，二者相差在 2Ω 内即为正常。实际阻值若与标称阻值相差过大，则说明其性能不良或已损坏。

②加温检测。将一热源(例如电烙铁)靠近热敏电阻对其加热，同时用万用表监测其电阻值是否随温度的升高而变化，阻值增大为 PTC(正温度系数)，阻值减小为 NTC(负温度系数)。

若测得是开路或短路，或阻值偏离标称阻值很多，或加温后阻值无变化的表明电阻器已损坏。

3. 压敏电阻

压敏电阻是对电压变化很敏感的非线性电阻，如图 1-1-1(j)所示。当电阻上的电压在标称值内时，电阻上的阻值呈无穷大状态；当电压略高于标称电压时，其阻值很快下降，使电阻处于导通状态；当电压减小到标称电压以下时，其阻值又开始增加。选用时，压敏电阻的标称电压值应是加在压敏电阻两端电压的 2~2.5 倍，另需注意压敏电阻的温度系数。

辨认压敏电阻的方法：一是看在标记了标称电压值后面是否标记了“V”，有就是压敏电阻。另一种方法是看透明外壳封装的一端是否标印了一个黑点，有就是压敏电阻。

检测：在常态下(脱开电路后)，用万用表的 R×10 k 挡测量压敏电阻两引脚之间的正、反向绝缘电阻，均应为无穷大。否则，说明漏电流大。若所测电阻很小，说明压敏电阻已损坏，不能使用。

4. 湿敏电阻

湿敏电阻是对湿度变化非常敏感的电阻，能在各种湿度环境中使用，如图 1-1-1(n)所示。选用时应根据不同类型型号的不同特点以及湿敏电阻的精度、湿度系数、相应速度、湿度量程等进行选用。

1.1.2 电容器

两个平行的导体，中间隔着一层绝缘介质，在它内部可以存储电荷，我们称它为电容器。电容器是电子产品中主要元件之一，其作用有：滤波、耦合、旁路、储存电荷、充放电等。特性有：加在两端的电压不能突变。它和电阻器一样，几乎每种电子电路中都离不开它。

1.1.2.1 常见电容器的外形及符号

常见电容器的外形见图 1-1-6，图形符号见图 1-1-7。

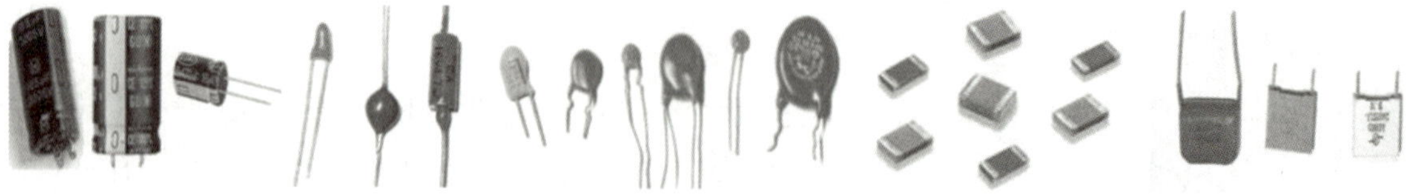

(a)铝电解电容　(b)钽电解电容　(c)瓷介电容器　(d)贴片电容　(e)聚丙烯电容

(f)涤纶电容　(g)云母电容器　(h)贴片电容　(i)贴片电解电容

(j)可变电容　(k)微调电容

图 1-1-6　电容器的外形

(a) 电容器　(b) 微调电容器　(c) 可变电容器　(d) 双联可变电容器　(e) 电解电容器

图 1-1-7　电容器的图形符号

1.1.2.2 电容器的主要参数

1. 标称电容量和允许偏差

标在电容器上的电容量数值称为电容器的标称容量，该参数反映了电容器储存电荷的能力大小，常用符号“*C*”表示。电容单位有 F(法拉，简称法)、mF(毫法)、μF(微法)、nF(纳法)、pF(皮法)。国际通用单位为“F”。由于 F、mF 单位太大，一般少用，常用 μF、nF、pF。各单位的换算关系是：$1\ F=10^3\ mF=10^6\ \mu F=10^9\ nF=10^{12}\ pF$。

实际容量可以在允许范围内偏移，这称为允许偏差。其标注方法与电阻相同。

2. 额定直流工作电压

在使用电容器时，必须确保实际所施加的电压始终小于其额定直流工作电压。在交流电路中，则应使所加的交流电压的最大值不超过额定工作电压。常用的额定直流工作电压有

6.3 V、10 V、16 V、25 V、63 V、100 V、160 V、250 V、400 V、630 V、1000 V、1600 V、2500 V等。该参数在电容器上一般也会标出，或用颜色表示出来。

此外，电容还有温度特性、绝缘电阻及使用寿命等技术参数。

1.1.2.3 电容器的命名方法

电容器型号命名法如表 1-1-4 所示，示例如下：

表 1-1-4 电容器型号命名法

第一部分：主称	第二部分：材料		第三部分：特征、分类						第四部分：序号
	代号	材料	序号	意义					
				瓷介	云母	玻璃	电解	其他	
电容器	C	瓷介	1	圆片	非密封	—	箔式	非密封	对主称、材料相同，仅尺寸、性能指标略有不同，但基本不影响互换使用的产品，给予同一序号；若尺寸性能指标的差别明显，影响互换使用时，则在序号后面用大写字母作为区别代号
	Y	云母	2	管形	非密封	—	箔式	非密封	
	I	玻璃釉	3	迭片	密封	—	烧结粉固体	密封	
	O	玻璃膜	4	独石	密封	—	烧结粉固体	密封	
	Z	纸介	5	穿心	—	—	—	穿心	
	J	金属化纸	6	支柱	—	—	—	—	
	B	聚苯乙烯	7	—	—	—	无极性	—	
	L	涤纶	8	高压	高压	—	—	高压	
	Q	漆膜	9	—	—	—	特殊	特殊	
	S	聚碳酸酯	J	金属膜					
	H	复合介质	W	微调					
	D	铝							
	A	钽							
	N	铌							
	G	合金							
	T	钛							
	E	其他							

示例：铝电解电容器

C D 1 1

第四部分：序号

第三部分：特征分类（箔式）

第二部分：材料（铝）

第一部分：主称（电容器）

1.1.2.4 电容器的标示方法

1. 插件电容的标示方法

(1)直接标示法。

直接标示法即直标法，将电容器的标称容量、允许偏差、额定电压等参数直接标记在电容体上。直标法常因电容体表面的面积小而没有标记单位，若无特别说明，单位一般为皮法(pF)；若有小数点的，存在这样的规律，即小数点前面为0(通常是没有标出)时，则单位为微法；小数点前面不为0(有数字)时，则单位为皮法(pF)。

(2)文字符号标示法。

标称容量的整数部分写在容量单位符号的前面，小数部分写在容量单位符号的后面。如：0.33 pF 写为 p33，2.2 pF 写为 2p2。容量单位除了皮法(pF)外，还有法(F)、纳法(nF)、微法(μF)。

在微法级容量中，小数点可用 R 表示，别搞错成电阻的欧姆单位。例如：R47K：0.47 μF ±10%。

(3)色环标示法。

它与电阻色标法的标记规则几乎一样。

(4)数码标示法。

与电阻器数码标示法规则大致相同，只是把电阻器的单位 Ω 改为 pF。

例如：104K：10×10^4 pF±10% = 0.1 μF±10%。

333J：33×10^3 pF±5% = 0.033 μF±5%。

电容器数码标示法与电阻器数码标示法还有一个不同的地方，那就是第三位数为零时，表示“$\times10^{-1}$”。比如：330K：33×10^{-1} pF±10% = 3.3 pF±10%。

数码标示法和文字符号法在瓷片电容和有机薄膜电容上用得最多，如图 1-1-8 所示。

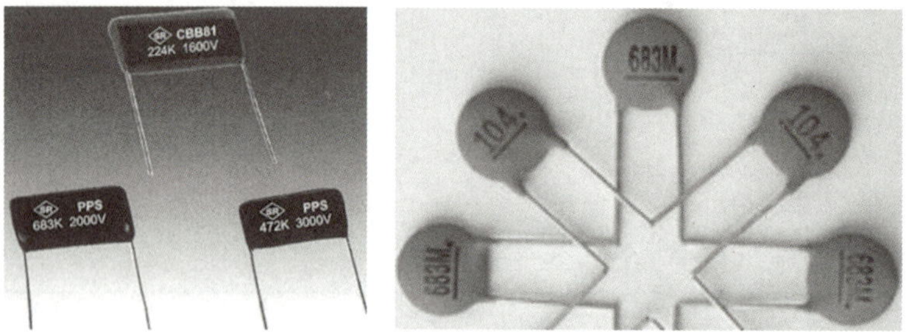

图 1-1-8 瓷片电容和有机薄膜电容标示法

2. 贴片电容的标示方法

贴片陶瓷电容(黄色、浅黄色、米黄色)与贴片电阻(黑色)极其相似，但略薄一些，且参数标注方法不同，这是两者之间的区别。容量的表示方法与贴片电阻相似，前两位表示有效数，第三位数表示有效数后 0 的个数，单位为 pF。例如 222 表示 2200 pF，2P2 表示 2.2 pF。贴片陶瓷电容贴装时无正负极朝向要求。

贴片钽电解电容容量从 0.1 μF 至 330 μF 不等，耐压为 4～50 V。其表面印有极性标识，有横标端为正极。容量表示方法与贴片陶瓷电容相同，如 104 表示 10×10^4 pF，即 0.1 μF。

1.1.2.5 电容器的检测

1. 检测电容的质量

固定电容的检测如下所述。

(1)检测 1000 pF 以下的小电容。因 1000 pF 以下的固定电容容量太小，用万用表进行测量，只能定性地检查其是否有漏电，内部短路或击穿现象。测量时，可选用万用表 R×10 k 挡，用两表笔分别任意接电容的两个引脚，阻值应为无穷大。若测出阻值(指针向右摆动)为零，则说明电容漏电损坏或内部击穿。

(2)检测 1000 pF～0.011 μF 的电容器可以用数字式万用表、电容表直接检测。

(3)对于 0.01 μF 以上的固定电容，可用万用表的 R×10 k 挡直接测试电容有无充电过程以及有无内部短路或漏电，并可根据指针向右摆动的幅度大小估计出电容的容量。

2. 电解电容的检测

(1)因为电解电容的容量较一般固定电容大得多，所以，测量时，应针对不同容量选用合适的量程。根据经验，一般情况下，1～47 μF 间的电容，可用 R×1 k 挡测量；大于 47 μF 的电容可用 R×100 挡测量；大于 470 μF 的电容，可用 R×10 挡测量。

(2)将万用表红表笔接负极，黑表笔接正极，在刚接触的瞬间，万用表指针即向右偏转较大偏度(对于同一电阻挡，容量越大，摆幅越大)，接着逐渐向左回转，直到停在某一位置。此时的阻值便是电解电容的正向漏电阻，此值略大于反向漏电阻。实际使用经验表明，电解电容的漏电阻一般应在几百千欧以上，否则，将不能正常工作。在测试中，若正向、反向均无充电的现象，即表针不动，则说明容量消失或内部断路；如果所测阻值很小或为零，说明电容漏电大或已击穿损坏，不能再使用。(注意：在表笔交换测量时，必须将电容的两只脚进行放电。)

(3)对于正、负极标识不明的电解电容，可利用上述测量漏电阻的方法加以判别。即先任意测一下漏电阻，记住其大小，再进行放电处理，然后交换表笔再测出一个阻值。两次测量中阻值大的那一次便是正向接法，即黑表笔接的是正极，红表笔接的是负极。使用万用表电阻挡，采用给电解电容进行正、反向充电的方法，根据指针向右摆动幅度的大小，可估测出电解电容的容量。

3. 可变电容的检测

(1)用手轻轻旋动转轴，应感觉十分平滑，不应感觉有时松时紧甚至有卡滞现象。将转轴向前、后、上、下、左、右等各个方向推动时，转轴不应有松动的现象。

(2)用一只手旋动转轴，另一只手轻摸动片组的外缘，不应感觉有任何松脱现象。转轴与动片之间接触不良的可变电容，是不能再继续使用的。

(3)将万用表置于 R×10 k 挡，一只手将两个表笔分别接可变电容的动片和定片的引出端，另一只手将转轴缓缓旋动几个来回，万用表指针都应在无穷大位置不动。在旋动转轴的过程中，如果指针有时指向零，说明动片和定片之间存在短路点；如果在某一角度，万用表读数不为无穷大而是出现一定阻值，说明可变电容动片与定片之间存在漏电现象。

注意：电容如要反复测量，每次测量后应将电容器两端短接将电容器上所充电荷放掉。

1.1.3 电感器

电感器是一种非线性元器件，可以储存磁能。由于通过电感的电流值不能突变，所以，电感对直流电流短路，对突变的电流呈高阻态。电感器在电路中的作用有延时、分离、调谐、补偿、偏转、储存磁能、电磁能转换等。

1.1.3.1 电感器的分类

通常按电感量变化情况分为固定电感器、可变电感器、微调电感器；按电感器线圈芯的性质分为空芯电感器、磁芯电感器、铜芯电感器、铁芯电感器。图 1-1-9 和图 1-1-10 是部分电感器的外形及图形符号。

变压器、阻流圈、振荡线圈、偏转线圈、天线线圈、中周、继电器以及延迟线和磁头等，都属电感器种类。

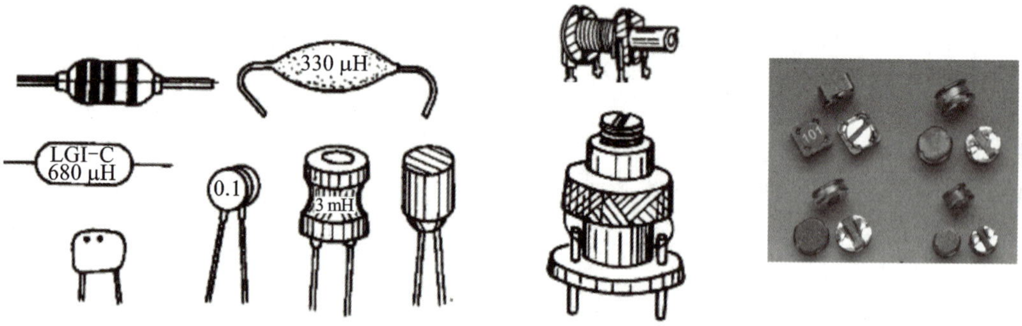

(a) 固定电感器　(b) 可变电感器　(c) 贴片电感

图 1-1-9　部分电感器的外形

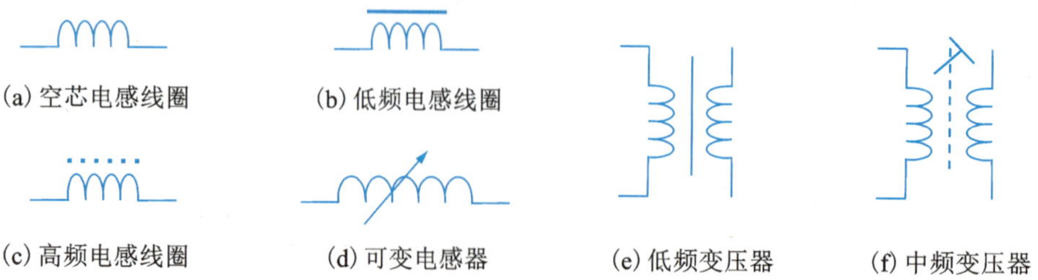

(a) 空芯电感线圈　(b) 低频电感线圈　(c) 高频电感线圈　(d) 可变电感器　(e) 低频变压器　(f) 中频变压器

图 1-1-10　电感器的图形符号

1.1.3.2 电感器的主要技术指标

1. 电感量

电感量是反映电感线圈自感应能力的物理量，故也称为自感系数。电感量的大小不仅与线圈的形状、结构和材料有关，而且取决于线圈匝数、绕制方法、有无磁芯及磁芯的材料等。线圈匝数越多越密，电感量越大；有磁芯的线圈比无磁芯的线圈电感量大，磁芯磁导率越大电感量也大。在电路中电感用大写字母 L 表示，国际通用单位是亨利“H”，实际的电感量也常用“mH”和“μH”作为单位，它们之间的换算关系为：

$$1\text{H}=10^{3}\ \text{mH}=10^{6}\ \mu\text{H}$$

标称电感量与电阻一样也有 4 种表示法，通常用直标法和色标法，色标法识别与电阻类似，但单位为微亨(μH)。例如，棕、黑、金、金表示 1 μH(误差±5%)的电感。

2. 品质因数

品质因数也称为 Q 值，用来表示线圈损耗的大小。它是指电感在某一频率的交流电压下工作时，所呈现的感抗与损耗电阻之比。电感的 Q 值越高，其损耗越小，效率越高。

3. 额定电流

额定电流是指电感正常工作时，允许通过的最大电流。若工作电流大于额定电流，则电感会因发热而改变参数，严重时会烧毁。

4. 允许偏差

允许偏差是指电感器的标称电感量与实际电感量的允许误差值。一般用于振荡或滤波等电路中的电感要求精度高，允许偏差为±0.2%~±0.5%；用于耦合、高频阻流的电感要求精度不高，允许偏差为±10%~±15%。

1.1.3.3 电感的检测方法

1. 直接测量电感量

用万用表的电感挡直接测电感量 L。若所用的万用表有电感刻度盘，则对电感量 L 值的测量更为简单。只要把电感元器件的两根引脚插入万用表的相应孔中，就可以根据指针在刻度盘上所指的位置直接读出该电感量 L。

2. 性能检测方法

在业余条件下，电感的电感量比较小时是难以准确地测定其电感量的大小。但使用万用表的电阻挡，测量电感的通断及电阻值大小，通常是可以对其好坏作出鉴别判断的。将万用表置于 R×1 挡，红、黑表笔各接电感的任一引出端，此时指针应向右摆动。根据测出电阻值大小，可具体分下述 3 种情况进行鉴别。

(1)被测电感电阻值为零。说明电感内部线圈有短路性故障。注意，测试操作时，一定要先认真将万用表调零，并仔细观察指针向右摆动的位置是否确实到达零位，以免造成误判。

当怀疑电感内部有短路性故障时，最好是用 R×1 挡反复多测几次，这样，才能作出正确的鉴别。

（2）被测电感有电阻值。被测电感直流电阻值的大小与绕制电感线圈所用的漆包线径、绕制圈数有直接关系，线径越细，圈数越多，则电阻值越大。一般情况下用万用表 R×1 挡测量，只要能测出电阻值，则可认为被测电感是正常的。

（3）被测电感的电阻值为无穷大。这种现象比较容易区分，说明电感内部的线圈引出脚与线圈接点处发生了断路性故障。

1.1.4　二极管

1.1.4.1　二极管的分类

从功能来分，二极管分为普通二极管、开关二极管、稳压二极管、发光二极管、光电二极管等。从材料来分，二极管主要分锗管、硅管等。锗材料一般用 Ge 表示；硅材料一般用 Si 表示。图 1-1-11 是部分二极管的外形，图 1-1-12 是常用二极管的图形符号。

图 1-1-11　部分二极管的外形

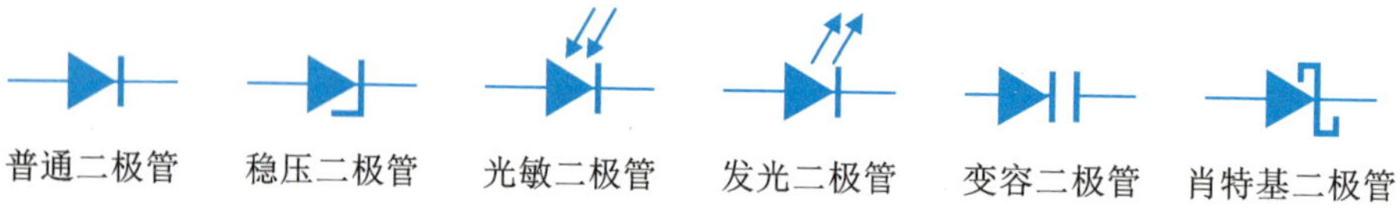

图 1-1-12　常用二极管的图形符号

贴片二极管也有片状和管状两种。其型号标记（代码）由字母或字母与数字组合而成。但最多不超过 4 位。需说明的是同一标记因生产厂家不同，可能代表不同型号，也可能代表不同器件。

1.1.4.2　二极管的主要参数

（1）最大正向电流 I_M。最大正向电流是指二极管长时间正常工作时，所允许通过的最大正向电流值。

(2)最大反向工作电压 V_{RM}。最大反向工作电压是指二极管正常工作时，所能承受的最大反向电压值。

(3)反向电流 I_{CO}。反向电流是指当给二极管加上反向电压时，存在的反向电流。反向电流的大小反映了二极管单向导电性能的优劣，正常情况下，该电流越小越好。相对来说，硅管的反向电流比较小，一般为几微安；锗管的反向电流比较大，一般为几百微安。所以现在不常用锗管而用硅管。

(4)最高工作频率 f_M。二极管保持它的良好工作特性的最高频率称为二极管的最高工作频率。

1.1.4.3 二极管的型号命名

二极管和后面要介绍的三极管、可控硅等，都是晶体管。晶体管外壳上所标注的是它们的型号，通过型号命名法则，我们可以了解晶体管的极性、材料、功能。晶体二极管、三极管的型号命名法则是一样的，我们在此统一介绍。国产晶体管的型号由五个部分组成，表 1-1-5 列出了我国晶体管型号命名规则的各部分的具体含义。

表 1-1-5 国产命名方法

第一部分		第二部分		第三部分		第四、五部分
用数字表示电极数		用汉语拼音字母表示极性、材料		用汉语拼音字母表示器件的功能类型		
符号	意义	符号	意义	符号	意义	
2	二极管	A	N 型锗材料	P	普通管	
		B	P 型锗材料	V	微波管	
		C	N 型硅材料	W	稳压管	
		D	P 型硅材料	C	参量管	
3	三极管	A	PNP 型锗材料	Z	整流管	第四部分用数字表示序号；第五部分用字母表示区别代号
		B	NPN 型锗材料	L	整流堆	
		C	PNP 型硅材料	S	隧道管	
		D	NPN 型硅材料	N	阻尼管	
		E	化合物材料	U	光电管	
				K	开关管	
				X	低频小功率管	
				G	高频小功率管	
				D	低频大功率管	
				A	高频大功率管	

例如：N 型硅材料稳压二极管。

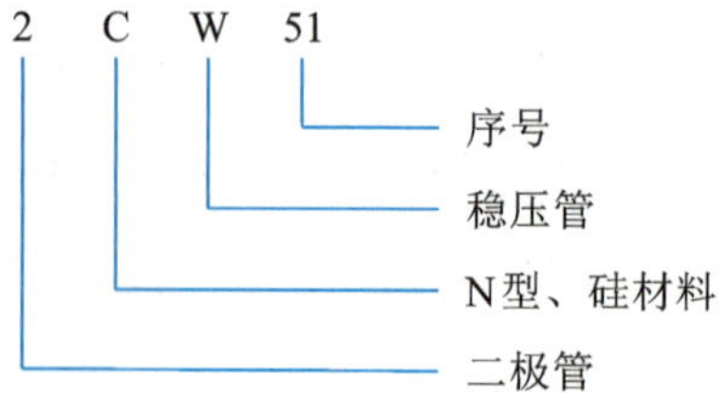

1.1.4.4 二极管的识别与检测

1. 目视法判断半导体二极管的极性

一般在实物的电路图中可以通过眼睛直接看出半导体二极管的正负极。在实物中看到一端有颜色标示的是负极，另外一端是正极。

2. 用万用表(指针表)判断半导体二极管的极性

通常选用万用表的欧姆挡(R×100 或 R×1 k)，然后将万用表的两表笔分别并接到二极管的两个极上，测得的阻值较小(一般几十欧姆至几千欧姆之间)，这时黑表笔接的是二极管的正极，红表笔接的是二极管的负极。

3. 测试注意事项

用数字式万用表二极管挡位测二极管时，红表笔接二极管的正极，黑表笔接二极管的负极，此时测得的值是二极管的正向导通电阻值，这与指针式万用表的表笔接法刚好相反。

还可以根据万用表所测得的二极管正向电阻值来判定二极管的材料。用万用表的欧姆挡 R×1 k 来测量，假如所测正向电阻值在 3 kΩ 以上，一般可以确定该二极管为硅管；假如所测正向电阻值在 3 kΩ 以下，一般可以确定该二极管为锗管。这种测量二极管材料的方法可以用，但最正确的判定方法是在电路中测二极管 PN 结的电压降。所测正向电压降为 0.6~0.7 V，为硅管；0.2~0.3 V 为锗管。

1.1.5 三极管

1.1.5.1 三极管的分类与命名

三极管按极性分，有 PNP 型和 NPN 型两类。图 1-1-13 是它们的图形符号。

(a) PNP型三极管图形符号　　(b) NPN型三极管图形符号

图 1-1-13　三极管的图形符号

按工作频率分，三极管有高频管和低频管之分；按功率大小分，三极管可分为大功率、中功率、小功率三类；按封装形式分，有金属封装、塑料封装和半塑料封装等。图 1-1-14 是部分三极管的外形。

三极管的国产命名方法见表 1-1-5 所示。例如：

(1) 锗材料 PNP 型低频大功率三极管；

3 A D 50 C

- C —— 规格号
- 50 —— 序号
- D —— 低频大功率
- A —— PNP 型、锗材料
- 3 —— 三极管

(2) 硅材料 NPN 型高频小功率三极管。

3 D G 201 B

- B —— 规格号
- 201 —— 序号
- G —— 高频小功率
- D —— NPN 型、硅材料
- 3 —— 三极管

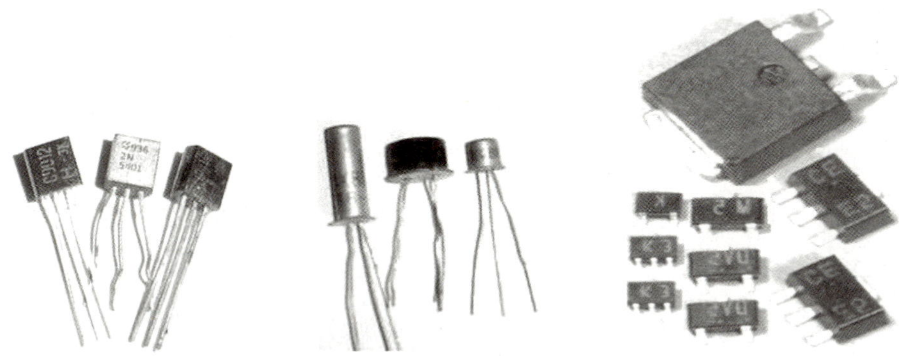

(a) 塑封管　(b) 金属壳封装管　(c) 片状管

图 1-1-14　部分三极管的外形

1.1.5.2　三极管管脚的排布规律

三极管根据其封装形式，其管脚具有一定的排布规律。

1. 金属封装三极管的管脚排布规律

金属封装三极管管脚排布主要有图 1-1-15 所示的四种形式。识别金属封装三极管管脚时，都要将三极管底部朝上对着自己。图 1-1-15 中的 (a)(b) 中，三极管带了定位键；(b) 中，D 极是三极管的接地极；(c) 中，三极管的三个极构成了等边三角形，底边的两个端点是左发右集；(d) 中，三极管外壳就是集电极。

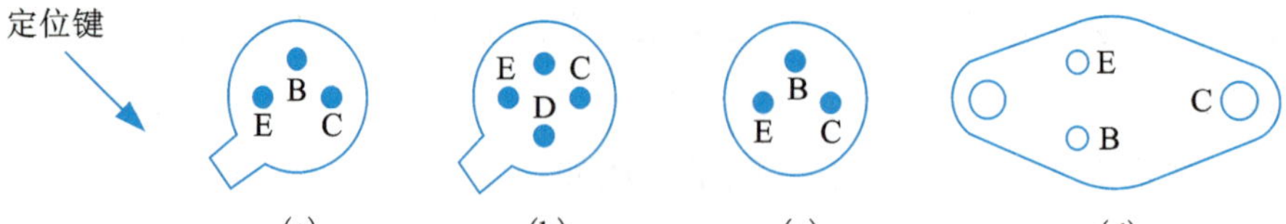

(a)　(b)　(c)　(d)

图 1-1-15　金属封装三极管的管脚排布

2. 塑料封装三极管的管脚排布规律

塑料封装三极管的管脚排布规律如图 1-1-16 所示。识别塑封三极管的管脚，都要将印有字体的三极管正面对着自己，按图 1-1-16 所示进行识别。

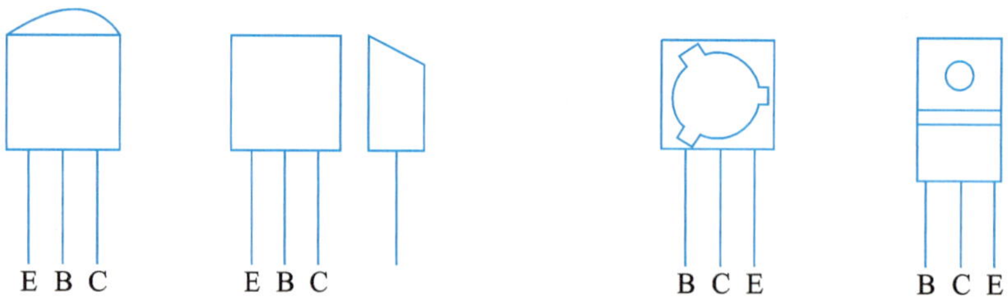

(a) 小功率塑料封装三极管　(b) 大功率塑料封装三极管（带散热片）

图 1-1-16　塑料封装三极管管脚的排布

3. 贴片三极管的管脚排布规律

贴片三极管有三个极的，也有四个极的。一般三个极的贴片三极管从顶端往下看有两边，上边只有一脚的为集电极，下边的两脚分别是左边基极和右边发射极。在四个电极的贴片三极管中，比较大的一个引脚是三极管的集电极，另外两个引脚相通的是发射极，余下的一个是基极。

也可以根据三极管的封装形式，来判定三极管的管脚，但在实际应用时，由于某些进口国家的三极管的封装标准不统一，可能导致判断不准确。所以在判定某些三极管管脚后，还要用万用表来进行验证。

1.1.5.3　三极管的测量

使用万用表 R×100 或 R×1 k 欧姆挡，可对三极管的 PN 结好坏、基极 B、类型、集电极 C、发射极 E、材料等进行测量。

1. 三极管 PN 结好坏的测量

1、2、3 脚间只有两个 PN 结，只会存在两次单向导通。也就是说一只 PN 结完好的三极管所测的 1、2、3 脚间的 6 次电阻值，只能是两小四大，否则这个三极管肯定是坏的（特殊的除外，如带阻尼的三极管）。只有 PN 结是好的三极管，才可以继续下面所有的测量。

2. 三极管类型及 B 极的判别

假定三极管的任意一个极为基极，黑表笔固定在假定基极，红表笔分别接另外两脚，所测的两次电阻假如都小(指针有偏转)，则该三极管为 NPN 型，黑笔所接为基极。若红表笔固定在假定基极，黑表笔分别接另外两脚，所测的两次电阻假如都小(指针有偏转)，则该三极管为 PNP 型，红笔所接为基极。

3. 三极管集电极 C、发射极 E 的判别

在判定出管型和基极 B 的基础上，可以判定另两个脚哪个为 C 极和哪个为 E 极。红黑表笔分别接另两个脚，对于 NPN 管，将红黑两笔接在 B 极以外的两极，用手指将基极与黑表笔所接的那个脚连接起来；(注意不能让两个极相碰)，记下表针的偏转度。把红黑表笔反过来，仍接在那两个未知脚上，用手指将基极与黑表笔所接的那个脚连接起来，记下表针的偏转度。比较两次测量的结果，以偏转度大的那次为准，黑表笔所接的就是集电极 C，红表笔所接的是发射极 E，如图 1-1-17(a)所示。

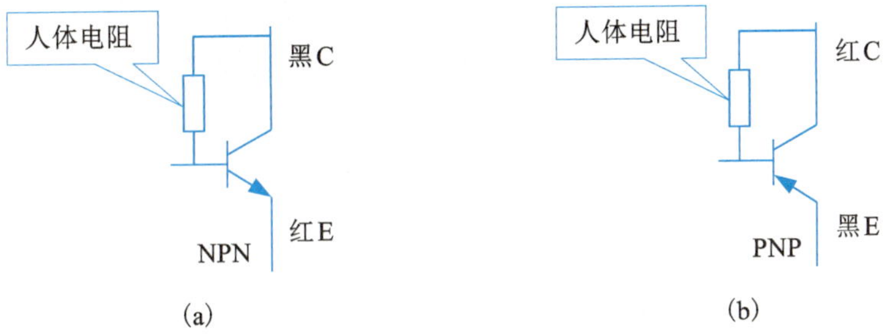

图 1-1-17　三极管集电极、发射极判别

如果是 PNP 管，将红黑两笔接在 B 极以外的两极，用手指将基极与红表笔所接的那个脚连接起来(注意不能让两个极相碰)，记下表针的偏转度。把红黑表笔反过来，仍接在那两个未知脚上，用手指将基极与红表笔所接的那个脚连接起来，记下表针的偏转度。比较两次指针偏转的大小，以偏转度大的那次为准，红表笔所接的就是发射极 C，黑表笔所接的是集电极 E，如图 1-1-17(b)所示。

注意：对于三极管三个极的判别，重点记住 NPN 的判别要领就行了，PNP 的判别只要把 NPN 判别中的“黑”字改为“红”字，“红”字改为“黑”字就可以了。

贴片三极管的测量方法同上。

4. 硅管、锗管的测量

使用万用表 R×1 k 挡测量三极管发射结的正向电阻大小，若测得的电阻为 3~10 kΩ，说明该三极管为硅管；若是 3 kΩ 以下，一般为锗管。同样这种判定方法也不绝对准确，严密科学的方法同判定二极管材料一样，也要测 PN 结的正向电压降，0.6~0.7 V 为硅管；0.2~0.3 V 为锗管。

1.1.6 晶闸管

可控硅又称晶体闸流管，简称晶闸管，它是用较小的电流去控制较大电流的一种特殊器件，有单向可控硅和双向可控硅之分。

1.1.6.1 单向可控硅

1. 单向可控硅的外形与符号

单向可控硅有三个电极，分别是阳极(A)、阴极(C或K)、控制极(G)。小电流可控硅在外形上与三极管也很相似，请注意区分。图1-1-18是部分可控硅的外形及图形符号。常用文字符号有TLC、SCR、CT、KG、KS。

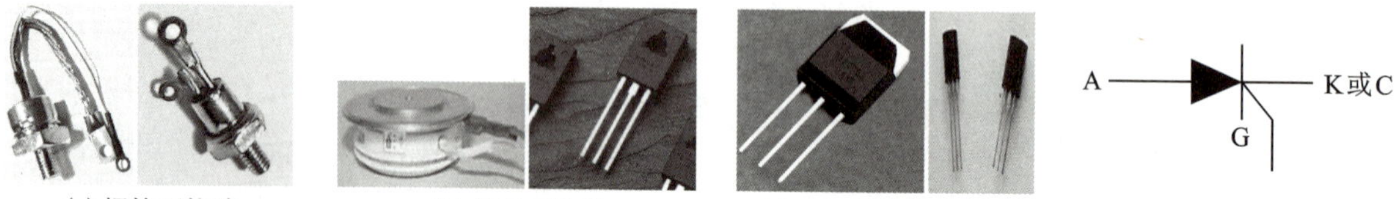

(a) 螺栓可控硅　(b) 平板可控硅　(c) 三极管形状可控硅　(d) 图形符号

图1-1-18　可控硅外形及图形符号

2. 单向可控硅的工作条件

从可控硅图形符号可以看出，单向可控硅具有单向导通性，但它的导通必须具备两个条件：

(1) 可控硅阳极和阴极间必须加正向电压。

(2) 控制极与阴极间也要接正向电压。

另外，可控硅一旦导通，即使降低控制极电压或去掉控制极电压，可控硅仍然导通。这种现象称为可控硅的“维持导通现象”。我们把加给可控硅控制极这个电压称为触发电压，或触发脉冲，这个电压一般不须很大。图1-1-19说明了可控硅的工作条件。

可控硅的导通受控制极G小电流或小电压控制的特点，使可控硅常用作弱电控制强电的控制元器件。可控硅被控制的阳极A和阴极K间的大电流可高达几千安培。

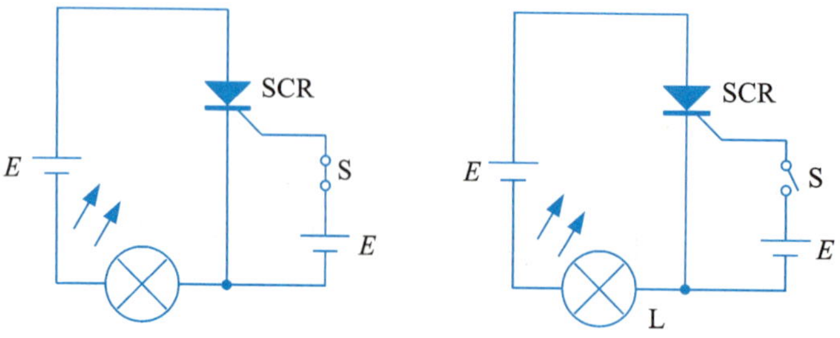

(a) 开关闭合　(b) 开关闭合后断开

图1-1-19　可控硅的工作原理

3. 单向可控硅的检测

同样可以用万用表来判定可控硅的好坏和管脚。用万用表 R×1 k 或 R×100 挡测量可控硅 3 个脚间的 6 次电阻，如果是 5 大 1 小，说明可控硅内部的 PN 结都是好的。以小的那次测量为准，黑表笔所接的是控制极，红表笔所接的就是阴极，另一个极就是阳极。如果 G、K 之间的正、反向电阻都等于零，或 G、A 和 A、K 之间正、反向电阻都很小，说明单向晶闸管内部击穿短路。如果 G、K 之间正、反向电阻都为无穷大，则说明单向晶闸管内部断路。

用万用表检查晶闸管触发能力的电路如图 1-1-20 所示。万用表选择 R×1(或 R×10)挡。因表内电池电压仅 1.5 V，低于正常的 V_{GT} 值(一般为 2.5~4 V)，故不会损坏晶闸管。测量分两步进行：

第一步，先断开开关 S，此时晶闸管尚未导通，测出的电阻值较大，表针应停在无穷大处。然后合上开关，将门极与阳极接通，使门极电位升高，这相当于加上正触发信号，因此晶闸管导通，电阻读数为几欧至十几欧。

第二步，再把开关断开，若读数不变，证明晶闸管质量良好。

图 1-1-20 中的开关可用一根导线代替，导线的一端固定在阳极上，另一端搭在门极上时相当于开关闭合。本方法仅适宜检查 3CT1～3CT5 等小功率晶闸管或小功率快速晶闸管(亦称高频晶闸管)。

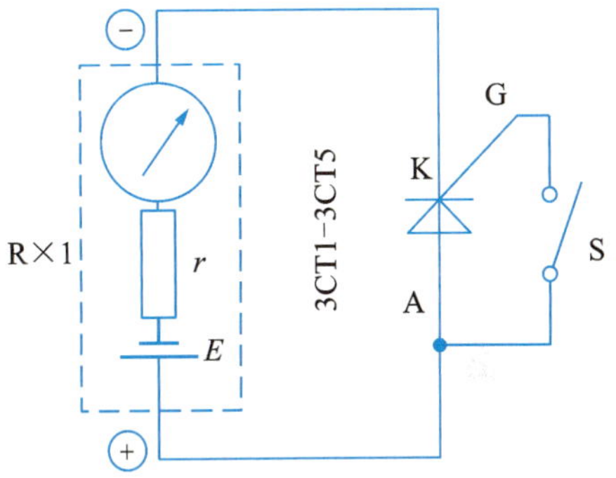

图 1-1-20　可控硅检测电路

1.1.6.2　双向可控硅

在上述单向可控硅的基础上，又开发了用于交流电路的双向可控硅。双向可控硅的图形符号如图 1-1-21 所示。T1、T2 通称主电极，没有阴阳极之分，可以换用，G 为控制极。小功率双向可控硅的外形如图 1-1-22 所示。

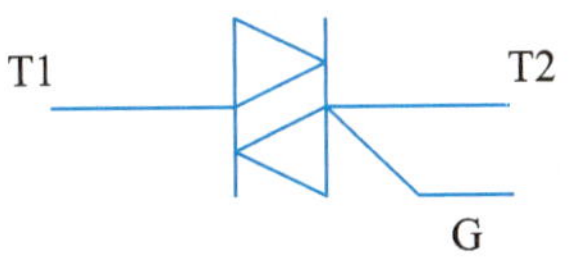

图 1-1-21　双向可控硅的图形符号

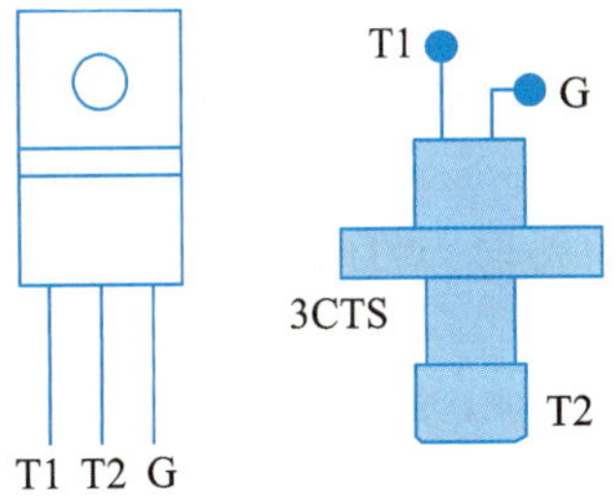

图 1-1-22　小功率双向可控硅的外形

1.1.7　继电器

与可控硅一样，继电器也是一个常用的以小电流去控制大电流或高电压的控制元器件。图 1-1-23 是继电器的外形图及继电器的内部结构图、图形符号。

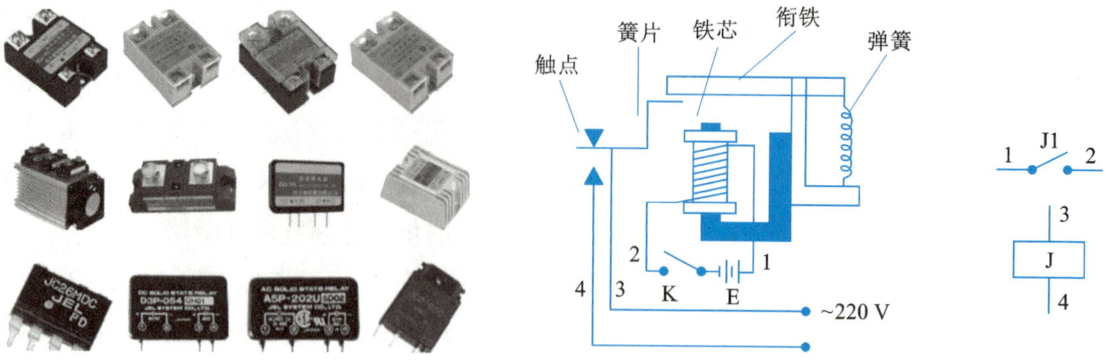

(a) 继电器外形 (b) 继电器内部结构 (c) 继电器图形符号

图 1-1-23 小功率继电器的外形、内部结构和图形符号

继电器的工作原理是，当给继电器线圈通电时，继电器内部的触点开关 J1 接通，接通被控制电路；当给继电器线圈断电时，继电器内部的触点开关 J1 断开，断开被控制电路。

继电器主要根据额定工作电压来选用。额定工作电压是指继电器正常工作时，线圈所需要的电压。可以是交流电压，也可以是直流电压，随型号的不同而不同。

继电器内部的线圈，就是电感线圈，给它通电、断电，可使线圈铁芯产生磁场，从而控制触点开关的闭合、断开。继电器电感线圈是继电器的核心部分，使用万用表 R×1 或 R×10 欧姆挡测量继电器线圈的直流电阻，可以判定继电器的好坏。小功率继电器线圈的直流电阻一般为零点几欧到几十欧。假如所测电阻很大，说明继电器的线圈已烧断，不可使用。

1.1.8 石英晶体振荡器

石英晶体振荡器简称为晶振，是一种能量转换装置——将直流电能转换为具有一定幅度及频率的交流电能。其构成的电路叫振荡电路。石英晶体振荡器是振荡器的一种。

1.1.8.1 晶振的外形、符号

晶振的外形、图形符号及等效电路如图 1-1-24 所示。

1.1.8.2 晶振的测量方法

电阻法测量：用万用表 R×10 k 挡测量石英晶体振荡器的正、反向电阻值，正常时均应为 ∞（无穷大）。若测得石英晶体振荡器有一定的阻值或为 0，则说明该石英晶体振荡器已漏电或击穿损坏。但反过来则不能成立，即若用万用表测得阻值为无穷大，则不能完全判断石英晶体良好；此时，可改用另一种方法进一步判断，比如测量在路时晶振的振荡波形，用性能良好的晶体替换等。

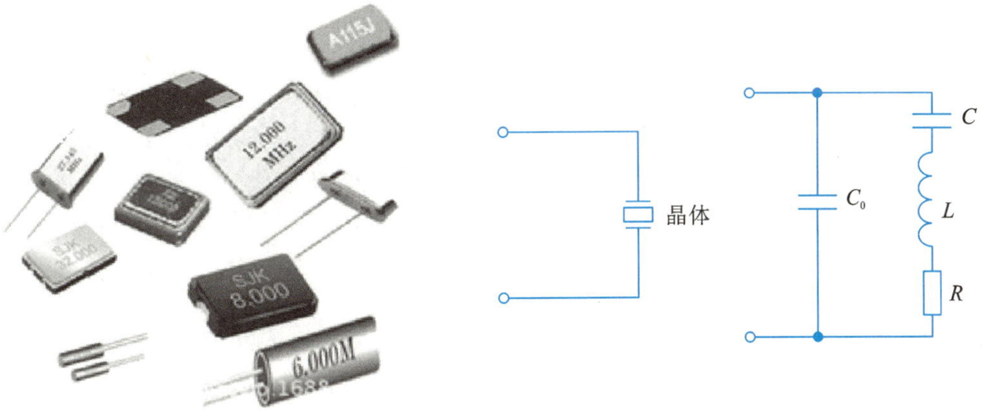

(a)石英晶体振荡器的外形　　(b)图形符号　　(c)等效电路

图 1-1-24　石英晶体振荡器的外形、图形符号及等效电路

1.1.9　数码管

LED 数码管也称半导体数码管，它是将若干发光二极管按一定图形排列并封装在一起的最常用的数码显示器件之一。常见的数码管外形如图 1-1-25 所示。小型 LED 数码管的引脚排序规则如图 1-1-26 所示。七段显示 LED 数码管如图 1-1-27 所示。这跟普通集成电路是一致的。

图 1-1-25　数码管的外形

图 1-1-26　小型 LED 数码管的引脚排序

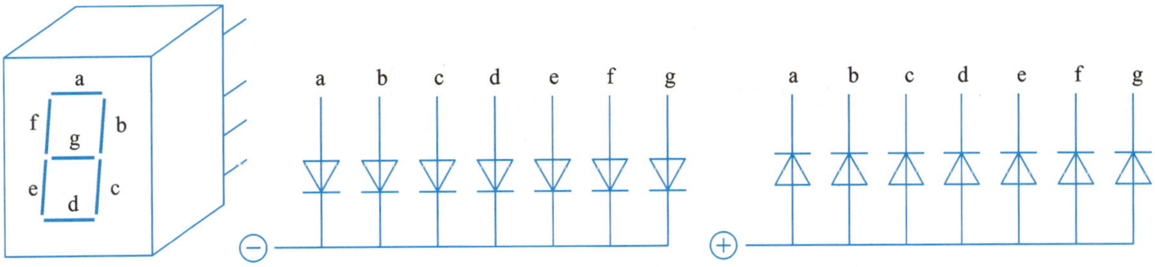

(a)外形图　　(b)共阴型　　(c)共阳型

图 1-1-27　七段显示 LED 数码管

以 MF47 型指针式万用表为例，说明具体检测方法：将指针式万用表拨至“R×10 k”电阻挡进行检测。如果不清楚被测数码管的结构类型（是共阳极还是共阴极）和引脚排序，可从被测数码管的左边第 1 脚开始，逆时针方向依次逐脚测试各引脚，使各笔段分别发光，即可测绘出该数码管的引脚排列和内部接线。测试时注意，只要某一笔段发光，就说明被测的两个引脚中有一个是公共脚，假定某一脚是公共脚不动，变动另一测试脚，如果另一个笔段发光，说明假定正确。这样根据公共脚所接电源的极性，可判断出被测数码管是共阳极还是共阴极。显然，公共脚如果接电池正极（指针表的黑笔），则被测数码管为共阳极；公共脚如果接电池负极（指针表的红笔），则被测数码管应为共阴极。接下来测试剩余各引脚，即可很快确定出所对应的笔段来。所测为共阴极数码管时，万用表红表笔（注意：红表笔接表内电池负极、黑表笔接表内电池正极）应接数码管的“-”公共端，黑表笔则分别去接各笔段电极（$a \sim h$ 脚）；对于共阳极的数码管，黑表笔应接数码管的“+”公共端，红表笔则分别去接 $a \sim h$ 脚。正常情况下，万用表的指针应该偏转（一般示数在 100 kΩ 以内），说明对应笔段的发光二极管导通，同时对应笔段会发光。若测到某个管脚时，万用表指针不偏转，所对应的笔段也不发光，则说明被测笔段的发光二极管已经开路损坏。

1.1.10 光电耦合器

光电耦合器是以光为媒介传输电信号的一种电—光—电转换器件。它由发光源和受光器两部分组成。把发光源和受光器组装在同一密闭的壳体内，彼此间用透明绝缘体隔离。发光源的引脚为输入端，受光器的引脚为输出端，常见的发光源为发光二极管，受光器为光敏二极管、光敏三极管等。常见光电耦合器如图 1-1-28 所示。

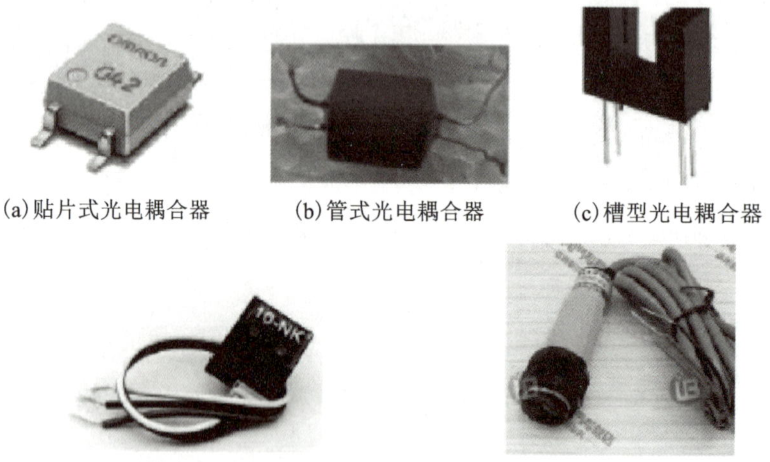

(a) 贴片式光电耦合器　(b) 管式光电耦合器　(c) 槽型光电耦合器

(d) 反射式光电耦合器　(e) 光电开关

图 1-1-28　不同封装形式的光电耦合器

光电耦合器的引脚识别：把光电耦合器的引脚向下，色点或标记放左边，从左到右，从下到上逆时针依次编号，如图 1-1-29 所示。对于四脚型光电耦合器，通常 1、2 脚接内部发光二极管，3、4 脚接内部光电三极管。对于六脚型光电耦合器，通常 1、2 脚接内部发光二极管，3 脚接空脚，4、5、6 脚接内部光电三极管。八脚型光电耦合器的引脚如图 1-1-30 所示。

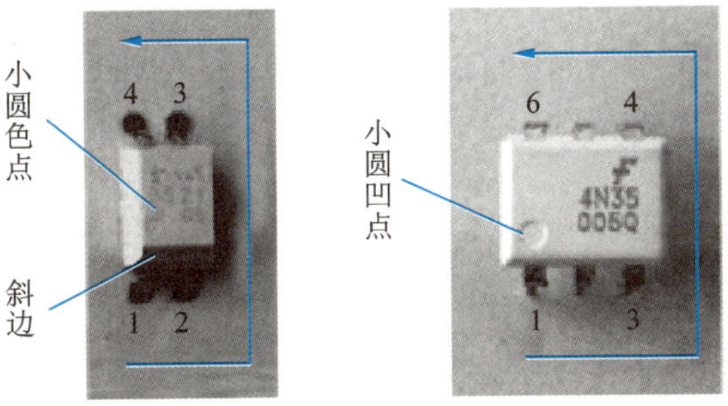

(a) 四脚型　　(b) 六脚型

图 1-1-29　从外观判别光电耦合器的引脚

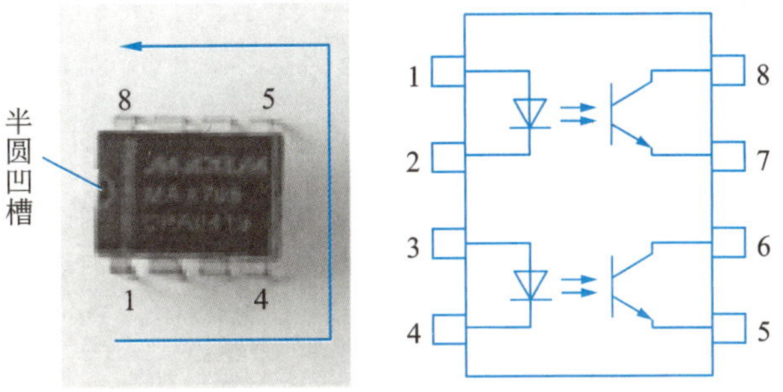

(a) 外形　　(b) 结构图

图 1-1-30　八脚型光电耦合器的引脚

用万用表判别四脚光电耦合器的质量：①检测输入端的好坏。将万用表拨到 R×100 挡，测量输入端发光二极管两引脚间的正、反向电阻。②检测输出端的好坏。万用表仍选择 R×100 挡，测量光电三极管两引脚间的正、反向电阻。③检测输入端与输出端之间的绝缘电阻。将万用表拨到 R×10 k 挡，一支表笔接输入端的任意一个引脚，另一支表笔接输出端的任意一个引脚，测量两者之间的正、反向电阻。

1.1.11　受话器

受话器又称听筒，用字母“SPK”或“EAR”表示，是一个电声转换器件，它将模拟的音频电信号转换为声波，供人们听声的器件。常可分为双极式、电磁式、动圈式、压电式等几种类型。其常见的封装外形和符号如图 1-1-31 所示。

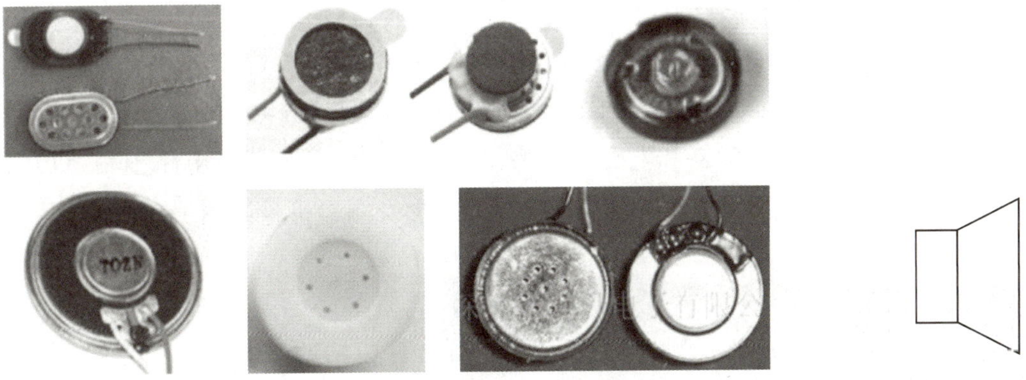

(a) 常见受话器的外形　　(b) 受话器的符号

图 1-1-31　常见受话器的外形及符号

受话器的测量：将万用表调至 R×1 挡，测受话器的电阻一般为几欧姆或几十欧姆，都属于正常。还有一个简单的方法就是：用受话器的两个接线端分别去触碰 1.5 V 干电池的正负极，若能发出声音为正常，否则说明受话器已损坏。

1.1.12 送话器

送话器又称话筒、拾音器、微音器，用字母“MIC”表示，是一个电声转换器件，它将话音信号转换为模拟的电信号。常可分为双极式、电磁式、动圈式、压电式等几种类型。其常见的封装外形和符号如图 1-1-32 所示。

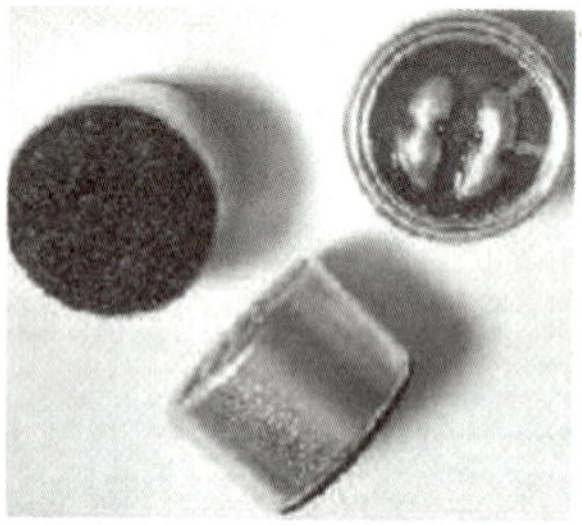

(a) 驻极体话筒

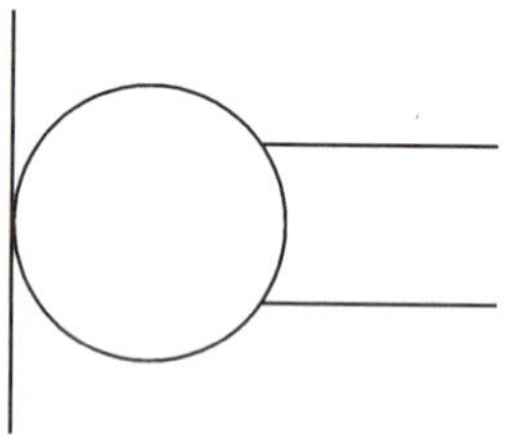

(b) 送话器的电路符号

图 1-1-32　送话器的外形与电路符号

送话器有正负极之分，在装配时若极性接反，则送话器不能输出信号。

送话器的检测：用数字万用表 R×2 k 挡，红笔接送话器正极，黑笔接负极，万用表将会有一个数值显示，然后用嘴吹送话器，万用表的数值如产生跳变，表明送话器正常，否则说明送话器已损坏。

1.1.13 蜂鸣器

蜂鸣器是一种一体化结构的电子讯响器，采用直流电压供电，广泛应用于计算机、打印机、复印机、报警器、电子玩具、汽车电子设备、电话机、定时器等电子产品中作发声器件。

蜂鸣器主要分为压电式蜂鸣器和电磁式蜂鸣器两种类型。蜂鸣器在电路中用字母“H”或“HA”(旧标准用“FM”“LB”“JD”等)表示。蜂鸣器的外形及图形符号如图 1-1-33 所示。

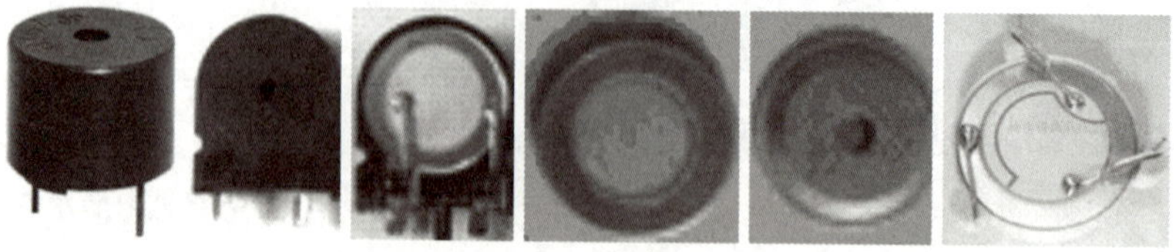

(a) 蜂鸣器的外形

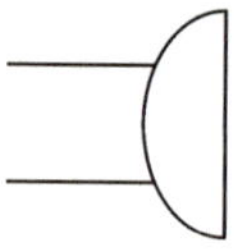

(b) 蜂鸣器的图形符号

图 1-1-33　蜂鸣器的外形及图形符号

蜂鸣器的检测方法：

(1)压电式蜂鸣器的检测。选用6 V直流电源(也可用4节1.5 V干电池串联)，当电源正极接压电蜂鸣器的红线(+)、负极接压电蜂鸣器的绿线(-)时，若蜂鸣器发出悦耳的响声，说明器件工作正常。如果通电后蜂鸣器不发声，则说明其内部有元器件损坏或有线路断线，应对其内部的振荡器和压电蜂鸣片进行检查修理。

(2)电磁式蜂鸣器的检测。对于“自带音源”电磁式蜂鸣器，可为其加上合适的工作电压，正常的蜂鸣器会发出响亮的连续长鸣声或节奏分明的断续声。若蜂鸣器不响，则表明蜂鸣器已损坏或其驱动电路有问题。对于“不带音源”的电磁式蜂鸣器，可用万用表R×10挡测量，将黑表笔接蜂鸣器的正极，用红表笔去点触蜂鸣器的负极。正常的蜂鸣器应发出较响的“喀喀”声，万用表指针也大幅向左摆动。若无声音，万用表指针也不动，则说明蜂鸣器内部的电磁线圈已开路损坏。

1.1.14 保险电阻

保险电阻又称安全电阻或熔断电阻，具有电阻和保险熔丝的双重作用。在正常情况下，保险电阻具有普通电阻降压、分压、耦合、匹配等多种功能，一旦电路出现异常，如发生短路或过载，流过保险电阻的电流会大大增加。当过流使其表面温度达到500~600 ℃时，电阻便会剥落而熔断，从而保护电路中其他的元器件免遭损坏，并防止故障的扩大。

1.1.14.1 保险电阻的种类

保险电阻种类很多，其外形见图1-1-34。

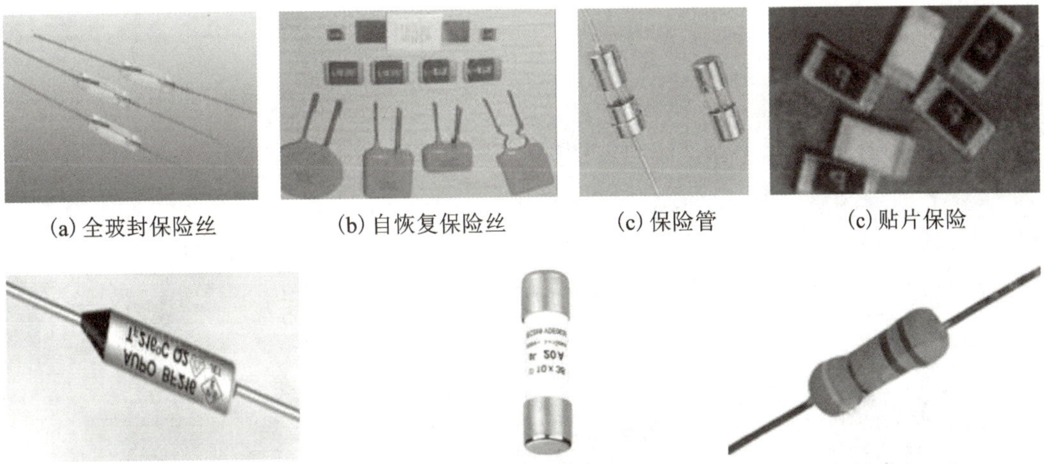

(a) 全玻封保险丝　(b) 自恢复保险丝　(c) 保险管　(c) 贴片保险

(d) 温度保险丝　(e) 陶瓷保险丝　(f) 保险丝电阻器

图1-1-34　保险丝外形

从工作方式的不同划分，保险电阻有不可复式和可复式两种。

不可复式保险电阻外形和普通金属膜电阻极为相似。当过载引起温度上升并达到某一温度时，涂有熔断料的异电膜层或绕组线匝就自动熔断使电路断开。

可复式保险电阻是将普通电阻与低熔点金属串接后密封在一个外壳中，呈圆柱形。其电阻体的一端采用低熔点焊料焊接一根弹性金属片或金属丝。一旦过热时，焊点首先熔化，弹性金属片或金属丝便与电阻器断开。这种保险电阻熔断后，可以修复使用。

现在的电子电器中，大多采用不可复式保险电阻。

1.1.14.2 保险电阻的识别

保险电阻参数常用色环表示，有的用四色环，有的用一色环。四色环保险电阻的识别与普通色环标示规律相同。

1.1.14.3 保险电阻的检测

维修操作中，如看到保险电阻表面发黑或焦化，说明其负载过重，通过的电流已超过额定值很多倍。如果保险电阻表面无任何痕迹而开路，说明流过的电流刚好等于或稍大于额定熔断值。用万用表电阻挡检测保险电阻是否开路，应断电和泄放滤波电容上的电荷，且将保险电阻从印制板上焊开一脚，否则测量结果可能不准。特别强调，在实际维修中，也可能遇到保险电阻短路的现象。

1.1.15 变压器

变压器是变换交流电压、电流和阻抗的器件。在电路原理图中，变压器通常用字母 T 表示，如用“T1”表示编号为 1 的变压器。常用的变压器外形及在电路原理图中的符号如图 1-1-35 所示。

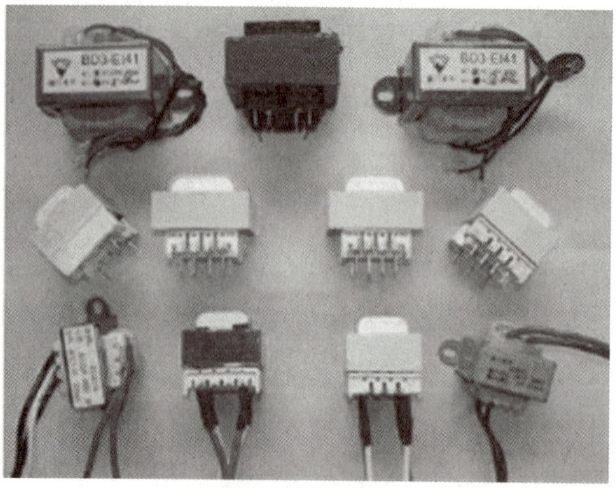

(a)变压器外形

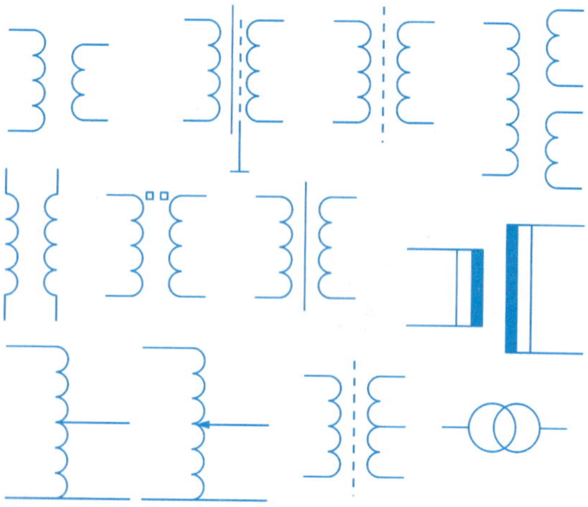

(b)变压器图形符号

图 1-1-35　变压器的外形及符号

当变压器有多个输出绕组时，输出端通常用不同的颜色的引出线表示不同的输出绕组，变压器的输出功率与各输出电压通常都在变压器表面采用标签的方法标出。

变压器的检测：首先可以通过观察变压器的外观来检查其是否有明显的异常，如线圈引线是否断裂、脱焊，绝缘材料是否有烧焦痕迹，铁芯紧固螺丝是否有松动，硅钢片有无锈蚀，绕组线圈是否有外露等。

绝缘性能检测：用兆欧表(若无兆欧表，则可用指针式万用表的R×10 k挡)分别测量变压器铁芯与初级，初级与次级，铁芯与各次级，静电屏蔽层与初次级，次级绕组间的电阻值，阻值应大于100 MΩ或表针指在无穷大处不动，否则，说明变压器绝缘性能不良。若无摇表，也可用万用表的R×10 k挡，测量时，表头指针应不动(相当于电阻为∞)

线圈通/断的检测：由于变压器的直流电阻很小，所以一般用万用表的R×1挡来测量绕组的电阻值，可判断绕组有无短路或断路现象。

1.1.16 传感器

传感器是一种检测装置，能感受到被测量的信息，并能将感受到的信息，按一定规律变换成为电信号或其他所需形式的信息输出，以满足信息的传输、处理、存储、显示、记录和控制等要求。它是实现自动检测和自动控制的首要环节。

传感器的分类方法有很多，图1-1-36是常见传感器的外形。

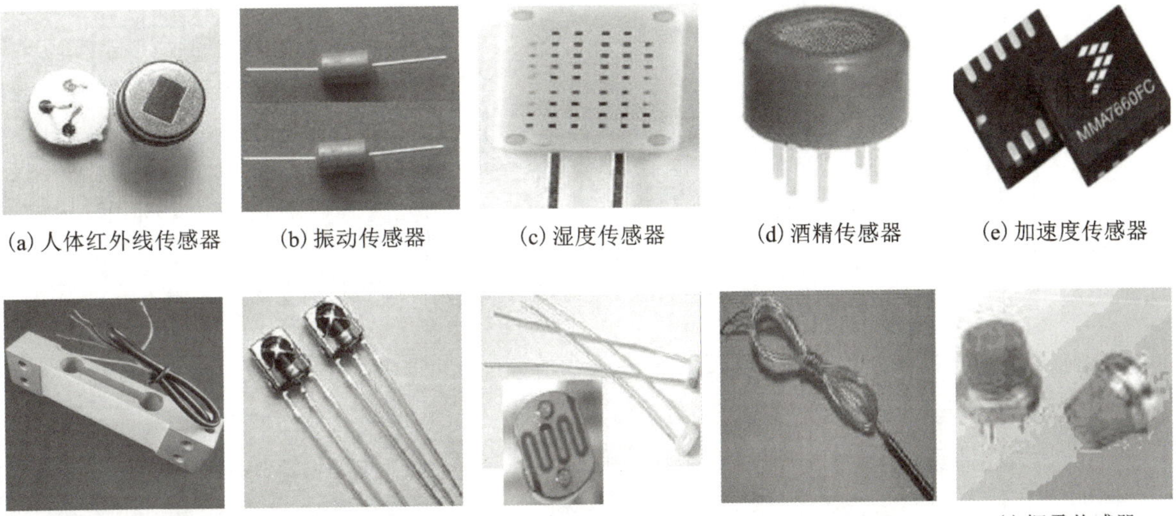

(a) 人体红外线传感器　(b) 振动传感器　(c) 湿度传感器　(d) 酒精传感器　(e) 加速度传感器

(f) 压力传感器　(g) 红外接收头　(h) 光敏电阻　(i) 温度传感器　(j) 烟雾传感器

图1-1-36　传感器的外形

传感器的检测方法根据不同类型选择相应的检测方法，具体的检测方法请参考使用说明书，或相关资料。

1.1.17 三端集成稳压器

1.1.17.1 三端集成稳压器的分类

国产三端集成稳压器，按照它们的性能和不同用途，可以分成两大类：一类是固定输出正压 CW7800(或负压 CW7900)三端集成稳压器系列；另一类是可调输出正压 CW117/CW217/CW317(或负压 CW137/CW237/CW337)三端集成稳压器系列。前者的输出电压是固定不变的，后者可在外电路上对输出电压进行连续调节。由于三端稳压器只有三个引出端子，具有外接元器件少，使用方便，性能稳定，价格低廉等优点，因而得到广泛应用。

1.1.17.2 三端集成稳压器的封装和引脚功能

1. 三端固定式集成稳压器的封装和引脚功能

以 7800 系列和 7900 系列为例，其封装形式和引脚功能如图 1-1-37 所示。应用时必须注意引脚功能，不能接错，否则电路将不能正常工作，甚至损坏集成电路。

2. 三端可调式集成稳压器的封装和引脚功能

输出正电压的系列和输出负电压的系列以 CM317、CM337 为例，其外形封装和引脚功能如图 1-1-38 所示。应用时必须注意引脚功能，不能接错，否则电路将不能正常工作，甚至损坏集成电路。

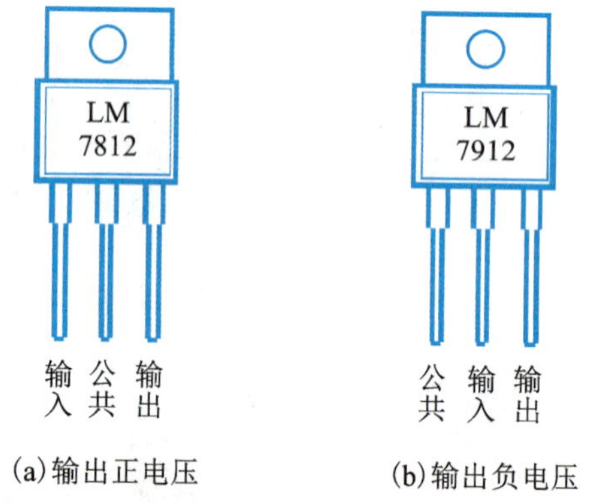

图 1-1-37 三端固定式集成稳压器塑料封装管脚排列

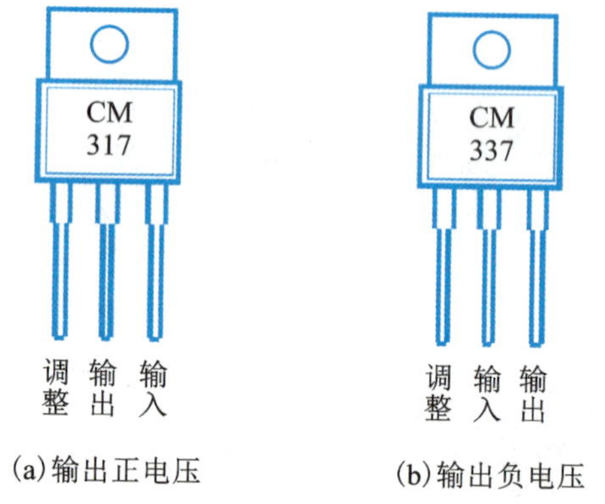

图 1-1-38 三端可调式集成稳压器管脚排列

1.1.17.3 三端集成稳压器的命名方法

三端集成稳压器的命名方法如图 1-1-39 所示。集成稳压器的国家标准型号命名为 CW××前缀，其中 C 是 CHINA 的首字母，W 是稳压汉语拼音的首字母，现今的三端稳压器多采用 LM××前缀。另外，不同的生产厂家也有特殊的前缀，如 MC××，μA××等。除前缀字母不同外，型号中的序号描述相同，如 CW7805 和 LM7805 的前缀不同，序号相同，功能是相同的。

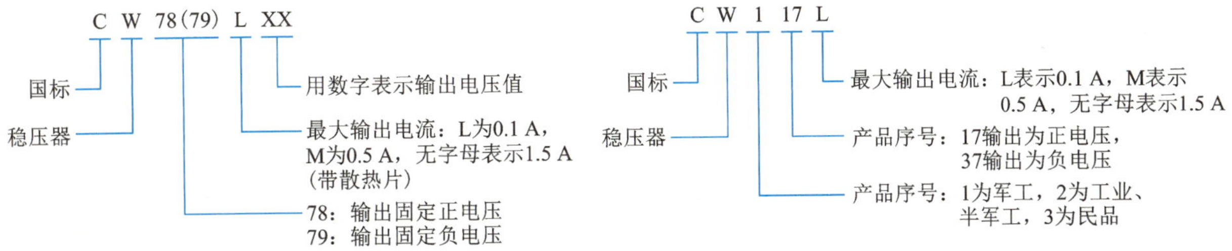

图 1-1-39　三端集成稳压器的命名方法

1.1.17.4　三端集成稳压器的检测

用万用表直接检测：使用万用表的 R×100 挡，分别检测三端集成稳压器的输入端与输出端的正、反向电阻值。正常时，阻值相差在数千欧以上；若阻值相差不大或近似于零，则表明被测的三端集成稳压器已损坏。

1.1.18　集成电路

集成电路是在一块单晶硅上，用光刻法制作出很多三极管、二极管、电阻和电容，并按照特定的要求把它们连接起来，构成一个完整的电路，用英文缩写 IC 表示。由于集成电路具有体积小、重量轻、可靠性高和性能稳定等优点，所以特别是大规模和超大规模的集成电路的出现，使电子设备在微型化、可靠性和灵活性方面向前推进了一大步。

1.1.18.1　常见集成电路的封装形式

常见集成电路的封装形式如图 1-1-40 所示。

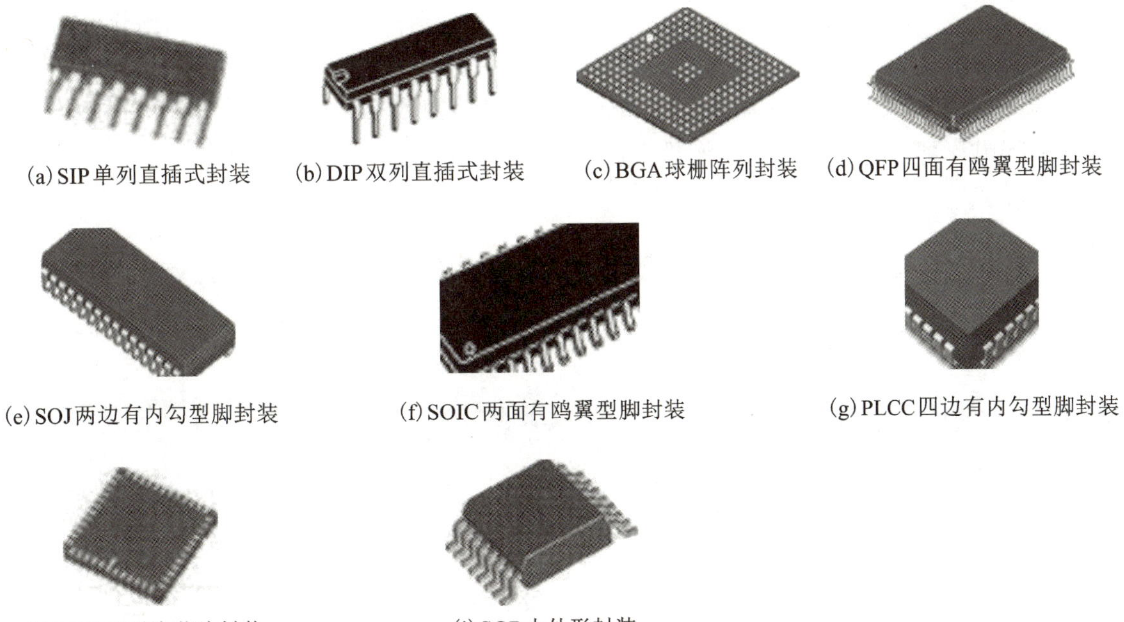

(a) SIP 单列直插式封装　(b) DIP 双列直插式封装　(c) BGA 球栅阵列封装　(d) QFP 四面有鸥翼型脚封装

(e) SOJ 两边有内勾型脚封装　(f) SOIC 两面有鸥翼型脚封装　(g) PLCC 四边有内勾型脚封装

(h) LCC 无引脚芯片封装　(i) SOP 小外形封装

图 1-1-40　常见集成电路的封装形式

1.1.18.2 集成电路的脚位判别

1. 对于 BGA 封装(用坐标表示)

在打点或是有颜色标示处逆时针开始用英文字母表示——A，B，C，D，E，…(其中 I，O 基本不用)，顺时针用数字表示——1，2，3，4，5，6，…，其中字母为横坐标，数字为纵坐标，如：A1，A2。

2. 对于其他的封装

集成电路一般会有色点、凹槽、斜切角或圆形印孔标志，表示出集成电路的第一脚位置，如图 1-1-41 所示。识别这类封装集成电路引脚顺序的方法是：将集成电路有印刷字体的一面对着自己平放或竖放，集成电路左下脚即为第一脚，然后按逆时针方向数。

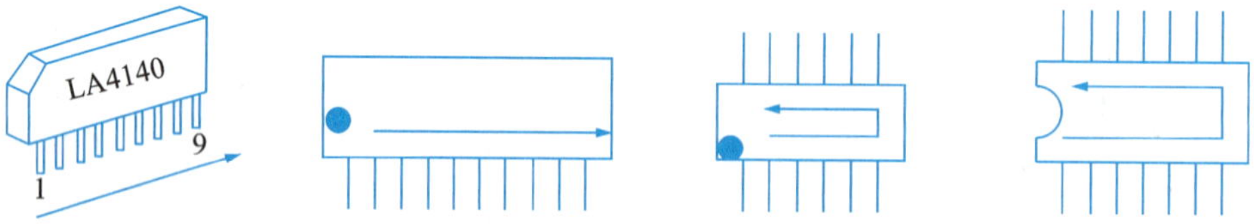

图 1-1-41 集成电路引脚的判定

1.1.18.3 集成电路常用的检测方法

集成电路常用的检测方法有非在线测量法、在线测量法和代换法。

1. 非在线测量法

非在线测量法是在集成电路未焊入电路时，通过测量其各引脚之间的直流电阻值与已知正常同型号集成电路各引脚之间的直流电阻值并进行对比，以确定其是否正常。

2. 在线测量法

在线测量法是利用电压测量法、电阻测量法及电流测量法等，通过在电路上测量集成电路的各引脚电压值、电阻值和电流值是否正常，来判断该集成电路是否损坏。

3. 代换法

代换法是用已知完好的同型号、同规格集成电路来代换被测集成电路，可以判断出该集成电路是否损坏。

1.1.19 导线的连接

1.1.19.1 焊接方式导线连接

剥除导线的绝缘层，漏出芯线，将 2 头芯线缠绕在一起，再用烙铁焊接在一起，然后再将焊接部分套上绝缘套管或热缩管，如果 1-1-42 所示。

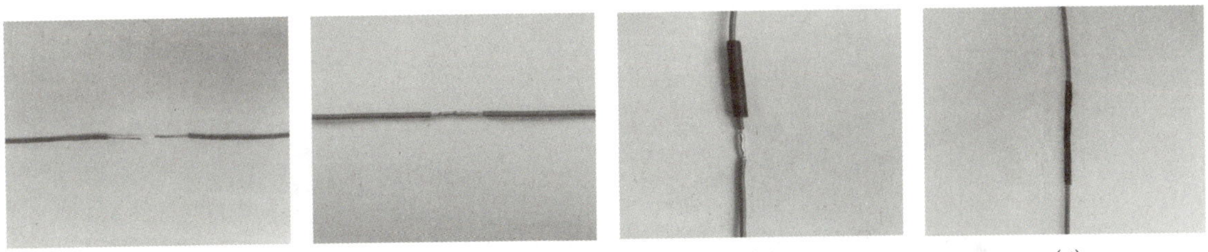

(a) (b) (c) (d)

图 1-1-42 焊接方式导线连接

1.1.19.2 绝缘帽压线方式连接

将要连接的几根导线剥除绝缘层，漏出芯线头子，将芯线缠绕在一起，再套上绝缘帽，用工具钳压紧即可，如图 1-1-43 所示。如果是螺旋式绝缘帽，把螺帽拧紧就可。

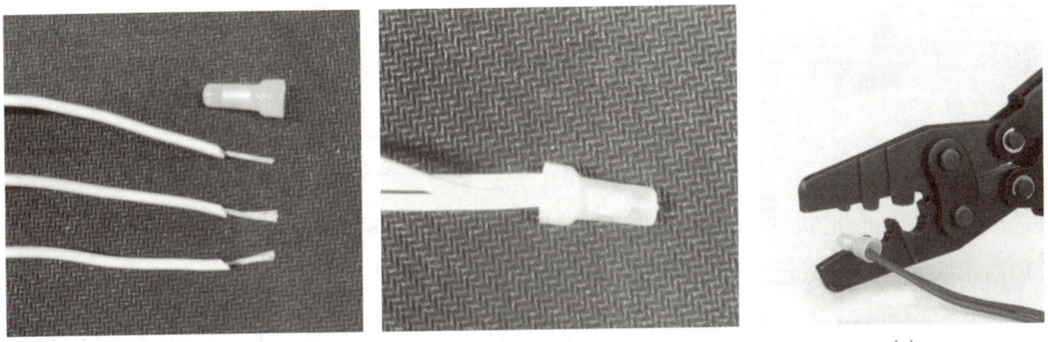

(a) (b) (c)

图 1-1-43 绝缘帽压线方式连接

1.1.19.3 空中接头连接

将要连接的导线焊上连接公头和母头，将它们插入塑料底座，将塑料底座对接插好即可，如图 1-1-44 所示。

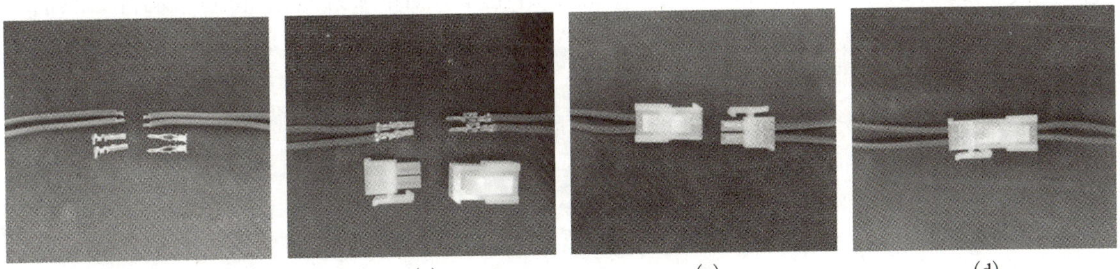

(a) (b) (c) (d)

图 1-1-44 空中接头连接

1.1.19.4 接线端子排连接

接线端子排对应的端子是相同的，要连接的导线接在对应的端子即可，如图 1-1-45 所示。

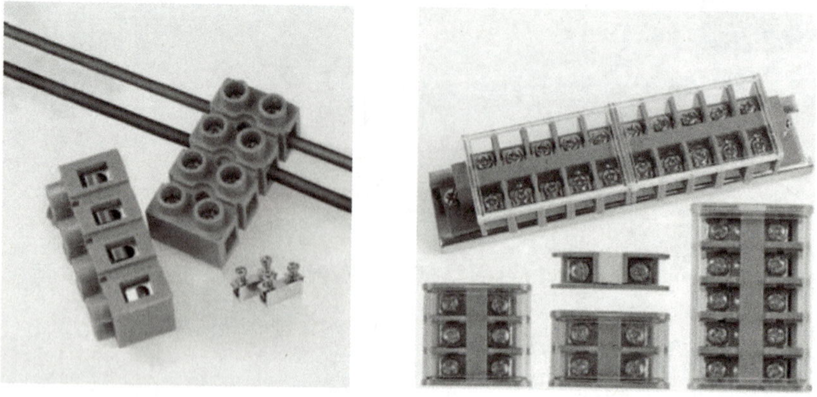

(a) H系列接线端子排　　(b) JF5系列接线端子排

图 1-1-45　接线端子排

1.1.20　技能实训：常用电子元器件的识别与检测

1. 实训目的

通过对常用电子元器件的识别与检测，使学生达到以下学习目标：

(1) 会识别常用电子元器件的种类，熟悉其名称和作用。

(2) 通过对常用电子元器件的检测，熟练掌握常用检测工具及仪表的使用方法和各种检测方法。

2. 实训器材

电阻器、电位器、光敏电阻、热敏电阻、陶瓷电容、电解电容、电感、二极管、三极管、集成电路等常见电子元器件，以及万用表、示波器等仪器仪表。

3. 实训内容

在实训室提供的电子元器件的条件下，先了解电子元器件的种类、特点、功能，然后再进行检测。自拟表格记录实验数据，最后完成实习报告。

任务 1.2 手工焊接技术及工艺

焊接在电子产品装配过程中是一项重要的基础工艺技术和基本的操作技能。在电子产品的实验、调试、生产等过程中的每个环节都要涉及与焊接有关的问题;电子产品发生故障时,除元器件原因外,大多数是由于焊接质量不佳造成的;焊接质量的好坏将直接影响到电子产品的质量。焊接是金属连接的一种方法,它是利用加热、加压等手段,在两种金属的接触面,依靠原子或分子的相互扩散作用,形成一种新的牢固的结合,使这两种金属永久性地连接在一起。利用焊接方法进行连接而形成的接点,称为焊点。在电子产品装配中采用的焊接主要是钎焊类中的软焊,一般采用锡铅焊料进行,所以简称为锡焊,常用于电类制造行业。即使采用自动焊接的产品,有些焊接点或者维修也需要手工焊接;目前还没有任何一种焊接方法可以完全取代手工焊接。因此,培养高素质的电子技术人员,手工焊接是必不可少的训练。

1.2.1 焊接的方式与种类

随着焊接技术的发展,焊接方式分为手工焊接和机器焊接。

1. 手工焊接

手工焊接是采用手工操作的传统的焊接方法。它包括插件类元器件(THT)的焊接和表面贴装类(SMT)元器件的焊接。

2. 机器焊接

机器焊接主要是通过自动化设备进行焊接的方法。主要有以下三种类型:

(1)浸焊。将装好元器件的印制板在熔化的锡锅中浸锡,一次完成印制板上全部焊接点的焊接。

(2)波峰焊。采用波峰焊机一次完成印制板上全部焊点的焊接。

(3)回流焊。也叫再流焊,适用于 SMD 的焊接。是预先在 PCB 焊接部位(焊盘)施放适量和适当形式的焊料,然后贴放表面准装元器件,经固化(在采用焊膏时)后,再利用外部热源使焊料再次流动达到焊接目的的一种成组或逐点焊接工艺。

1.2.2 手工焊接工具与焊料

1.2.2.1 手工焊接工具

电烙铁是手工焊接的基本工具。它是利用电流通过电热丝加热烙铁头的原理制成的。电烙铁的种类很多,但基本结构是一样的,都是由烙铁芯、烙铁头、外壳和手柄等组成的。随着焊接技术的需要和发展，电烙铁的种类不断增多，常见的有内热式、外热式、恒温式、吸锡式电烙铁等。

1. 内热式电烙铁

内热式电烙铁具有发热快、体积小、效率高等特点，因而得到普遍应用。常见的规格有 20 W、35 W、50 W 等，20W 烙铁头的温度可达 350 ℃。焊接集成电路和小型电子元器件选用 20 W 内热式电烙铁即可。内热式电烙铁的实物图和示意图如图 1-2-1 所示。

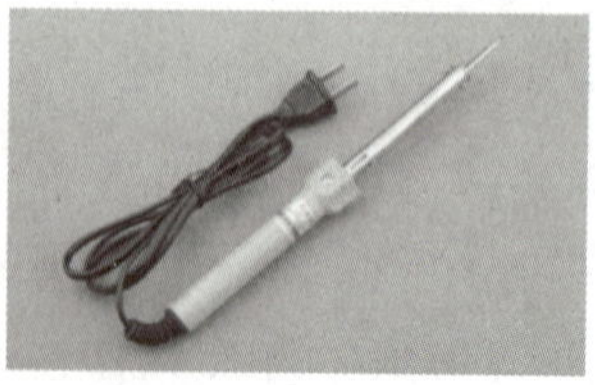

(a) 实物图

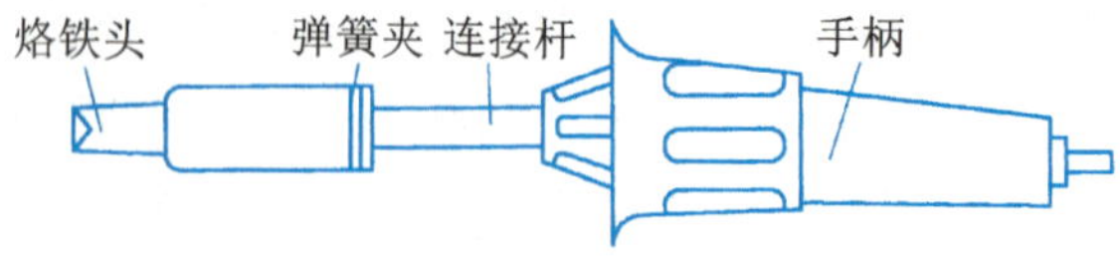

(b) 示意图

图 1-2-1 内热式电烙铁

2. 外热式电烙铁

外热式电烙铁的功率比较大，常见规格有 35 W、45 W、75 W、100 W，使用于焊接被焊接物较大的元器件。它的烙铁头可以被加工成各种形状以适应不同焊接面的需要。外热式电烙铁的实物图和示意图如图 1-2-2 所示。内热式电烙铁和外热式电烙铁的结构比较如图 1-2-3 所示。

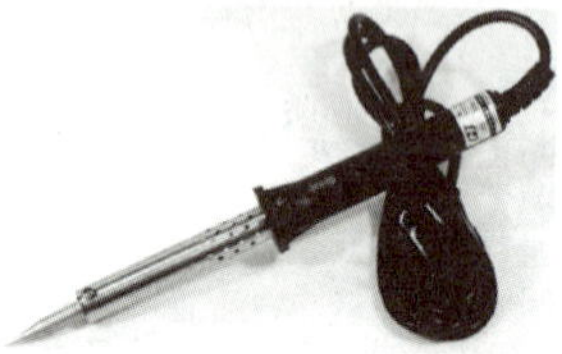

(a) 实物图

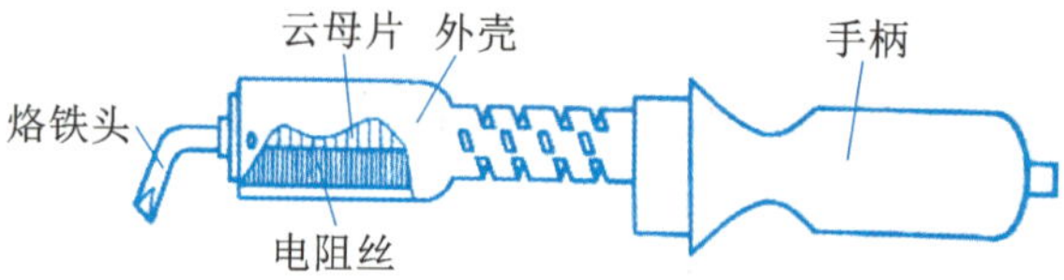

(b) 示意图

图 1-2-2 外热式电烙铁

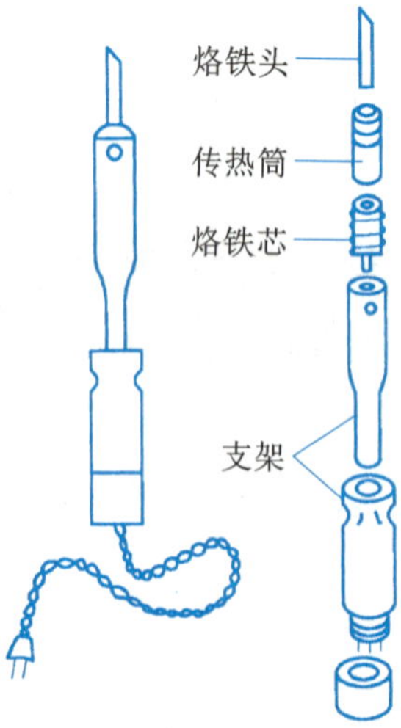

(a) 内热式电烙铁

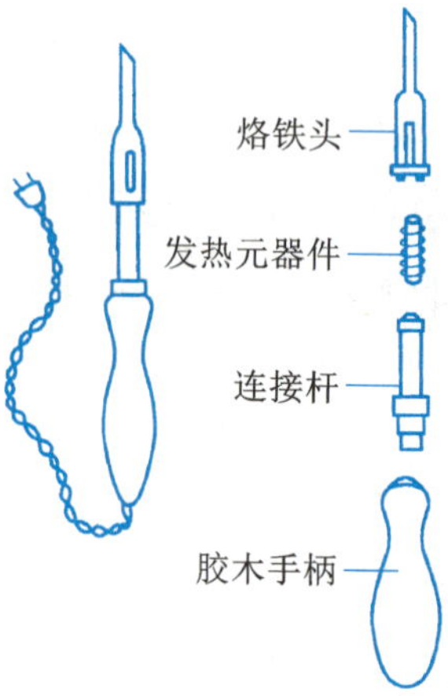

(b) 外热式电烙铁

图 1-2-3 内热式电烙铁与外热式电烙铁的结构比较

3. 恒温式电烙铁

恒温式电烙铁利用内部的磁控开关(或电控开关)来控制烙铁的加热电路，使烙铁保持恒温。恒温烙铁是断续加热的，比普通烙铁省电，焊接不易氧化，可减少虚焊，提高了焊接质量，而且延长了使用寿命，同时也能防止被焊件因温度过高而损坏。恒温式电烙铁如图 1-2-4 所示。

4. 吸锡式电烙铁

吸锡式电烙铁是拆除焊件的专业工具，可将焊接点上的焊锡熔化后吸除，使元器件的引脚与焊盘分离。操作时，先将烙铁加热，再将烙铁头放到焊点上，待焊点的焊锡熔化后，按动吸锡开关，即可将焊点上的焊锡吸入腔内，这个步骤有时要反复进行几次才可将焊锡吸除干净。吸锡式电烙铁如图 1-2-5 所示。

图 1-2-4 恒温式电烙铁

图 1-2-5 吸锡式电烙铁

1.2.2.2 其他焊接工具

1. 吸锡器

吸锡器实际上是一个小型手动空气泵，压下吸锡器的压杆，就排出了吸锡器腔内的空气；释放吸锡器压杆的锁钮，弹簧推动压杆迅速回到原位，在吸锡器腔内形成空气的负压力，就能够把熔融的焊料吸走。吸锡器如图 1-2-6 所示。

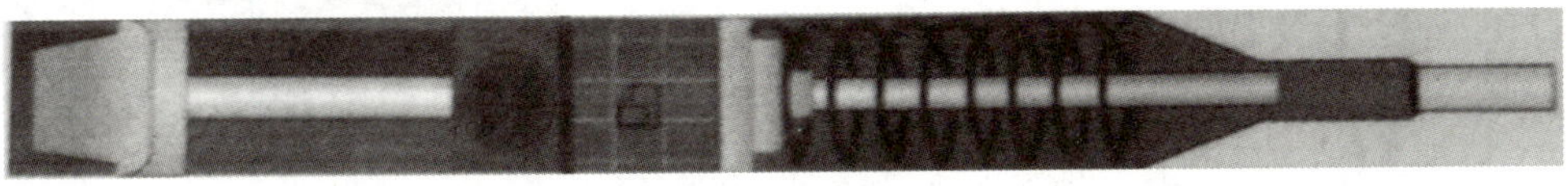

图 1-2-6 吸锡器

2. 热风枪

热风枪又称为贴片电子元器件拆焊台。将在后面的内容详细介绍。

3. 尖嘴钳

尖嘴钳的主要作用是在连接点上绕导线、元器件引线及对元器件成形。尖嘴钳如图 1-2-7 所示。

4. 偏口钳

偏口钳又称斜口钳，主要用于剪切导线，剪掉元器件多余的引线。不要用偏口钳剪切螺钉、较粗的钢丝，以免损坏钳口。偏口钳如图 1-2-8 所示。

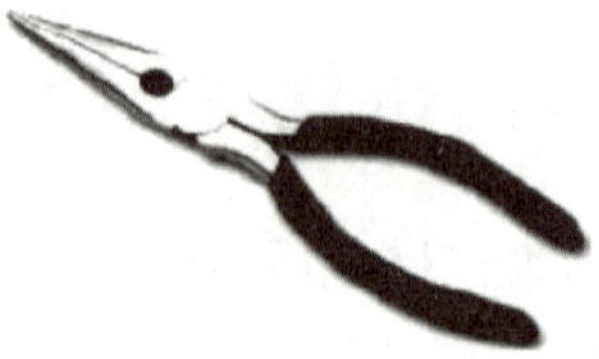

图 1-2-7　尖嘴钳

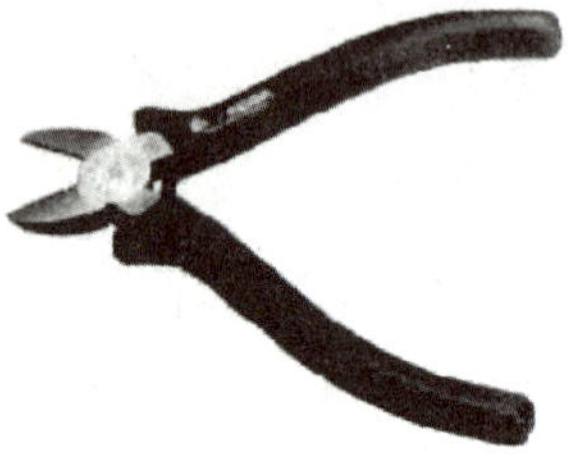

图 1-2-8　偏口钳

5. 镊子

镊子的主要用途是摄取微小元器件，在焊接时夹持被焊件以防止其移动和帮助散热。

6. 旋具（螺丝刀）

旋具分为十字旋具、一字旋具。主要用于拧动螺钉及调整元器件的可调部分。

7. 小刀

小刀主要用来刮去导线和元器件引线上的绝缘物和氧化物，使之易于上锡。

1.2.2.3　焊接材料

1. 焊料

焊料按成分分为锡铅焊料、银焊料、铜焊料，其中锡铅焊料应用最为广泛。它的形状有圆片、带状、球状、丝状等几种，常用的是丝状。熔点在 450 ℃以上的为硬焊料，以下的为软焊料。焊锡丝一般内部夹带有固体焊剂松香。其直径有 0.5 mm、0.6 mm、0.8 mm、1 mm、1.2 mm、1.5 mm 等，直径 0.8 mm 焊锡丝最常用。常用的焊锡丝为 39 锡铅焊料（HLSnPb39），配比是锡约为 61%，铅约为 39%，也即标注的锡 63%，铅 37%，熔点为 183 ℃。因铅有毒，故国际上禁用锡铅焊料。现推出了无铅焊锡，它的主要成分是锡、铜和少量其他金属元素。焊锡丝如图 1-2-9 所示。

图 1-2-9　焊锡丝

2. 助焊剂

助焊剂是一种焊接辅助材料，其作用如下：

- 去除氧化膜。
- 防止氧化。
- 减少表面张力。
- 使焊点美观。

1.2.2.4 电烙铁与焊锡丝的握法

在焊接时，烙铁的握持方法，并无统一规定，以便于用力和操作方便为原则，一般有正握、反握和笔握三种，如图 1-2-10 所示。

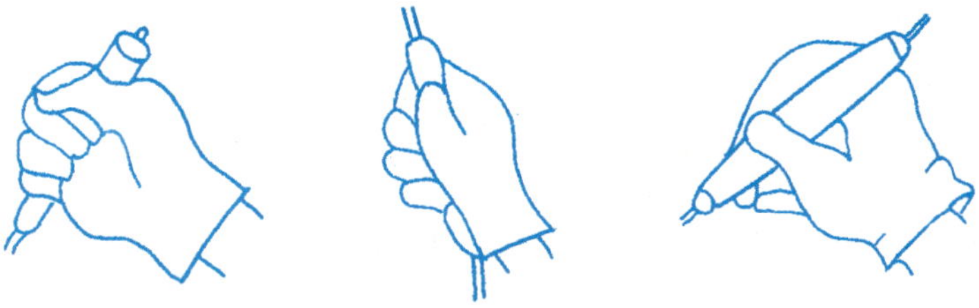

图 1-2-10　电烙铁的握法

正握法适用大功率弯头电烙铁；反握法适用大功率电烙铁，焊接大的被焊件；笔握法适用小功率电烙铁，焊接小的被焊件。

焊锡丝一般有两种拿法，如图 1-2-11 所示。由于焊丝成分中，铅占一定比例，众所周知铅是对人体有害的重金属，因此操作时应戴手套或操作后洗手，避免食入。

图 1-2-11　焊锡丝的拿法

在使用电烙铁时还要注意以下几点：

(1) 首次使用应先上锡，方法：将电烙铁通电加热，用浸水海绵轻擦烙铁头，把松香涂在烙铁头上，然后往烙铁头上加一层薄薄的焊锡(即我们所说的上锡或搪锡)。

(2) 若烙铁头氧化发黑不吃锡，紫铜头可用砂布打磨后重新上锡，合金头不能用砂布打磨，只能用浸水海绵擦拭后上锡。

(3) 使用时不要敲击或甩电烙铁头，以免损坏电烙铁或造成人身安全事故，而应用湿海绵去除多余焊锡或清除脏物。

(4) 使用完毕后，烙铁头上的残留焊锡应该保留以防氧化，只需要用湿海绵擦拭烙铁头清除松香和脏物即可。

(5) 电烙铁不能长时间通电而不用，这样易使烙铁芯加速氧化而烧断，也会使烙铁头氧化发黑，甚至“烧死”不再“吃锡”。

1.2.3　插件类元器件(THT)的焊接方法

1.2.3.1　工艺流程

插件类元器件(THT)的焊接的工艺流程如下：准备—加热—加焊料—冷却—清洗—检验。

(1)准备：做好焊接前的准备工作，包括焊接部位的清洁处理，预焊接元器件引线的成形及插装，焊接工具与焊接材料的准备。

(2)加热：用烙铁头加热焊接部位，使连接点的温度加热到焊接需要的温度。

(3)加焊料：当烙铁加热到一定温度后，即可在烙铁头与连接点的结合部加上适量的焊料。通常的焊接时间控制在 2~3 s 内。

(4)冷却：焊接时间结束后，焊料和烙铁都已撤离，焊点应自然冷却，不要用嘴吹或其他强制冷却的方法，以免影响焊点的形成。

(5)清洗：焊接完成后一般用无水酒精或洗板水进行清洗，除去焊点周围的焊剂和油污等，以防残留物的污染及腐蚀，并使焊点清洁美观。

1.2.3.2　手工焊接操作步骤

(1)准备。准备工具和材料，检查电烙铁是否吃锡。

(2)加热被焊件。将烙铁头放在焊点上，烙铁头同时接触焊盘与元器件管脚并尽可能增大接触面积。如图 1-2-12(a)所示。

(3)熔化焊料。将焊锡丝放到被焊件上同时接触烙铁头，使焊锡丝熔化并充分润湿焊点。如图 1-2-12(b)所示。

(4)移开焊锡丝。焊锡丝熔化并充分润湿焊点后迅速移开焊锡丝。如图 1-2-12(c)所示。

(5)移开电烙铁。移开焊锡丝后，再将电烙铁以斜向上 45°移开。对于电路板上的一般焊点，焊接过程不应超过 5 s，以 3 s 为宜。如图 1-2-12(d)所示。

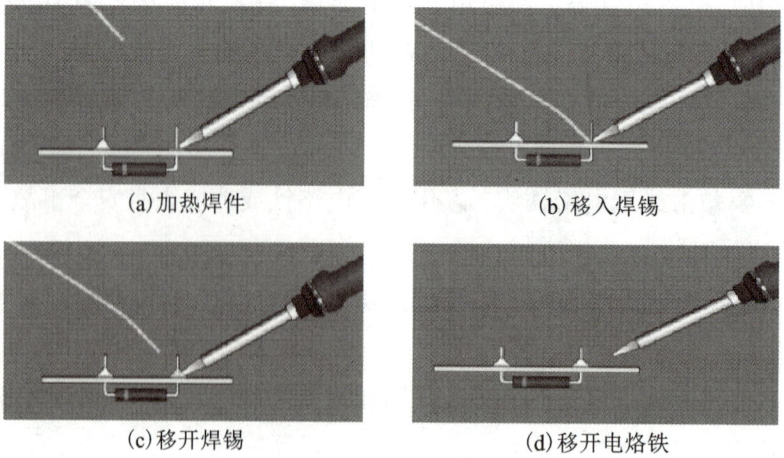

(a)加热焊件　(b)移入焊锡　(c)移开焊锡　(d)移开电烙铁

图 1-2-12　手工焊接方法

以上称为焊接五步法，也可简化为三步法，即：①准备；②加热被焊件并熔化焊料；③同时移开烙铁和焊料。

1.2.3.3 对焊点的工艺要求及焊接质量检查与分析

1. 对焊点的工艺要求

对焊点的工艺要求如下：

(1)焊点要有可靠的电连接和足够的机械强度。焊点应有足够的连接面积和稳定的结合层，不能出现缺焊、虚焊。

(2)焊点应外观光洁、整齐。良好的焊点应是焊料用量恰到好处，外表有金属光泽、平滑，没有裂纹、针孔、夹渣、拉尖、桥接等现象。

2. 焊点质量检查

(1)目视检查。目视检查是从外观上检查焊接质量是否合格，有条件的情况下，建议用3~10倍放大镜进行检查。主要检查如下几个方面：

- 焊点是否均匀，表面是否光滑、圆润。
- 焊锡是否充满焊盘，焊锡有无过多、过少现象。
- 焊点周围是否有残留的助焊剂和焊锡。
- 是否有错焊、漏焊、虚假焊。
- 是否有桥焊、焊点不对称、拉尖等现象。
- 焊点是否有针孔、松动、过热等现象。
- 焊盘有无脱落、焊点有无裂痕。

(2)手触检查。在外观检查中发现有可疑现象时，需要采用手触检查。主要是用手指触摸元器件有无松动、焊接不牢的现象，用镊子轻轻拨动焊接部或夹住元器件引线，轻轻拉动观察有无松动现象。

(3)在路检测即通电检测。将电源接上，通过万用表、示波器等仪器检测电子元器件各引脚在路直流电阻、对地交直流电压以及总工作电流、输入输出波形等。

3. 不良焊点分析(见表1-2-1)

表1-2-1 常见不良焊点分析

不良焊点形状	现象	不良焊点产生的原因
 焊料过多	焊料面呈凸圆形状	焊锡丝滞留时间过长
 焊料过少	焊锡未形成平滑的过渡面	焊锡丝滞留时间过短，焊接时间过短或焊接面局部氧化

续表1-2-1

不良焊点形状	现象	不良焊点产生的原因
 过热	焊点发白、无金属光泽、表面较粗糙	电烙铁加热时间过长，引起焊接时温度过高
 冷焊	焊点表面呈颗粒状，表面有裂纹	电烙铁加热时间过短，焊接时温度过低或焊锡未凝固前被焊件抖动
 松动	外观粗糙，导线或元器件引线可移动	焊锡未凝固前引线移动或焊接面氧化未处理
 拉尖	焊点出现尖端或毛刺	焊接时间过长，烙铁头移开的方法不当
 松香焊	焊点中夹有松香渣	助焊剂失效或过多，焊接时间过短，加热不均匀
 浸润不良	焊锡与被焊件相邻处接触角过大、不平滑	被焊件氧化未清理干净，被焊件加热不足
 不对称	焊锡未流满焊盘	加热不足，焊锡的流淌性差
 气泡和针孔	焊点在引线根部有焊锡拱起、有孔和气泡	焊盘与引线的间隙过大
 桥焊	焊锡将相邻两焊盘连接在一起	焊锡过多，焊接时间过长，烙铁头移开的方向不正确
 虚焊	焊锡与元器件或与焊盘铜箔之间有明显的界线，焊锡向界线凹陷	加热不充分，焊盘和元器件引线氧化层未清理干净或焊料凝固时焊接处晃动
 印制电路板导线和焊盘翘起	焊盘的铜箔从印制电路板上脱落或翘起	焊接时间过长，焊接温度过高，焊盘铜箔氧化未去除

1.2.3.4 拆焊

在安装、调试和维修中常需要更换一些元器件，将已焊接的焊点拆除，这就是拆焊。拆焊时要注意避免印制焊盘和印制导线因过热和机械损伤而剥离或断裂，还要注意避免电烙铁和其他工具烫伤或机械损伤周围的器件和导线。拆焊的方法有以下几种：

1. 分点拆除法

此种方法适合于拆卸少量的电阻、电容、二极管、三极管等管脚不多的元器件。拆焊时可将印制板竖立起来，在焊接面用烙铁加热待拆元器件的一个焊点，在元器件面用镊子或尖嘴钳夹住该元器件与焊点对应的引脚，待焊点熔化后将元器件引脚轻轻地拉出。再用同样的方法将另一个引脚也拆除，该元器件就拆下来了。将元器件拆除后，必须对焊盘进行清洗，以便再安装元器件时使用。

2. 集中拆焊法

此种方法适用于引脚很多的元器件（如集成块），用电烙铁同时交替加热多个焊点，待焊锡熔化后，一次拔出元器件。此法操作要求加热迅速、注意力集中、动作快。拔器件的工具可用专用的IC起拔器（如图1-2-13），也可用改装后的镊子，可将镊子改成向内弯的“L”形。

图1-2-13 IC起拔器

3. 采用吸锡器或吸锡烙铁拆焊法

此法利用吸锡器内置的空腔的负压作用，将加热后熔融的焊锡吸进空腔，使引线与焊盘分离。

4. 采用空心针头拆焊法

该法是利用尺寸相当（孔径稍大于引线直径）的空针头，套在需拆焊的引脚上，当烙铁加热焊锡熔化时，迅速旋转针头直到烙铁撤离焊锡凝固后方可停止，这时拔出针头，引线和焊盘就可分离了。

5. 采用吸锡材料拆焊法

此法是利用吸锡材料（如屏蔽线纺织层、细铜网、多股导线等）吸走熔融的焊锡，这样引线与焊盘就可脱离了。在实际操作中，在细细的多股线中沾上松香，脱焊的效果会更好。

1.2.4 印制电路板（PCB）

在电子产品组装中需将电子元器件按照原理图实行互联，才能实现预定的电气功能。在目前的电子产品中实行互联的方法主要是用印制电路板互联。印制电路板（printed circuit board 即 PCB）不但完成了元器件的互联，而且为元器件提供了必要的机械支撑，增强了产品的稳定性、坚固性、可靠性，缩小了产品的体积和重量。下面介绍有关它的一些常识。

1.2.4.1 种类

PCB 板按照结构可分为 5 种，在这里介绍常见的 3 种。

(1)单面板。在厚度为 0.2~0.5 mm 的绝缘基板上，仅在一个面敷有铜箔，通过印制和腐蚀的方法，在基板上形成印制板电路。它使用于元器件不多的电子产品，比较适合于手工制作。

(2)双面板。在绝缘基板(厚度为 0.2~0.5 mm)的两面都敷有铜箔，可在两面都制成印制电路板。适用于电子元器件密度较高的电子产品。双面板能减少电子产品的体积，但两面铜箔板间要有金属化过孔。

(3)多层板。在绝缘基板上制成三层或三层以上印制电路的印制板称为多层印制电路板。在多层板上安装的孔需要金属化，它一般与集成电路配合使用。

1.2.4.2 技术术语

在印制电路板中的术语有很多，在这里介绍常见的几个：

(1)焊盘。用于电气连接、元器件固定或者两者兼备的那部分导电图形。

(2)焊盘孔。将元器件接线端(包括元器件引线和引脚)固定于印制板并实现电气连接的孔。

(3)导线。导电图形中的单条导电通路。

(4)正面。也叫元器件面，即安装有大多数元器件的一面。

(5)反面。也叫焊接面，即通孔安装印制板与元器件面相对的一面。

1.2.5 表面贴装类元器件(SMT)的焊接方法

电子系统的微型化和集成化是当代技术革命的重要标志，也是未来发展的重要方向。日新月异的各种高性能、高可靠、高集成、微型化、轻型化的电子产品，正在改变我们的世界，影响人类文明的进程。

安装技术是实现电子系统微型化和集成化的关键。表面安装技术(surface mounting technology 简称 SMT)使电子产品体积缩小，重量变轻，功能增强，可靠性提高，推动信息产业高速发展。SMT 已经在很多领域取代了传统的通孔安装(through hole technology 简称 THT)，并且这种趋势还在进行，预计未来 90%以上产品将采用 SMT。

1.2.5.1 SMT 简介

1. THT 与 SMT

表 1-2-2 是 THT 与 SMT 的区别；图 1-2-14 是 THT 与 SMT 的安装尺寸比较。

表 1-2-2 THT 与 SMT 的区别

	年代	技术缩写	代表元器件	安装基板	安装方法	焊接技术
通孔安装	20 世纪 60—70 年代	THT	晶体管，轴向引线元器件	单、双面 PCB	手工、半自动插装	手工焊、浸焊
	20 世纪 70—80 年代		单、双列直插 IC，轴向引线元器件编带	单面及多层 PCB	自动插装	波峰焊、浸焊、手工焊
表面安装	20 世纪 80 年代开始	SMT	SMC、SMD 片式封装 VSI、VLSI	高质量 SMB	自动贴片机	波峰焊、回流焊

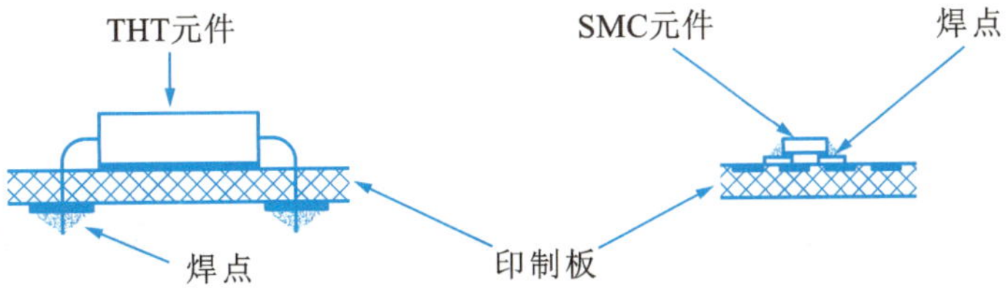

图 1-2-14 THT 与 SMT 的安装尺寸比较

2. SMT 主要特点

(1)高密集。SMC、SMD 的体积只有传统元器件的 1/3～1/10，可以装在 PCB 的两面，有效利用了印制板的面积，减轻了电路板的重量。

(2)高可靠。SMC 和 SMD 无引线或引线很短，重量轻，因而抗震能力强，焊点失效率可比 THT 至少降低一个数量级，大大提高了产品可靠性。

(3)高性能。SMT 密集安装减小了电磁干扰和射频干扰，尤其高频电路中减小了分布参数的影响，提高了信号传输速度，改善了高频特性，使整个产品性能得到提高。

(4)高效率。SMT 更适合自动化大规模生产。采用计算机集成制造系统(CIMS)可使整个生产过程高度自动化，将生产效率提高到新的水平。

(5)低成本。SMT 使 PCB 面积减小，成本降低；无引线和短引线使 SMD、SMC 成本降低，安装中省去引线成形、剪线的工序；频率特性提高，减少调试费用；焊点可靠性提高，减小调试和维修成本。一般情况下采用 SMT 后可使产品总成本下降 30%以上。

3. SMT 工艺

SMT 工艺有两种基本方式，主要取决于焊接方式。

(1)采用波峰焊(见图 1-2-15)。

此种方式适合大批量生产。对贴片精度要求高，生产过程自动化程度要求也很高。

(2)采用回流焊(见图 1-2-16)。

这种方法较为灵活，视配置设备的自动化程度，既可用于中小批量生产，又可用于大批量生产。

混合安装方法，则需根据产品实际情况将上述两种方法交替使用。

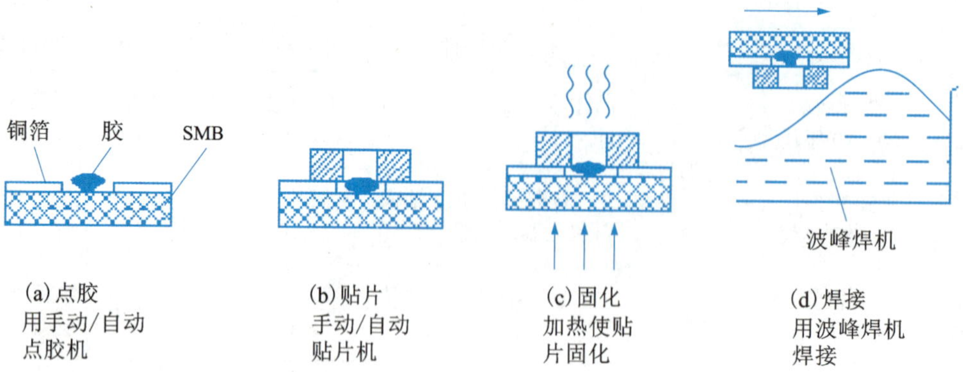

图 1-2-15　波峰焊

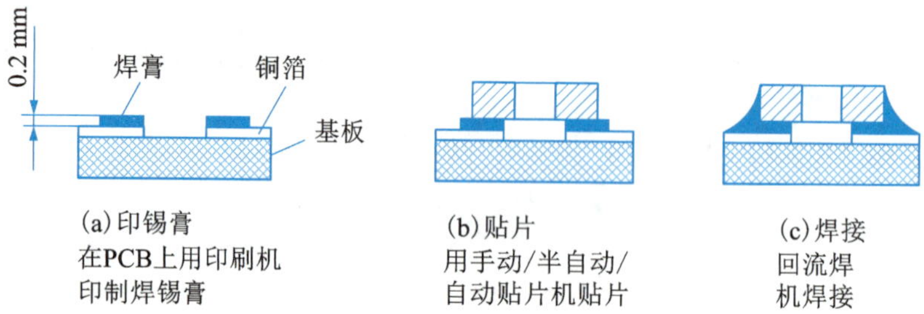

图 1-2-16　回流焊

1.2.5.2　小型 SMT 设备

1. 焊膏印刷机

焊膏印刷机如图 1-2-17 所示。操作方式：手动；最大印制尺寸：320 mm×280 mm。技术关键：定位精度；模板制造。

2. 贴片设备

镊子用于拾取贴片安放，如图 1-2-18 所示；真空笔用于吸取贴片，真空笔如图 1-2-19 所示。

图 1-2-17　焊膏印刷机

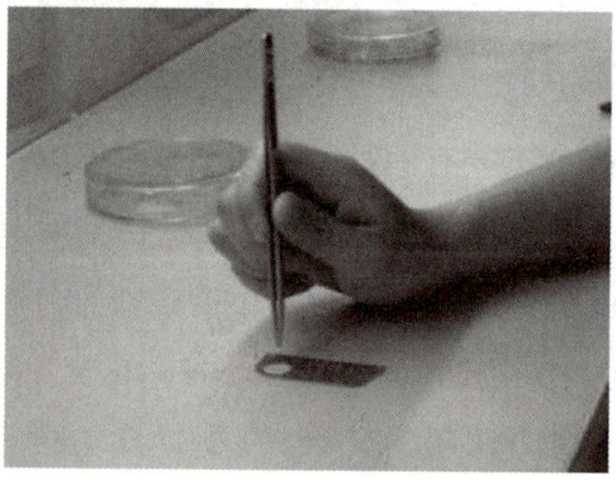

图 1-2-18　镊子拾取安放贴片

3. 回流焊设备

台式自动回流焊机如图 1-2-20 所示，电源电压 220 V、频率 50 Hz，额定功率 2.2 kW，有效焊区尺寸 240 mm×180 mm，加热方式：远红外+强制热风，工作模式：工艺曲线灵活设置，工作过程自动。

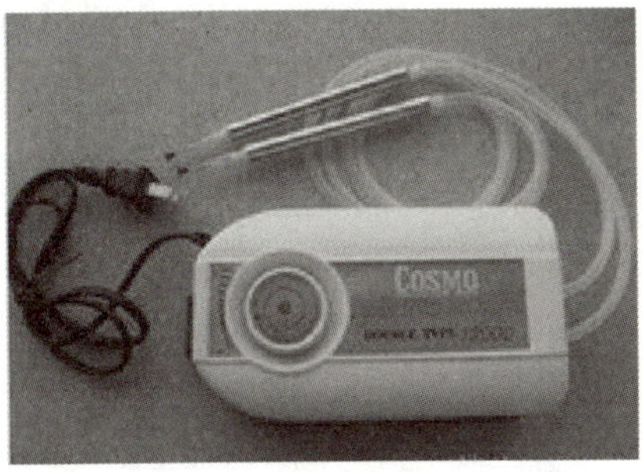

图 1-2-19　真空笔

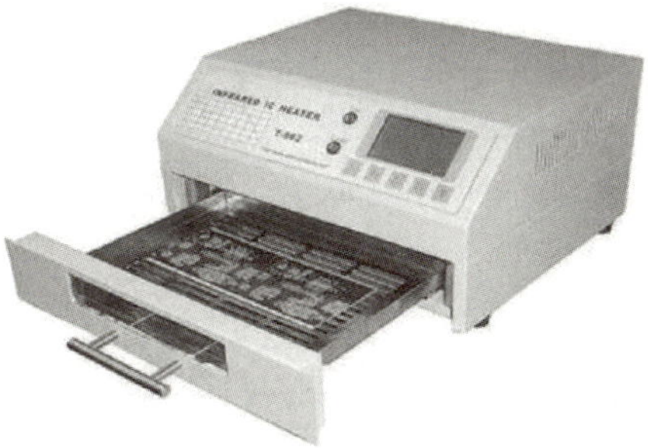

图 1-2-20　台式自动回流焊机

1.2.5.3　SMT 焊接质量

1. SMT 焊接质量要求

SMT 焊接质量要求与 THT 基本相同，要求焊点的焊料的连接面呈半弓形凹面，焊料与焊件交界处平滑，接触角尽可能小，无裂纹、针孔、夹渣，表面有光泽且平滑。由于 SMT 元器件尺寸小，安装精确度和密度高，焊接质量要求更高。具体质量要求如下：

(1)焊点要有足够的机械强度，保证被焊件在受震动或冲击时不致脱落、松动。不能用过多焊料堆积，这样容易造成虚焊、焊点与焊点的短路。

(2)焊接可靠，具有良好导电性，必须防止虚焊。

(3)焊点表面要光滑、清洁，焊点表面应有良好光泽，不应有毛刺、空隙，无污垢，不能缺锡、多锡、有焊桥。不能有焊剂的有害残留物质，要选择合适的焊料与焊剂。

2. 常见 SMT 焊接缺陷

几种常见 SMT 焊接缺陷见图 1-2-21，采用回流焊工艺时，焊盘设计和焊膏印制对控制焊接质量起关键作用。例如立片主要是两个焊盘上焊膏不均，一边焊膏太少甚至漏印而造成的。

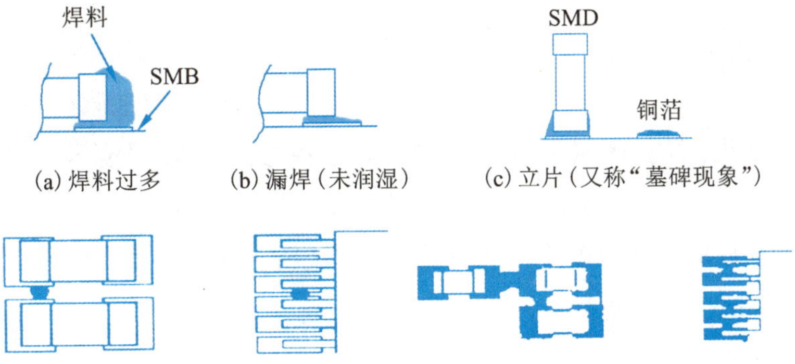

(a) 焊料过多　(b) 漏焊(未润湿)　(c) 立片(又称“墓碑现象”)

(d) 焊球现象　(e) 桥接

图 1-2-21　常见 SMT 焊接缺陷

另外还有一些特有缺陷，图 1-2-22 和图 1-2-23 分别是两种典型的焊点。

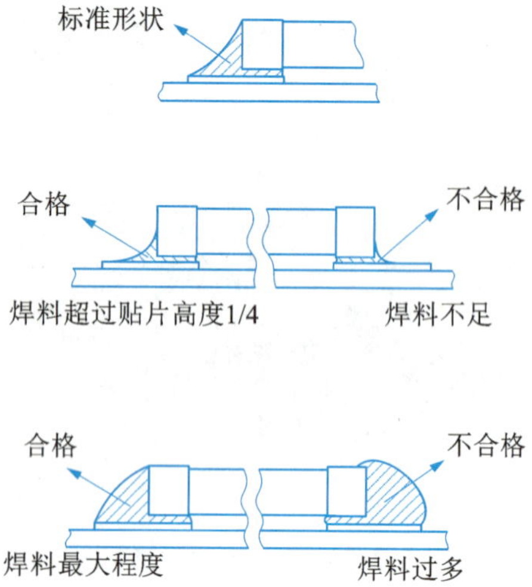

图 1-2-22　矩形贴片焊点形状

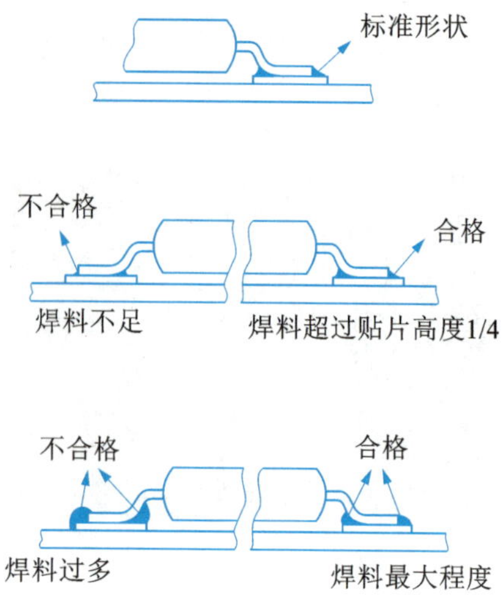

图 1-2-23　IC 贴片焊点形状

1.2.5.4　SMT 焊接

现在很多电子产品的元器件采用 SMT(表面贴装技术)的贴片元器件，如贴片的电阻、电容、电感、二极管、三极管，SOP、QFP、BGA 等类型的集成芯片等。进行手工 SMT 焊接主要用到了恒温电烙铁、热风枪和小锡炉等工具。

1. 恒温电烙铁的使用方法与注意事项

(1)使用方法。

插上恒温电烙铁的电源插头，打开电源开关。调节温度旋钮到合适温度，一般为 350～400 ℃，经过预热后，烙铁头如上好了锡，就可以开始焊接了。烙铁不用的时候就顺手把温度调下来，要用时可以再调高，如长时间使烙铁干烧，就很容易使烙铁黑头，不上锡。烙铁头最好不要用刀片等去刮它，如果脏了可以在湿海绵上擦干净。

(2)使用注意事项。

①使用有防静电调温的电烙铁应在使用前确保已接地，这样可以防止工具上的静电损坏精密元器件。

②烙铁应该调整到合适的温度，温度不宜过低，也不宜过高，用烙铁做不同的工作，比如清除或焊接的时候，以及焊接不同大小的元器件的时候，应该相应地调整烙铁的温度。

③及时清理烙铁头，防止因氧化物和碳化物损害烙铁头而导致焊接不良，定时给烙铁上锡。

④对于引脚较少的片状元器件的焊接与拆焊，常采用轮流加热法。

⑤烙铁不用的时候应当将温度旋调到最低或关闭电源，以防止因长时间的空烧损坏烙铁头。

(3)贴片元器件的拆卸与焊接。

①贴片电阻电容的拆卸。

用烙铁在贴片元器件的两边来回加热，直至焊锡熔化，再用镊子将元器件取下来。或采用堆锡的办法，不过应该多堆一些，然后用烙铁熔解焊锡，不断移动，尽量使所有焊锡“同时”熔化，注意尽量避免烙铁头与管脚接触，因为这样可以避免焊盘损坏。焊锡全部熔化后，用镊子或烙铁头轻轻一挑，芯片就下来了。

②贴片电阻电容的焊接。

先在一个焊盘上上一点锡，用镊子夹住元器件焊在这个焊盘上，如果不平可用镊子调整，最后可统一在另一个焊盘上上锡，完成焊接。

贴片电阻电容的手工焊接方法如图 1-2-24 所示。

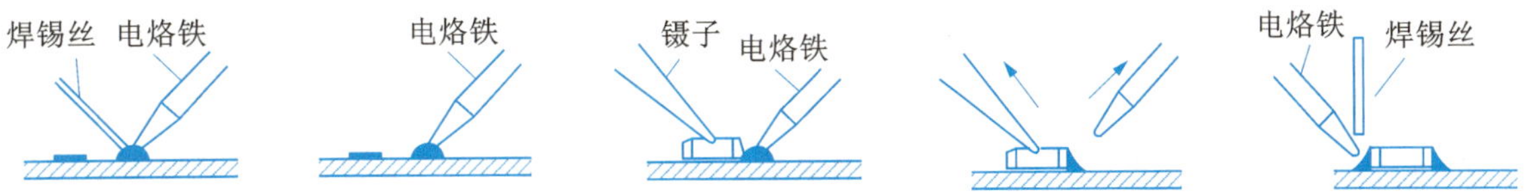

图 1-2-24　贴片元器件的焊接

先确定需焊接的元器件，在相应的焊盘上用直径为 0.3 mm 的焊锡丝镀一层锡，并保持焊锡熔融；再用镊子将元器件平推到焊盘上面，调整好位置；焊锡浸润后先移开烙铁，焊点凝固后再移开镊子；然后焊接另一端。

③小型贴片集成块(SOP)的焊接。

对于小型贴片集成块可采用烙铁拖焊的方法，即将芯片的两个对角固定，再将烙铁放置与芯片引脚垂直的方向，送上较多的焊锡，将烙铁快速地拖过芯片引脚，然后再将各焊锡粘在一起的引脚用烙铁轻轻划开，反复练习可一次拖焊成功。当然也可逐点焊接每个脚。贴片集成电路手工逐点焊接法如图 1-2-25 所示。

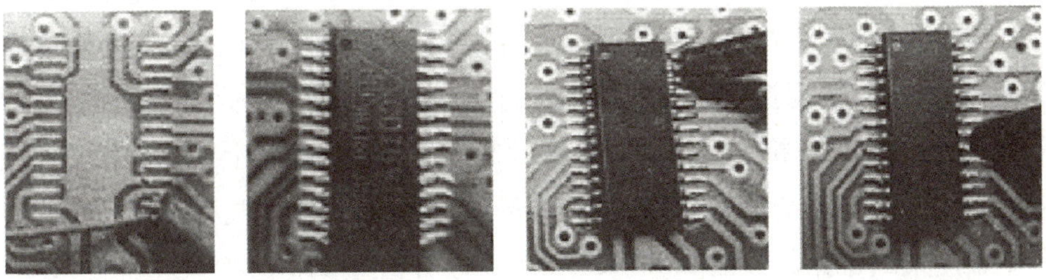

(a)一个焊盘上锡　(b)放置集成电路　(c)固定对角引脚　(d)交错焊接引脚

图 1-2-25　电烙铁逐点焊接集成电路

2. 热风枪的使用方法与注意事项

热风枪是贴片元器件焊接和拆卸中不可缺少的工具，它由风机和电热机两部分组成。AIR 为风速调节旋钮，一般有 8 个气流挡。HEATER 为温度调节旋钮。POWER 为电源开关。热风枪是用来拆卸集成块和片状元器件的专用工具。其特点是防静电，温度可调节，不易损坏元器件。热风枪(850 型)的外观如图 1-2-26 所示，它主要由气泵、线性电路板、气流稳定器、外壳、手柄组成件组成。

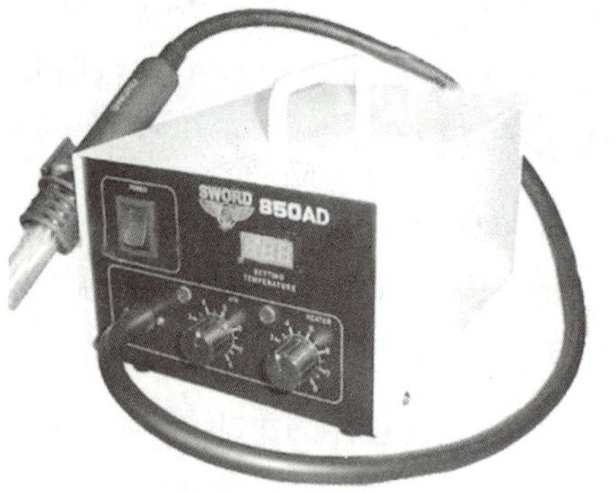

图 1-2-26 热风枪

(1)使用方法。

将热风枪电源插头插入电源插座，打开热风枪电源开关。调节热风枪温度风速开关，正常情况下风力应随所焊元器件大小、热风枪温度而定。当热风枪操作熟练后，风速可随个人习惯而定。调节热风枪温度开关，风枪温度可设为 4、5 挡，不过这也是随风力而定，风力越低温度越高，风力越高温度越低。使用完毕后，将热风枪电源开关关闭，此时热风枪将向外继续喷气，当喷气结束后，再将热风枪的电源插头拔下。

(2)使用注意事项。

①温度旋钮和风量旋钮位置选择要根据不同集成组件的特点而定，以免温度过高损坏组件或风量过大吹丢小的元器件。

②用热风枪吹焊 SOP、QFP 和 BGA 封装的片状元器件时，初学者最好先在需要吹焊的集成块四周贴上条形高温绝缘纸带，可以避免损坏其周围元器件。

③注意吹焊的距离应适中。距离太远吹不下来元器件，距离太近又会损坏元器件。风嘴不能集中于一点吹，应按顺时针和逆时针的方向均匀转动手柄，以免吹鼓 PCB 板、吹裂元器件。

④不能用热风枪吹接插件的塑料部分。不能用风枪吹灌封胶，应先除胶，以免多次吹焊而损坏组件。

(3)吹焊小贴片元器件的方法。

对于小贴片元器件，如手机中片状电阻、电容、电感等，一般可使用热风枪进行吹焊。吹焊时一定要掌握好风量、风速和气流的方向。如果操作不当，不但会将小元器件吹跑，而且还会损坏大的元器件。吹焊小贴片元器件一般采用小嘴喷头，热风枪的温度调至 2~3 挡，风速调至 1~2 挡。待温度和气流稳定后，便可用手指钳夹住小贴片元器件，使热风枪的喷头离欲拆卸的元器件 2~3 cm，并保持垂直，在元器件的上方均匀加热，待元器件周围的焊锡熔化后，用手指钳将其取下。如果焊接小元器件，要将元器件放正，若焊点上的锡不足，可用烙铁在焊点上加注适量的焊锡，焊接方法与拆卸方法一样，只要注意温度、气流方向即可。

(4)吹焊贴片集成电路的方法。

用热风枪吹焊贴片集成电路时，首先应在芯片的表面涂加适量的助焊剂，这样既可防止干吹，又能帮助芯片底部的焊点均匀熔化。由于贴片集成电路的体积相对较大，在吹焊时可采用大嘴喷头，热风枪的温度可调至 3~4 挡，风量可调至 2~3 挡，风枪的喷头离芯片 2.5 cm 左右为宜。吹焊时应在芯片上方均匀加热，直到芯片底部的锡珠完全熔解，此时应用手指钳将整个芯片取下。需要说明的是，在吹焊此类芯片时，一定要注意是否影响周边元器件。另外芯片取下后，电路板会残留余锡，可用烙铁将余锡清除。若焊接芯片，应将芯片与电路板相应位置对齐。焊接方法与拆卸方法相同。

3. 小锡炉的使用方法与注意事项

对于手工焊接来讲，小锡炉是比较常用的设备之一，它也叫台式喷流波峰焊。一般适用于维修拆装 DIP 物料元器件，包括 DIP 电阻、DIP 电容、DIP IC 以及 DIP 连接器等。它的外观如图 1-2-27 所示。

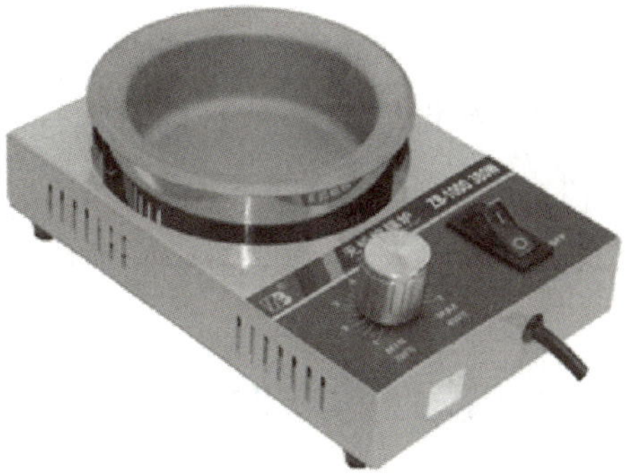

图 1-2-27　小锡炉

(1)小锡炉的使用方法。

小锡炉的使用方法比较简单，但使用前需要调校好。一般在通电后把温度调到 218 ℃左右，等到锡盒里面的锡全部熔化成为液态后，调动小锡炉的喷流系统按钮，让锡盒里的喷流达到你需要的程度(一般高过锡盒中间的熔槽边即可)，最后清除锡炉里的锡渣等脏污物之后就可以使用了。

小锡炉主要用来拆装 DIP 物料的，那如何才能使用好小锡炉呢?

①首先用高温胶纸等保护性的耐高温材料贴在被拆装的 DIP 物料周围，使该电子产品在加热焊接时只涉及被拆装物料，避免引起周围的组件烧坏、电路短路等其他故障。

②要给被拆装的 DIP 物料 PCB 板底涂加助焊剂，以利于拆装，同时准备好物料待用。

③物料的拆卸：把产品被拆装的部分平放到熔化喷流的锡盒中(注意：小心熔锡溅到身上，引起不必要的伤害)，一手拿稳产品，一手轻轻地摇动被拆装物料，直到被拆装物料引脚上的焊锡完全熔化，轻轻垂直拔出该物料。观察被拆物料 PCB 表面有无连锡、短路等不良现象。如果有，要用手轻敲该电子产品或用其他方法清除不良现象。

④物料的安装：用被安装物料的第一脚(包括有极性的材料，要注意极性)，去对准电子产品 PCB 上的丝印第一脚，然后轻轻地垂直放下去，再用手轻轻地摇晃一下，等被安装物料的引脚完全熔化之后，把它按平，用手轻压，以倾斜的角度让该产品离开锡面，可减少短路连锡，拿起该产品等冷却即可。

⑤产品的清理清洁：产品的物料更换后，要用恒温烙铁清理被拆装物料的短路及不良焊点等情况，最后清洗由于拆装清理留下的脏物，保持良好的外观就行了。

(2)小锡炉的保养方法及注意事项

①必须在安全良好接地，确认供电电压无误时，方可通电。小锡炉的温度设定要适当，根据实际需要进行调整，不使用时，应保持焊锡在熔融状态即可。

②小锡炉使用一段时间后，里面有锡渣残留物等，要清理小锡炉里的焊渣等脏物，锡槽内严禁加入各种液体。

③小锡炉工作一定时间后，应关掉电源冷却一段时间，以延长小锡炉的使用寿命。锡炉温度不宜调太高，过高温度会导致焊锡老化，减短锡炉寿命。

④使用过程中，应注意安全，不要让熔锡溅到身上，引起安全事故。机器工作过程中，机体外壳温度较高，切勿触摸以免烫伤。

⑤要注意在熔锡喷流上不来时，不要尽力调大喷流功率，应看锡量是不是足够等其他方面的影响。

⑥小锡炉在使用过程中测量温度的频率为 1 次/班，并将测量温度记录于“小锡炉温度记录表”上，如果温度差异大于 10 ℃，应校验小锡炉温度。

⑦小锡炉在一段时间不使用时，应关掉小锡炉电源，并将小锡炉中的锡渣及残留物清除干净，且不宜在潮湿、可燃性、腐蚀性、高粉尘等环境中使用。

1.2.6　元器件的预处理与装接工艺

1.2.6.1　元器件引脚的预处理

每一个电子产品要实现其功能通常须在印制电路板上装配其所需的电子元器件，元器件的引脚在装配之前必须经过弯折成形(根据电路板安装位置的特点及电气性能要求预先把元器件弯曲成一定的形状)，这样既能够提高焊接的牢靠度和生产效率，又能使装配出来的电路板整齐、美观。

1. 元器件引脚的校直

生产出来的元器件由于包装、贮存、运输等中间环节的影响，使引脚弯曲变形，不利于装配，所以在装配前必须用无刻纹尖嘴钳、平口钳或镊子对元器件引脚进行简单的手工校直。在校直过程中，注意不可用力过猛拉断或扭伤元器件的引脚。

2. 元器件引脚的弯折成形

根据焊盘孔的间距及不同元器件在装配上的特点，用尖嘴钳或镊子把元器件的引脚弯折加工成所需的形状，目的是在插装时能迅速而准确地插入焊盘孔内。在工厂多采用模具手工成形和自动折弯机。图 1-2-28 所示为引线成形的模具及成形图。加工时，注意不要将引脚齐根弯折，并用工具保护引脚的根部，以免损坏元器件根部。成形后的元器件如图 1-2-29 所示，弯折处应距根部距离 A 至少大于 2 mm，弯折半径 r 不得小于 1.5 mm，L 为两焊盘之间的距离，l 为元器件外形的最大长度。图 1-2-29(a)是元器件的引线成形的基本方法，也是手工插装和焊接时卧式的形状，应用最为广泛。图 1-2-29(b)为自动插装和焊接时的形状或者当焊盘孔距小于元器件的外形最大长度时的引线成形。图 1-2-29(c)也是自动插装和焊接时的形状。图 1-2-29(d)为手工插装和焊接时立式插装的形状。图 1-2-29(e)为手工插装和焊接时集成电路的引线成形。

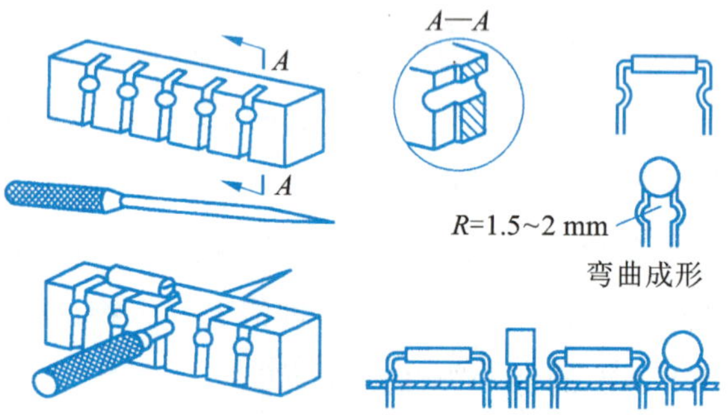

图 1-2-28　引线成形的模具及成形图

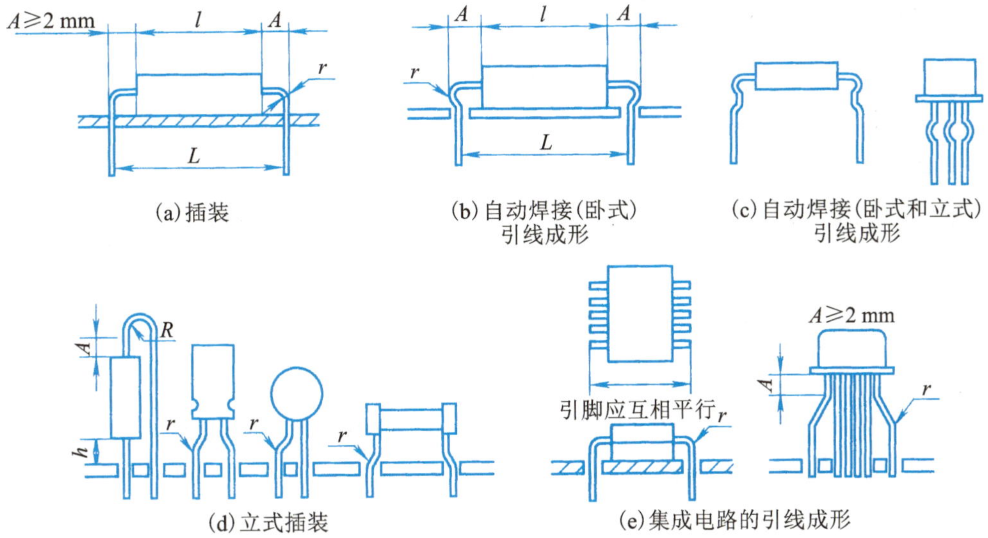

图 1-2-29 元器件成形图

注意: 元器件引脚弯折成形后不应产生破裂,表面封装不应损坏,弯曲部分不允许出现模印裂纹。标称值应处于方便查看的位置,一般应位于元器件的上表面或外表面。

3. 元器件引脚的镀锡处理

元器件的引脚在制造时虽有可焊性,一般都要镀上一层薄的钎料,多数是镀铅锡合金,但因生产工艺的限制以及中间环节时间长的影响,使引脚的表面产生氧化膜,降低了可焊性。因此,元器件在焊接前都要重新镀锡。

镀锡前清洁表面,用刮刀或砂纸去除引脚表面的氧化物,然后放在松香或松香水里蘸一下,用电烙铁给引脚镀上一层很薄的锡。新的元器件只要镀层光亮,用橡皮擦干净即可。注意不要划伤和折断引脚,对扁平封装的集成电路,则不能用刮刀,只能用橡皮轻擦。

1.2.6.2 元器件的插装

有引脚的元器件可以手工插装,也可以利用自动化设备进行插装。插装形式有卧式插装、立式插装、倒立插装、横向插装和嵌入插装等。安装顺序一般为先低后高、先小后大、先轻后重、先易后难、先一般元器件后特殊元器件。元器件在印制电路板上的分布应尽量均匀,疏密一致,同一规格的元器件尽量安装在同一高度,使排列整齐美观,不允许斜排、立体交叉和重叠排列。元器件外壳和引线不得相碰,应有 1 mm 左右的安全间隙,必要时,采用绝缘套管套住引线。元器件的标识方向应按照装配图规定的要求,以安装后能看清元器件上的标识为准。

1. 卧式插装

卧式插装是将元器件紧贴印制电路板的板面水平安装,元器件与印制电路板之间的距离可视具体要求而定;当元器件为金属外壳,安装面又有印制导线时,应加垫绝缘衬垫或套绝缘套管,如图 1-2-30 所示。要求元器件的标识面和色码部位朝上,方向一致(若装配图没有指明方向，一般是从左到右），易于辨认。元器件装接后上表面整齐、美观，具有机械稳定性好，受震动时不易脱落，排列整齐等优点，但占用面积较大。

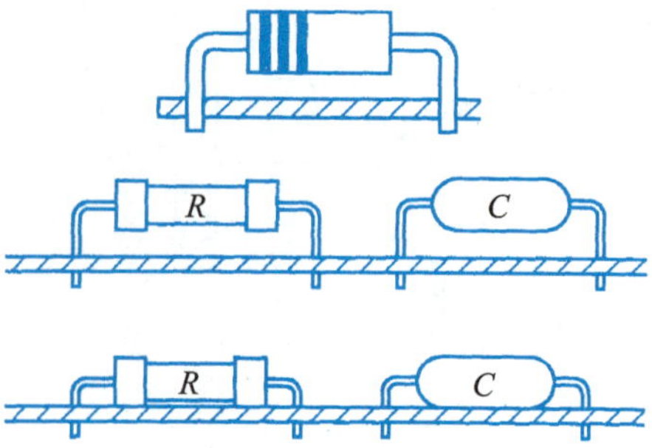

图 1-2-30　卧式插装

2. 立式插装

立式插装是将元器件垂直插入印制电路板，符号标识向外，以便于辨认和检查。尽量使所有元器件保持排列整齐，同类元器件保持高度一致。

如图 1-2-31 所示，立式插装适用于密集度较高的场合，但对于重量大且引线细的元器件不宜采用。优点是密度较大，占用印制电路板面积小，拆卸方便；缺点是若引脚过长易倒伏，碰撞引起短路现象，降低整机的可靠性。

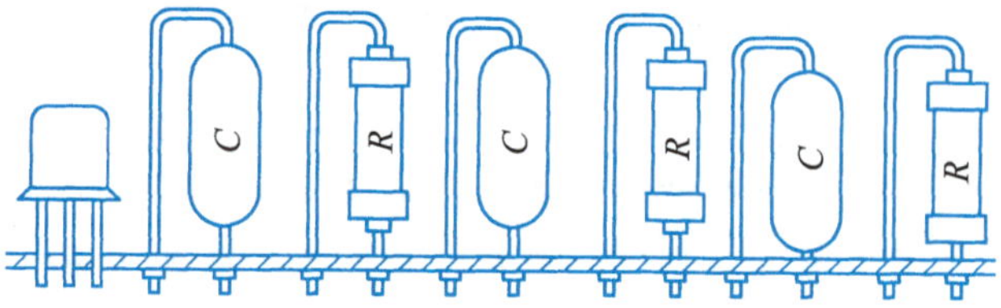

图 1-2-31　立式插装

3. 横向插装

有高度限制的元器件安装时采用横向插装，如图 1-2-32 所示，它是将元器件先垂直插入印制电路板，然后将其朝水平方向弯曲，以降低高度。

4. 倒立插装与嵌入插装

倒立插装与嵌入插装是把元器件的壳体倒立或埋入印制基板内，是为了特殊的需要而采用的插装方法。如嵌入插装是为了降低高度，提高元器件的防震能力和加强牢靠度。倒立插装与嵌入插装如图 1-2-33 所示。

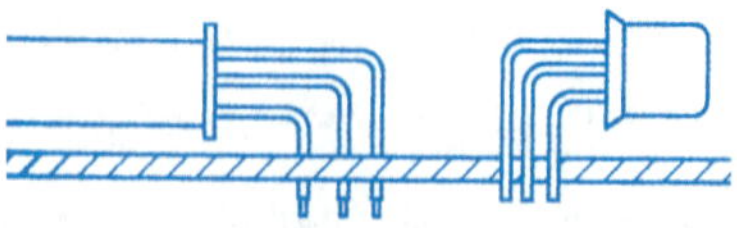
图 1-2-32　横向插装

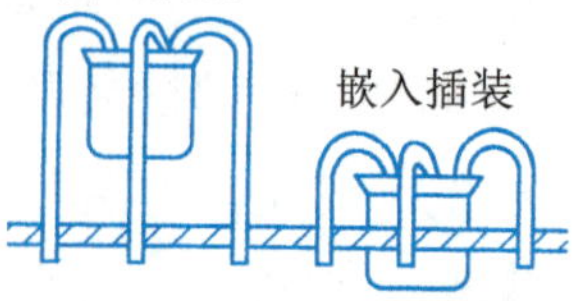

图 1-2-33　倒立插装与嵌入插装

1.2.6.3　绝缘导线的加工

导线是电子产品整机装配过程必需用到的材料，在电路中起着连接内部元器件之间、各级电路之间电气性能的作用，导线在接入电路前必须进行加工处理，以保证导线接入电路后装接可靠、导电良好且能经受一定拉力而不致产生断头。导线端头加工一般有剪裁、剥头、清洁、捻头(多股芯线)、上锡和印标记等工序，如图 1-2-34 所示。

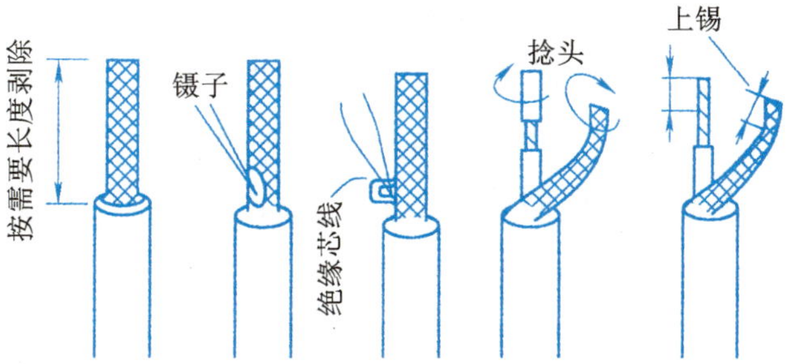

图 1-2-34 绝缘导线加工工序

1. 剪裁

剪裁的步骤及注意事项如下所述：

(1)确定长度。根据产品工艺中导线的要求，选择导线的型号、规格、颜色，确定所需导线的长度。

(2)导线拉直。用尖嘴钳、平口钳或镊子对导线进行简单的手工校直或用专用设备校直，以保证导线的长度不受影响。

(3)剪裁。校直完再剪，可用剪刀、斜口钳按先剪长导线后剪短导线的顺序进行，这样可以减少浪费。

(4)裁剪时注意做到导线切口要整齐、不损伤导线及绝缘层。

2. 剥头

把导线端头的绝缘层剥去一段长度而露出芯线的过程为剥头。剥头长度应符合工艺要求(一般为 10~12 mm)。

3. 清洁

剥头后的导线端头易被氧化，且有的芯线带有油漆层或污物，因此，导线捻头前要先清除掉氧化层和油漆层或污物。清洁方法有两种：一是用小刀在芯线上轻轻刮，注意用力要适度，同时转动导线，以便全面刮净芯线上的氧化层和油漆层。二是用砂纸清除，砂纸由导线绝缘层端向端头单向运动，以免损伤导线。

4. 捻头

多股导线经清洁后的芯线很容易松散开和折断，直接用于焊接易造成焊盘或导线间的短路，因此多股导线经剥头、清洁后要进行捻头处理，也防止镀锡后端头直径太粗。方法是先将多股芯线的端头理直，用手指或工具夹顺着原来导线合股方向捻紧，一般螺旋角为 30°~40°，如图 1-2-35 所示。捻线时不要用力过大，防止将芯线捻断。大批量生产时可用捻头机处理。多股芯线捻头后应均匀，松紧适中，无单股分离。

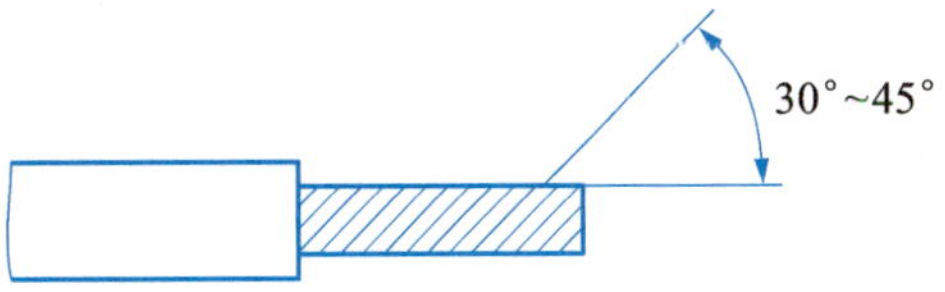

图 1-2-35 捻头

5. 上锡(浸锡)

芯线端头经过清洁、捻头处理后应及时上锡，防止芯线在空气中裸露的时间过长，在表面产生氧化物，也提高端头的焊接性，避免出现虚焊、假焊等现象。

简易的上锡的方法是采用电烙铁上锡：待电烙铁通电加热至能熔化焊锡时，将芯线放在松香上，用电烙铁使芯线先蘸上一层松香，然后让吃锡的电烙铁给芯线上锡。

1.2.6.4 导线与各类器件的焊接

1. 导线和接线端子的焊接

在实际工作中，经常会遇见导线和接线端子的焊接，比如万用表的表笔线经常脱落，这时我们就要用到这种焊接。首先要将导线和接线端子表面用砂纸打磨下，然后搪上一层锡。根据接线端子的形状特征，通常有绕焊、钩焊、搭焊和插焊四种焊接方式。

(1)绕焊。把导线端头用尖嘴钳或镊子卷绕在接线端子上，然后进行焊接的方法称为绕焊，导线的卷绕角度应不小于180°，但不应大于270°，如图1-2-36所示。该方法适用于圆矩形的端子。

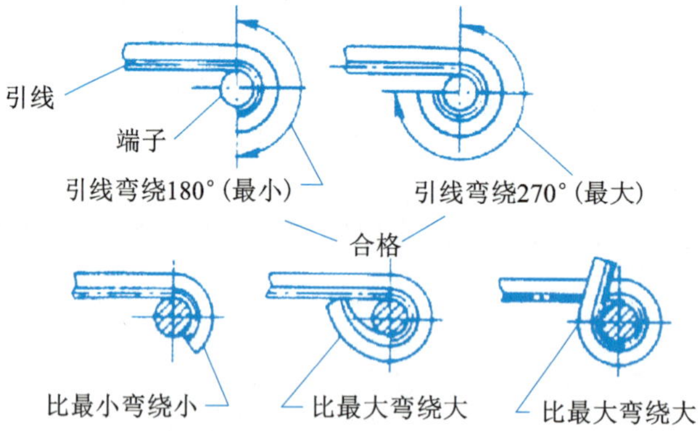

图 1-2-36　绕焊

(2)钩焊。把导线端头弯成钩状，钩连在接线端子上，并用扁嘴钳子夹紧，然后进行焊接的方法称钩焊，如图1-2-37所示。该方法适用于有钩孔的端子。

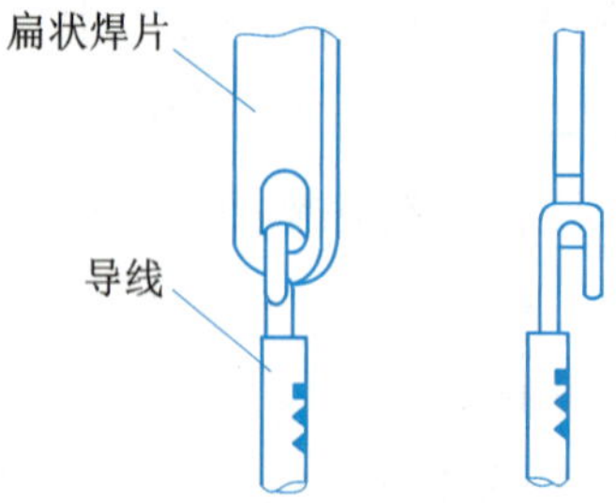

图 1-2-37　钩焊

(3)搭焊。把导线端头搭连在接线端子上用电烙铁焊接的方法称为搭焊。这种方法适用于不能用绕焊和钩焊的场合，如图 1-2-38 所示。

(4)插焊。把导线端头插入接线端子孔内，用电烙铁焊接的方法称为插焊。这种方法适用于杯形接线端子，如图 1-2-39 所示。

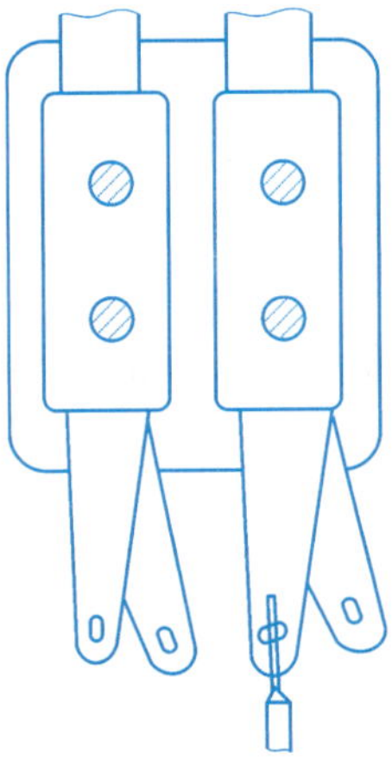

图 1-2-38　搭焊

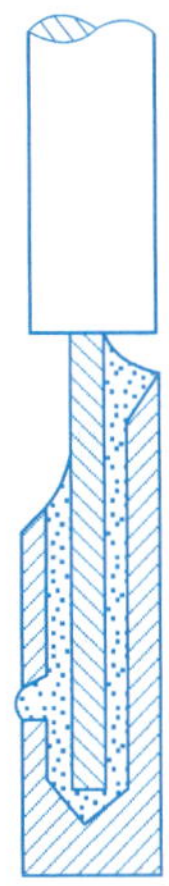

图 1-2-39　插焊

2. 导线和导线的焊接

常见的导线有塑料线、橡皮线、花线、漆包线。为保证导线与导线之间焊接的强度、电气连接特性，导线在焊接前，应剖去或刮去绝缘层。在确保要焊接部位线头的导电性和长度后，可先给导线搪上一层锡，然后将两根导线的线头呈“X”形相交，进行绞接，两根导线绞接好后，方可进行焊接。导线的绞接方法如图 1-2-40 所示。

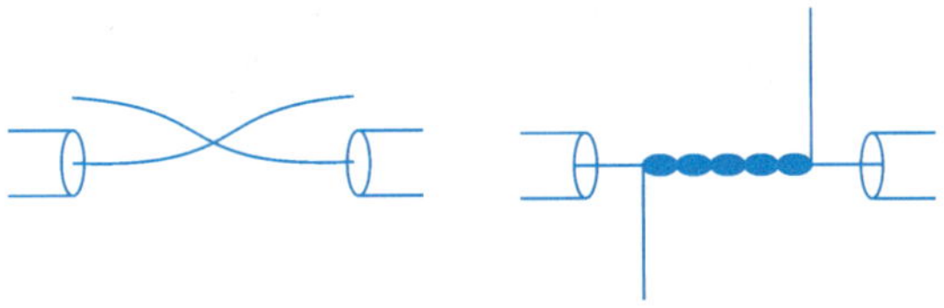

图 1-2-40　导线的绞接

漆包线是一种外涂绝缘漆的铜导线，在电子技术中，是一种常用的导线，比如：线圈、电动机、变压器中都要用到。要去除它上面的绝缘漆，一般可用刀刮或砂纸打磨。

3. 布线和扎线

布线就是如何安排导线的布局，扎线就是把导线捆扎起来，布线的好坏直接影响到电子产品的特性和可靠性，扎线可防止连接导线的杂乱无章，使产品整齐美观。布线的注意事项如下：①在不影响组装、调整、维修的前提下，要以最短的距离布线。②尽量沿地线附近走线。③交流电源线和信号线不要平行走线。④接地点尽可能集中在一起。⑤连线不要形成环路，以免产生感应电流。⑥连线要离开发热体，以免烧坏导线绝缘层。⑦不要在元器件上面走线，这有碍于调整和更换元器件。常见的扎线用品有扎线带、扎线卡，如图 1-2-41 所示。

(a)扎线带　　(b)扎线卡

图 1-2-41　扎线带和扎线卡

1.2.6.5　元器件的插(贴)装的工艺

1. 元器件插装工艺要求

(1)在插装元器件时，应保证元器件的标志易于识别，元器件在印制板上的装接方向应与印制板板面方向一致，有极性的元器件要按图纸要求的方向来装。

(2)元器件在电路板上应分布均匀，横平竖直，不允许立体交叉和重叠排列。

(3)元器件插装顺序一般为先低后高，先轻后重，先小后大，先里后外，先一般后特殊，且上道工序不能影响下道工序。

(4)元器件插装的高度应符合规定的要求，同一规格的元器件应安装在同一高度上。

2. 常见元器件的安装工艺

各元器件应按图纸的指定位置与孔距进行插装、焊接，常见元器件的安装工艺见表 1-2-3。

表 1-2-3　元器件安装工艺表

序号	插装元器件	工艺要求	
1	安装电阻		电阻采用贴印制电路板卧装，色环方向一致
2	安装电位器		插到底，不要倾斜
3	安装三极管	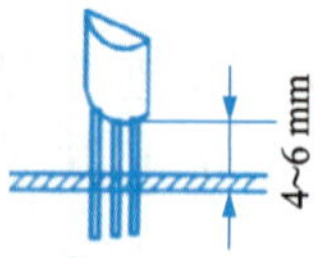	采用直立式安装，注意引脚位置
4	安装电解电容	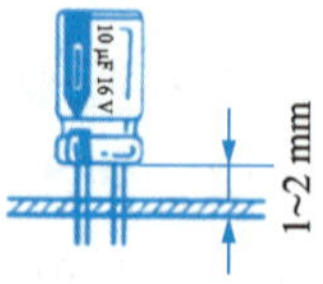	采用直立式安装，注意其正、负极性，特别是大电容量的电解电容，极性装反易炸裂
5	安装无极性电容	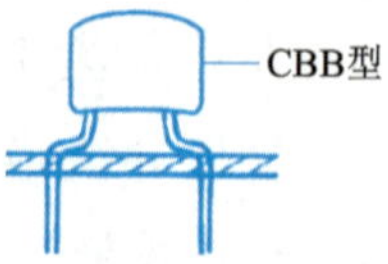	插到底，不要倾斜

1.2.6.6 电子产品安装顺序

电子产品安装顺序一般是按先小后大，先里后外，先低后高，先贴片后插件，先集成后分立，先一般后特殊的顺序进行安装，而且同类元器件要安装一致，有标识的元器件标识面尽量安装朝外，以便识别。

1.2.6.7 元器件焊点的检查

手工锡焊的检查可分为目视检查、手触检查及在路检测等，前面内容已经讲过，在此不要重复。

1.2.7 电子产品的调试工艺

电子产品的调试工艺包括调整和测试两部分，通常统称为调试。电子产品装配完成后，必须通过调整与测试才能达到规定的技术要求。下面就中职学生的实际情况介绍一些简单的调试与检修的方法。

1.2.7.1 常用的调试仪器设备与工具

常规的电子产品调试可配置下列仪器设备与工具：

- 信号发生器；
- 万用表；
- 可调稳压电源；
- 示波器；
- 扫频仪；
- 各种规格的螺丝刀、无感起子、镊子、笔、纸等。

1.2.7.2 简单的调试介绍

因为每个电子产品都有自己的特点，故调试的方法也各不相同。下面简单介绍调试时常用的步骤：

(1)先在不通电的情况下，目测已装配好的电子产品有无漏装、错装的地方。

(2)用万用表测量电路板上电源正负端间在路电阻，以判断是否有短路的情况。

(3)通电检查，看有无元器件跳火、冒烟、异味、烧保险等情况。如有，应立刻断电，检查电路，排除故障。

(4)如通电检查正常，则可以对电路的参数进行调整了。一般是对电路中的可调元器件，例如电位器、可调电容、可调电感等以及相关的机械部分进行调整，使电路达到预定的功能和性能要求。

1.2.7.3　故障的检修方法

调试过程中，电子产品经常会出现一些故障，这就需要我们掌握一定的检修方法来排除故障，并具备一定的检修技能。这里介绍常用的几种方法。

1. 测量电阻法

利用万用表的电阻挡可用来检测可疑元器件的好坏，也可用来检测印制板线路的通断。在使用该方法时要注意：

(1)不能在通电情况下测量电阻，要在断电时测量电阻。

(2)测量电容时要先放电，再断开一脚后测量。

(3)测量电阻时一般要断开一个脚再进行测量，否则是测的在路电阻。

2. 测量电压法

在通电时测量电子产品关键部分的电压，再与正常时的电压值进行对照，从而发现故障，排除故障。此法一般要有必需的维修资料。

3. 波形观察法

电压测量法只能检查电路的静态功能是否正常，而波形法则能检查电路的动态功能是否正常。在电路的输入端输入交流信号，用示波器观察关键点的波形是否正常，从而来判断电路的故障位置。

4. 替代法

对可疑的元器件，可通过替换同类型的元器件来查找故障。若进行器件替换后故障仍存在，说明被替换的元器件没有问题。注意在元器件替换过程中，一定要在断电的情况下进行，严禁带电操作。

1.2.8　技能实训：手工焊接的操作要领

提醒：钻孔所需时间很长，老师可安排学生利用课余时间准备好。

1. 实训目的

通过在覆铜板上反复练习焊接，使学生掌握以下手工焊接的基本技能。

(1)学会根据烙铁来选择正确的握法：正握法、反握法、握笔法。

(2)学会焊前的准备工作：清洁被焊件，元器件引脚预处理。

(3)学会在焊接中使用电烙铁的技能：正确地给被焊件加热，焊后正确地撤离烙铁头，正确地掌握焊接时间等。

(4)学会根据焊点大小选择焊料供给方法：大焊点应先加热被焊点再供焊料，较小的焊点可同时加热被焊点和供焊料，很小的焊点可用烙铁运载焊料。

(5)学会根据焊点大小选择五步焊接法和三步焊接法。

(6)学会焊点质量的判别。

2. 实训器材

学生自备烙铁(架)、焊料、焊剂、刀片；实验室准备台钻、钻头、覆铜板、可焊裸导线。

3. 实训内容

利用焊接工具在覆铜板上焊接出如图 1-2-42 所示的一朵花和一鸟头。

准备一张图纸和一块与图纸大小成 1∶1 的覆铜板。把图纸贴在覆铜板上，根据图上的焊盘位钻孔。当把所有焊孔钻好后，撤下图纸，将过线穿过焊孔进行焊接训练。所有焊点焊好后，会构成一朵花和一个鸟头图案。假如实习课时不足，鸟头可用课外时间完成。

图 1-2-42　焊点图形

1.2.9　技能实训：各种焊接工艺

1. 实训目的

(1)掌握印制电路板上元器件常用的两种装置法——立式和卧式，以及引线的加工工艺、加套管的方法。

(2)掌握已插装元器件引线的处理方式——直插式、半打弯式、全弯式。

(3)掌握导线与接线端子间的四种焊接方法——绕焊、钩焊、搭焊、插焊。

(4)学会导线与导线间的焊接、扎线。

2. 实训器材

学生自备电烙铁(架)、焊锡、松香、尖嘴钳、镊子、吸管、剪刀、万用表红黑表笔。实验室准备 10 个 0.5 W 电阻、塑料导线、漆包线、扎线卡、万能板。

3. 实训内容

(1)熟悉导线与接线端子间的四种焊接方法——绕焊、钩焊、搭焊、插焊，反复练习万用表红黑表笔与接线柱的绕焊与搭焊。

(2)加工 10 个电阻的引线，对插装好的元器件引线进行直插式、半打弯式、全弯式处理。然后在万能板上焊接电阻，练习元器件的立式和卧式插装，以及加装套管。

(3)分别使用塑料导线、漆包线进行导线与导线焊接的实训。

(4)使用扎线卡对塑料导线进行捆扎，学会扎线的方法。

第三代半导体材料

项目 2

插件类电子产品的装配与调试

金属零部件上的精工细作
——大国工匠胡胜

任务 2.1　调光调速电路的装配与调试

2.1.1　效果图

调光调速电路效果图如图 2-1-1 所示。

图 2-1-1　调光调速电路效果图

2.1.2　项目描述

晶闸管(可控硅)被广泛用于工业、交通、家用电器等领域，实现交流调压、电机调速、交流开关、路灯自动开启与关闭、温度控制、台灯调光、舞台调光和可控整流等功能。图 2-1-2 是生活中常见的调光调速器。本项目通过对晶闸管调光电路的制作，来完成晶闸管调光调速电路的识读、检测与调试的任务。

图 2-1-2　生活中常见的调光调速器

2.1.3　知识准备

2.1.3.1　电路原理方框图的识读

方框图是各方框之间用连线来表明各部分之间的关系、单元功能电路所组成、仅仅表示整个电路工作原理的大致结构图。

方框图的作用是将各单元功能有机地组合起来，把电路的每一部分用一个方框来表示，并用文字、符号或波形加以说明，以完成它的整体功能；但方框图看不出电路的具体连接方法，也看不出元器件的型号数值。

晶闸管调光调速电路原理方框图主要由电源、负载、桥式整流电路、晶闸管、触发电路等组成，如图 2-1-3 所示。

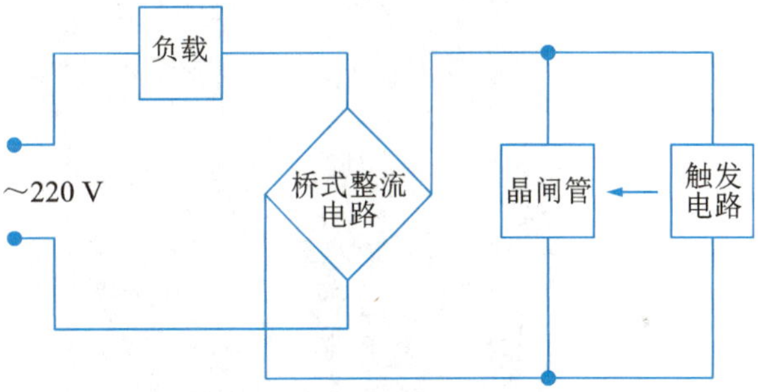

图 2-1-3　晶闸管调光调速电路原理方框图

2.1.3.2　电路原理图的识读

电路原理图就是用电气符号表示的电路连接图，又称电路图。通过电路原理图就可以了解电路实际工作时直流静态工作点的建立与交流信号的流经路线；它直接体现了电子电路的结构和工作原理。所以一般用在设计、分析电路中。

电路原理图分为电路基本构造图和逻辑结构图。电路原理图是把各种元器件按规定的符号用连线画出它们之间连接关系的走向图；在各元器件旁边还要注明其规格、型号和参数，并标出某些元器件引脚的功能、波形和一些检测数据。

在数字电路中，电路原理图是用逻辑符号表示输入信号与输出信号之间对应逻辑关系的图，又称逻辑结构图。应注意的是，逻辑符号上没有画出电源和接地线，当逻辑符号出现在逻辑结构图上时，应理解为数字集成电路内部已经接通了电源。

调光调速器主要由可控整流电路和触发电路两部分组成。我们以调光电路为例，来分析调光调速电路的工作原理，如图 2-1-4 所示，负载接在交流输入端，四个二极管组成桥式整流电路，整流后输出端之间接上可控硅，右边的 K1、C1、R1、R2 组成触发电路，调节 K1 可以调节 RC 电路的充放电时间，改变可控硅的导通角，即改变它的导通时间，也就改变了流过负载的电流的大小，从而达到调光的效果。

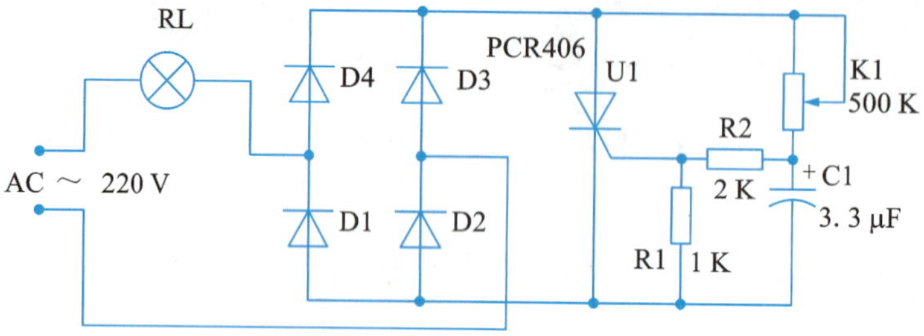

图 2-1-4 调光电路原理图

2.1.3.3 PCB 板图的识读

调光电路 PCB 板如图 2-1-5 所示。

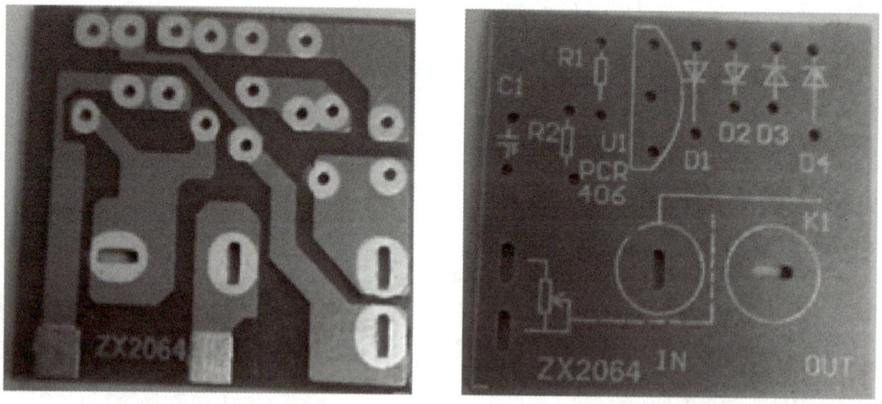

(a) PCB板反面　　(b) PCB板正面

图 2-1-5 调光电路 PCB 板

请同学们仔细观察每个元器件安装的位置，有极性的元器件要注意安装的方向，如二极管、电解电容、可控硅等。因该图比较简单，请同学们对照印制板图画出对应的原理图，提高识图的水平（即俗称的抄板）。

2.1.4 装配准备

2.1.4.1 工具、仪器仪表及焊接材料清单的识读

调光电路的装配与调试所需的工具、仪器仪表及焊接材料清单如表 2-1-1 所示。对照清单清点所需工具、仪器仪表及焊接材料。

表 2-1-1　所需工具、仪器仪表及焊接材料清单

项目	序号	名称	备注
所需工具	1	电烙铁及烙铁架，烙铁头擦拭海绵	
	2	尖嘴钳	
	3	斜口钳	
	4	镊子	
	5	小一字、十字起	
仪器仪表	1	万用表	
	2	示波器	
焊接材料		焊锡丝、松香、洗板水	

2.1.4.2　元器件清单的识读

对照原理图和元器件清单(表 2-1-2)认真清理元器件，看实际元器件与清单是否相符，有无少或多元器件。如果存在少元器件的情况，应立即报告老师进行补充。

表 2-1-2　元器件清单

序号	名称	规格	编号	数量	备注
1	可控硅	PCR406	U1	1	
2	二极管	1N4007	D1～D4	4	
3	电阻	1 K	R1	1	
4	电阻	2 K	R2	1	
5	电解电容	3.3 μF	C1	1	
6	电位器	500 K	K1	1	

2.1.5　任务实现

2.1.5.1　元器件的检测与预处理

1. 元器件的检测

根据元器件清单，将所有要焊接的元器件检测一遍，并将检测结果填入表 2-1-3。

表 2-1-3　元器件检测表

序号	名称	规格	编号	数量	检测结果
1	可控硅	PCR406	U1	1	
2	二极管	1N4007	D1～D4	4	
3	电阻	1 K	R1	1	
4	电阻	2 K	R2	1	
5	电解电容	3.3 μF	C1	1	
6	电位器	500 K	K1	1	

注：①电阻要求测量出实际阻值，与标称值进行对比判断是否正常；②电容器根据容量标称用万用表判断出容量是否正常。

2. 元器件的预处理

元器件的预处理主要包括引脚的校直、引脚的弯折成形及搪锡三个步骤。元器件的引脚在装配之前必须经过弯折成形，即根据电路板安装位置的特点及电气性能要求预先把元器件引脚弯曲成一定的形状。这样既能够提高焊接的牢靠度和生产效率，又能使装配出来的电路板整齐、美观。

根据本电路，结合工艺要求对元器件引脚进行预处理。

2.1.5.2　元器件的插(贴)装与焊接

1. 元器件插装、焊接

各元器件按图纸的指定位置、孔距进行插装、焊接，并要符合元器件插(贴)装的工艺要求。在插装、焊接的过程中注意以下几个方面：

(1)二极管安装时要注意极性，有黑色小圈的一端为负极。

(2)可控硅安装时要注意脚位，按照封装图对应安装即可。

(3)电解电容应注意极性，正极对应 PCB 板电容图形符号的空心部分，负极对应 PCB 板电容图形符号的阴影部分。

2. 安装顺序原则

元器件的安装顺序原则一般是按先小后大、先里后外、先低后高、先贴片后插件、先集成后分立的顺序进行安装，而且同类元器件要安装一致，有标识的元器件其标识面尽量安装朝外，字向尽量一致，以便识别。

2.1.5.3　产品的检查与调试

手工锡焊的检查可分为目视检查和手触检查两种。

(1)目视检查。即从外观上检查焊点有无焊接缺陷，是否达到工艺所规定的标准和要求。

(2)手触检查。即在外观检查的基础上，采用手触检查，主要是检查元器件在印制电路板上有无松动、焊接是否牢靠、有无机械损伤。可用镊子轻轻拨动焊点看有无虚假焊，或夹住元器件的引脚轻轻拉动看有无松动现象。

本电路为强电电路，一定要在老师的指导下进行调试。先由老师初步检查确定安装无错误、无短路的现象后，在老师的指导下，接上负载(可选用220 V、40 W灯泡)，然后慢慢地调节电位器，看灯泡亮度是否改变。一般安装无误，电路都能正常工作。

2.1.6 考核评价

调光调速电路的装配与调试的考核评价如表2-1-4所示。

表2-1-4 调光调速电路的装配与调试考核评价参考表

考核时间		实际时间：自　时　分起至　时　分止		
项目	考核内容	配分	评分标准	扣分
元器件成形及插(贴)装	①元器件成形； ②插装位置、标记、极性、高度； ③元器件排列整齐； ④元器件字向一致	15	①元器件成形正确，无错误，每错误一处扣3分； ②插装位置、标记、极性、高度正确，每错误一处扣3分； ③元器件排列整齐，无高低不齐，每错误一处扣2分； ④元器件字向一致，每错误一处扣2分	
焊接质量	①焊点均匀、光滑、一致； ②元器件引线过长、焊点弯曲	15	①搭锡、假焊、虚焊、漏焊、焊盘脱落、桥焊等现象，每出现一处扣3分； ②毛刺、焊料过多、焊料过少、焊点不光滑、引线过长等现象，每出现一处扣2分	
整形	元器件整形	10	元器件排列整齐、高低一致，每错误一处扣2分	
功能调试	灯泡亮度可调	30	灯泡亮度不可调扣30分	
安全文明操作	①工作台上工具摆放整齐； ②操作时轻拿轻放； ③焊板表面整洁； ④严格遵守安全文明操作规程	10	①工作台上工具按要求摆放整齐，焊板表面整洁，不整齐、不整洁酌情扣分； ②焊接时应轻拿轻放，不得损坏元器件和工具，每损坏一处扣3分	
实习报告	实习报告填写正确、认真	20	具体分值见实习报告	
合计		100		

教师签名：

2.1.7 拓展提高

1. 调光调速电路的故障检修

通电后，灯泡亮度不可调，请检修调光电路。（因该电路为强电电路，故尽量采用电阻法来分析、判定故障。先观察各元器件有无安装错误，再检查各元器件的好坏。一般来说，可控硅损坏的可能性较大。）

2. 分析电路

如图 2-1-6 所示，简述该电路与调光电路的区别。

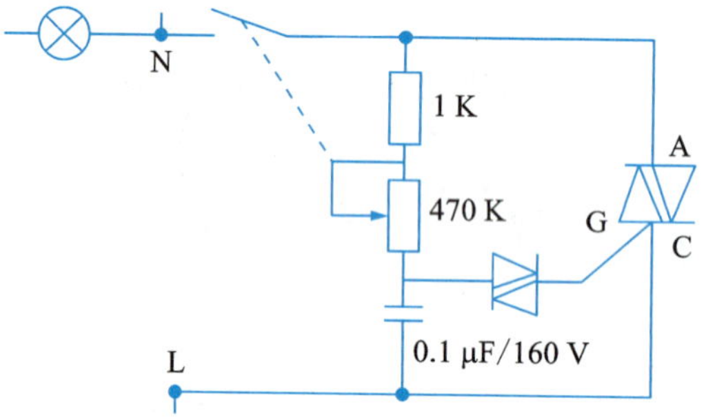

图 2-1-6　220 V 无级调光电路图

3. 实习报告

调光调速电路的装配与调试实习报告

班级__________ 姓名__________

（1）依据电路方框图简述电路原理。（10 分）

（2）在表 2-1-5 中写出元器件清单中部分元器件的检测结果。（10 分）

表 2-1-5　部分元器件检测结果

元器件类别	符号	色环颜色	标称值	实测值	备注
电阻 1	R1				
电阻 2	R2				
可控硅	U1				画出引脚图，标出电极
二极管	D1				正反向阻值大小及判断好坏

任务 2.2 小夜灯的装配与调试

2.2.1 效果图

小夜灯效果图如图 2-2-1 所示。

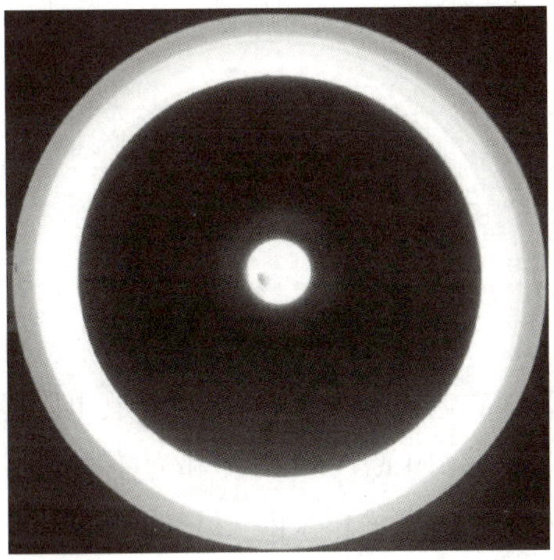

图 2-2-1 小夜灯效果图

2.2.2 项目描述

小夜灯自发明至今深受消费者欢迎。小夜灯灯光柔和，除能给人们在夜晚起居提供照明作用外，还兼具一灯多用之功能，如加入驱蚊精油或驱蚊液可成环保驱蚊灯，能达到无毒驱蚊的效果；加入食醋则可达到消毒杀菌、净化空气之功效，放在新装修居室中还可以分解有害气体。

智能光控小夜灯，在周围黑暗的条件下就会自动开启，特别适用于婴童居室。同时小夜灯品种丰富，可选性强，具有装饰、点缀家居之功效。

花样繁多的小夜灯如图 2-2-2 所示。

图 2-2-2 花样繁多的小夜灯

2.2.3 知识准备

2.2.3.1 电路原理方框图的识读

小夜灯电路原理方框图如图 2-2-3 所示，它是由降压电路、整流电路、稳压电路、调整电路、控制电路和输出电路组成的。

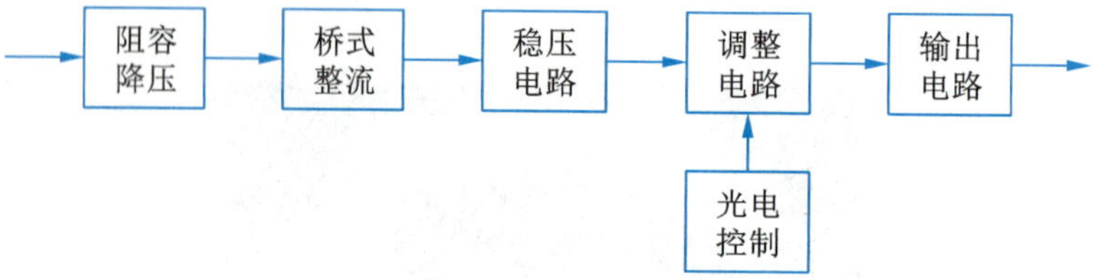

图 2-2-3 小夜灯电路原理方框图

2.2.3.2 电路原理图的识读

如图 2-2-4 所示，交流 220 V 电压经电容器 C1、泄放电阻器 R1 降压，二极管 D1～D4 整流，稳压二极管 D5 稳压后，为照明灯 LED1～LED4 和光控电路提供 12 V 左右的直流电压。白天，R4 受光照射而呈低阻状态，三极管 Q1 截止，LED1～LED4 不亮。夜晚，R4 呈高阻状态，三极管 Q1 基极电位升高（经电阻 R5 与光敏电阻 R4 分压），三极管饱和导通，LED1～LED4 通电发光。

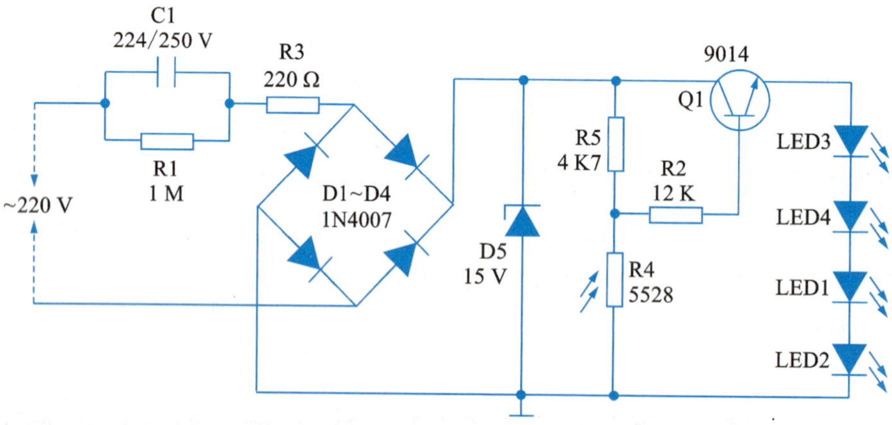

图 2-2-4 小夜灯电路原理图

控制电路部分是利用光敏电阻 R4 的光敏特性和三极管的导通条件实现发光二极管 LED 的亮与灭控制。它在白天不工作，夜晚自动点亮，可用于卧室等需要夜间微光照明的场所。

本电路具有能根据光线的强弱自动控制灯开关，以及节能、稳定性高的优点。

2.2.3.3 PCB 板图的识读

小夜灯 PCB 空板正、反面示意图如图 2-2-5 所示。

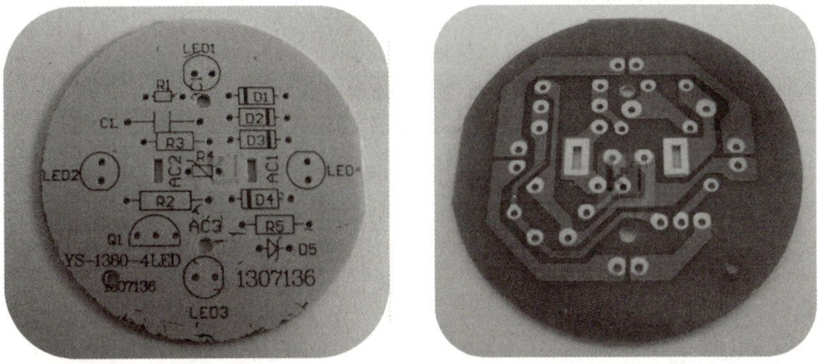

(a) 正面　　(b) 反面

图 2-2-5　小夜灯 PCB 空板正、反面示意图

小夜灯的安装面即为印制板的正面，此面已画出元器件的外形及位置。请同学们仔细观察每个元器件安装的位置、安装尺寸、电源的正负端等信息，有极性的元器件要注意安装的方向，如二极管、三极管、电解电容、变压器等器件的安装。

因该图比较简单，请同学们对照印制板图画出对应的原理图，提高识图的水平(即俗称的抄板)。

2.2.4 装配准备

2.2.4.1 工具、仪器仪表及焊接材料清单的识读

小夜灯装配所需工具、仪器仪表及焊接材料清单如表 2-2-1 所示。

表 2-2-1　所需工具、仪器仪表及焊接材料清单

项目	序号	名称	备注
所需工具	1	电烙铁及烙铁架，烙铁头擦拭海绵	
	2	尖嘴钳	
	3	斜口钳	
	4	镊子	
	5	小一字、十字起	
仪器仪表	1	万用表	
	2	示波器	
焊接材料		焊锡丝、松香、洗板水、502 胶	

2.2.4.2 元器件清单的识读

对照元器件清单(表 2-2-2)认真清理元器件，看实际元器件与清单是否相符，有无少或多元器件。如果存在少元器件的情况，应立即报告老师进行补充。

表 2-2-2 元器件清单

序号	名称	规格	编号	数量
1	电阻	1 M	R1	1
2	电阻	12 K	R2	1
3	电阻	220	R3	1
4	电阻	4.7 K	R5	1
5	光敏电阻	5528	R4	1
6	发光二极管	5 mm	LED1~LED4	4
7	整流二极管	1N4007	D1~D4	4
8	稳压二极管	15 V	D5	1
9	电容	224/250 V	C1	1
10	三极管	9014	Q1	1
11	外壳	全套		1
12	插头		AC	2
13	色环纸			1
14	光敏盖			1
15	螺丝			3
16	导线			2
17	反光纸			1
18	说明书			1
19	电路板			1

2.2.5 任务实现

2.2.5.1 元器件的检测与预处理

1. 元器件的检测

根据元器件清单，将所有要焊接的元器件检测一遍，并将检测结果填入表 2-2-3。

2. 元器件的预处理

按照元器件预处理的方法对该电路的元器件进行预处理。

2.2.5.2 元器件的插(贴)装与焊接

1. 元器件安装

元器件清点完毕、检测准确无误后，即可在小夜灯印制电路板上插(贴)装和焊接了。

注意：在印制电路板上所焊接的元器件的焊点要大小适中、光滑、圆润、干净、无毛刺；无漏、假、虚、连焊；引脚加工尺寸及成形符合工艺要求。

表 2-2-3 元器件的检测结果

序号	名称	编号	检测结果	备注
1	电阻	R1		
2		R2		
3		R3		
4		R5		
5	电容	C1		
6	光敏电阻	R4		
7	整流二极管	D1、D2、D3、D4		
8	稳压二极管	D5		
9	三极管	Q1		
10	发光二极管	LED1、LED2、LED3、LED4		

安装步骤：

第一步：在 PCB 安装板上将四只电阻焊接好，如图 2-2-6 所示。

注意：应各元器件在对应位置确保无误时再进行焊接。安装电阻时，电阻要卧式并紧贴 PCB 板安装。

每次焊接完毕后，应将元器件多余的引脚部分修剪完美。

第二步：将四只整流二极管和一只稳压二极管安装在电路板上，如图 2-2-7 所示。

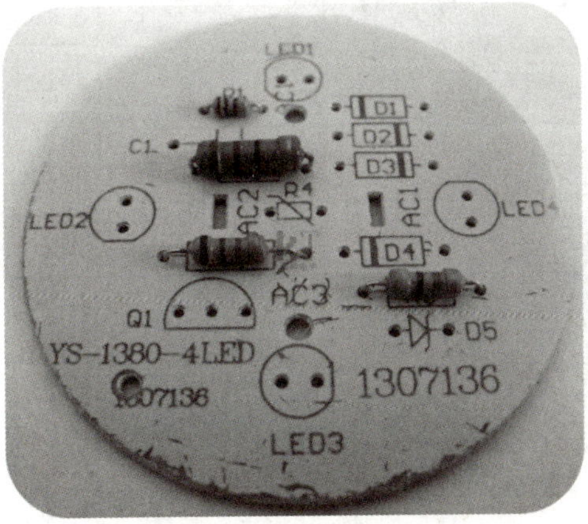

图 2-2-6 第一步装配示意图

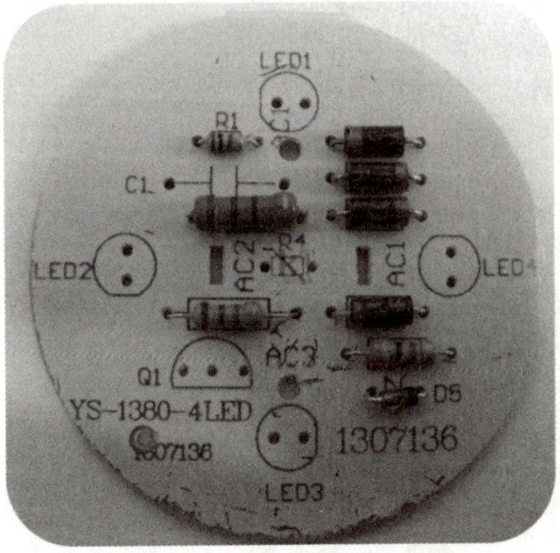

图 2-2-7 第二步装配示意图

注意： 五只二极管的正、负极性不能接错。整流二极管外部颜色为黑色，一端有银环的是负极；稳压二极管为红色玻壳封装，一端有黑环的是负极。安装二极管时，二极管要卧式并紧贴 PCB 板安装。

第三步：将四只 LED 高亮度发光二极管立式并紧贴 PCB 板上安装、焊接好，如图 2-2-8 所示。

注意： 发光二极管的正、负极不能焊错，一只焊错会导致全部发光二极管不亮。（发光二极管安装时，管帽的直边要与 PCB 安装板上 LED 安装图形的直边对准，该直边表示 LED 的负极。）

第四步：安装三极管 Q1 及电容 C1，如图 2-2-9 所示。

注意： 三极管的引脚脚位，具体可参照说明书。焊接时速度要快，以免烫坏三极管。电容无正负极之分，尽量紧贴 PCB 板安装即可。

图 2-2-8　第三步装配示意图

图 2-2-9　第四步装配示意图

第五步：安装光敏电阻，如图 2-2-10 所示。

注意： 光敏电阻的安装，高度为 0.6 cm 左右；热缩管要穿入其中一个引脚。

每一步操作完毕后，都必须将元器件的引脚修剪掉，焊接面引脚修剪得越短越好，不要让引脚与外壳接触，如图 2-2-11 所示。

图 2-2-10　第五步装配示意图

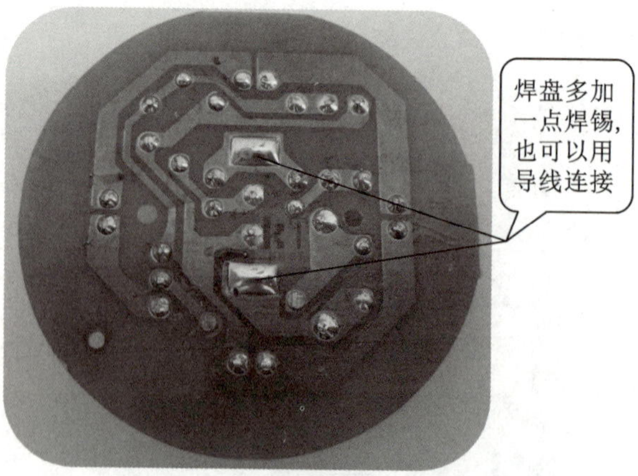

图 2-2-11　PCB 板反面焊点效果图

2. 其他固件的处理

(1)由于设计的原因，出现了多余件，应把它剪掉，用锉刀打平，如图 2-2-12 所示。

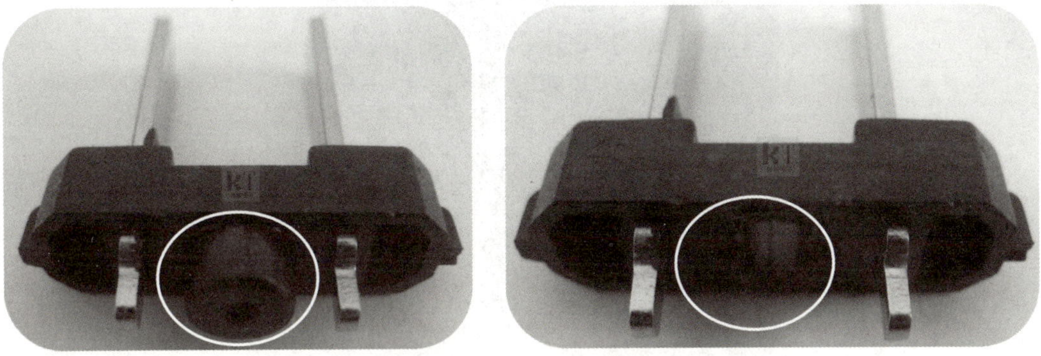

图 2-2-12　多余件处理

(2)插座从外壳插入，再用螺丝固定。

(3)用 502 胶将面盖、色环纸和光敏盖粘在一起。

(4)把螺丝上好后，再用 502 胶将底盖和色环纸粘在一起，如图 2-2-13 所示。安装完成实物图如图 2-2-14 所示。

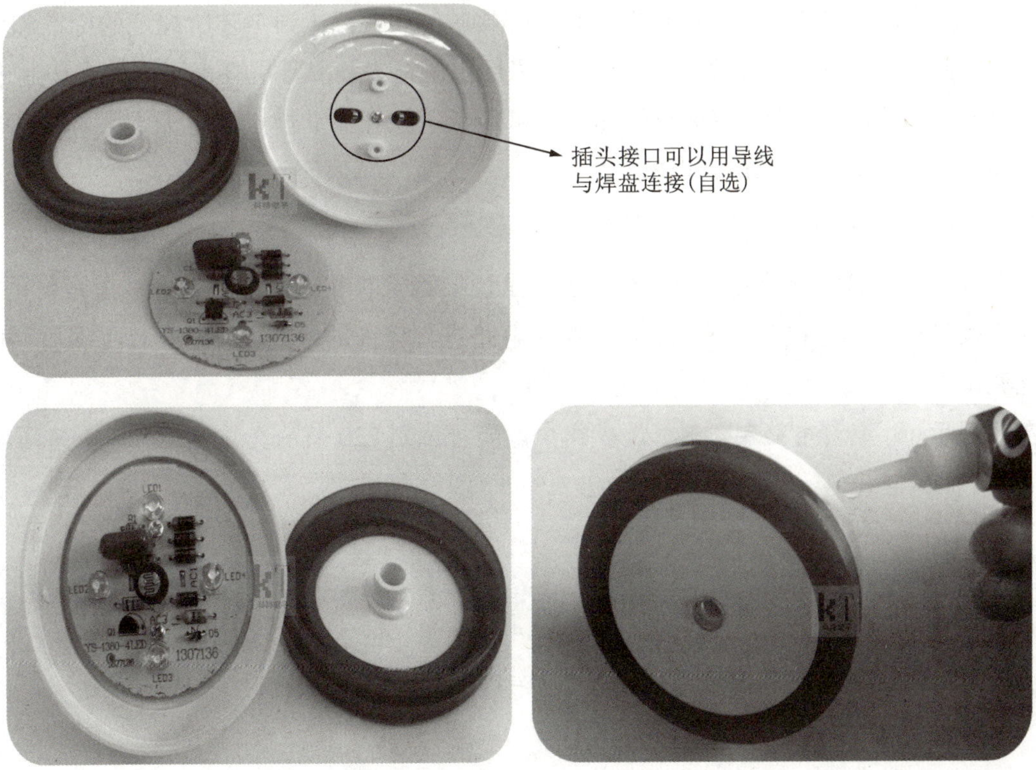

图 2-2-13　安装底盖

图 2-2-14　装配完成实物图

2.2.5.3　产品的检查与调试

1. 小夜灯电路焊接安装的检查

手工锡焊的检查可分为目视检查和手触检查两种。

(1) 目视检查。即从外观上检查焊点有无焊接缺陷，是否达到工艺所规定的标准和要求。

(2) 手触检查。即在外观检查的基础上，采用手触检查，主要是检查元器件在印制电路板上有无松动、焊接是否牢靠、有无机械损伤。可用镊子轻轻拨动焊点看有无虚假焊，或夹住元器件的引脚轻轻拉动看有无松动现象。

2. 小夜灯电路的功能调试

为了确保小夜灯电路能够正常工作，也就是说要稳定、准确地反映白天、黑夜灯的变化，在完成小夜灯电路的焊接与安装后，有必要对电路进行仔细的检查，确保安装无误后，通电进行功能调试。

友情提示： 小夜灯电路制作时，或多或少地要接触到 220 V 的交流电压，务必请同学们注意安全。

2.2.6　考核评价

小夜灯的装配与调试的考核评价如表 2-2-4 所示。

表 2-2-4　小夜灯的装配与调试考核评价参考表

考核时间		实际时间：自　时　分起至　时　分止		
项目	考核内容	配分	评分标准	扣分
元器件成形及插(贴)装	①元器件成形； ②插装位置、标记、极性、高度； ③元器件排列整齐； ④元器件字向一致	15	①元器件成形正确，无错误，每错误一处扣3分； ②插装位置、标记、极性、高度正确，每错误一处扣3分； ③元器件排列整齐，无高低不齐，每错误一处扣2分； ④元器件字向一致，每错误一处扣2分	
焊接质量	①焊点均匀、光滑、一致； ②元器件引线过长、焊点弯曲	15	①搭锡、假焊、虚焊、漏焊、焊盘脱落、桥焊等现象，每出现一处扣3分； ②毛刺、焊料过多、焊料过少、焊点不光滑、引线过长等现象，每出现一处扣2分	
整形	元器件整形	10	元器件排列整齐、高低一致，每错误一处扣2分	
功能调试	光控功能正常	30	白天灯灭、晚上灯亮得满分	
安全文明操作	①工作台上工具摆放整齐； ②操作时轻拿轻放； ③焊板表面整洁； ④严格遵守安全文明操作规程	10	①工作台上工具按要求摆放整齐，焊板表面整洁，不整齐、不整洁酌情扣分； ②焊接时应轻拿轻放，不得损坏元器件和工具，每损坏一处扣3分	
实习报告	实习报告填写正确、认真	20	具体分值见实习报告	
合计		100		
教师签名：				

2.2.7　拓展提高

1. 小夜灯简单故障的检修

针对小夜灯不亮的故障，提出自己的解决方案。

2. 实习报告

小夜灯的装配与调试实习报告

班级__________ 姓名__________

(1)依据电路方框图简述电路原理。(10 分)

(2)在表 2-2-5 中写出元器件清单中部分元器件的检测结果。(10 分)

表 2-2-5 部分元器件检测结果

元器件类别	编号	色环颜色	标称值	实测值	备注
电阻 1	R1				
电阻 2	R2				
电阻 3	R5				
二极管	1N4007				写出正、反向电阻(R×100 挡)
三极管	Q1				画出引脚图，标出电极

(3)通过小夜灯的组装谈谈你的感受。(学到了什么，得到了什么，还有哪些方面的不足，今后如何去提高等)

十款好玩有趣的
黑科技电子产品

任务 2.3　电子语音迎宾器的装配与调试

2.3.1　效果图

电子语音迎宾器效果图如图 2-3-1 所示。

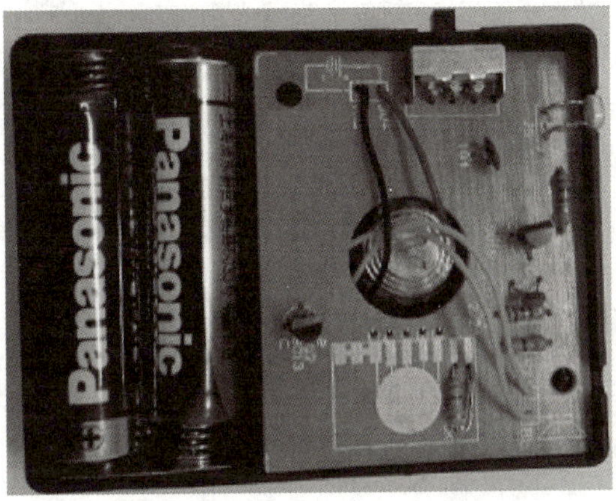

图 2-3-1　电子语音迎宾器效果图

2.3.2　项目描述

迎宾器被广泛应用到商业和公共场合中。如用在商店中有提醒店员有人进店和迎宾的两重作用。特别是“您好，欢迎光临”的音效十分受用户的青睐，顾客一进门就报出欢迎语音，起到了礼貌问候的作用。

本任务要制作的是一种新型电子语音迎宾器，它体积非常小巧，而且价格非常低廉，能够自动检测来人，当有人经过迎宾器时自动发出清晰响亮的“您好，欢迎光临”的声音。该产品稳定性高，光适应范围大，声音洪亮，组装简单，成功率高，是一款既实用又有学习价值的产品。

2.3.3　知识准备

2.3.3.1　电路原理方框图的识读

电子语音迎宾器电路原理方框图由光敏器件、放大器、电子开关、语音芯片、扬声器、电源等部分组成，如图 2-3-2 所示。

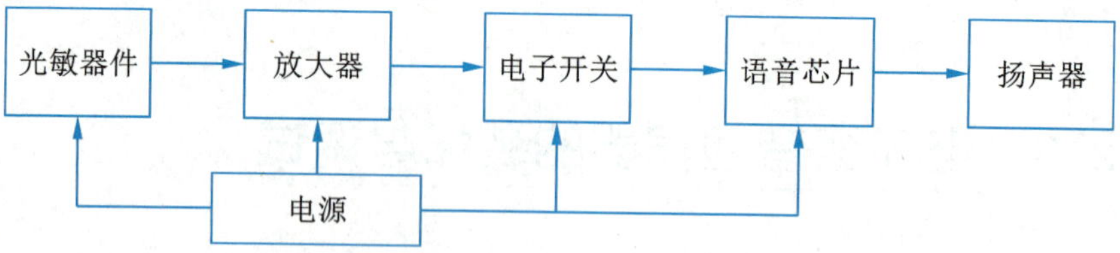

图 2-3-2 电子语音迎宾器电路原理方框图

2.3.3.2 电路原理图的识读

1. 电路原理图

如图 2-3-3 所示，本套件利用人走过迎宾器时会产生一个光线变化的特点，通过光敏电阻接收光线变化，将光线的微弱变化转变为电压的变化。该变化通过 Q1 组成的放大器进行放大，放大后的电压变化送到电子开关 Q2，Q2 的发射集会输出一个正的触发电压触发语音芯片，喇叭发出"您好，欢迎光临"的声音。具体过程是有人靠近时，光照变暗，光敏电阻阻值变大，Q1 基极电位降低、集电极电位升高，Q2 导通，Q2 输出正触发信号，触发语音芯片，喇叭发声。

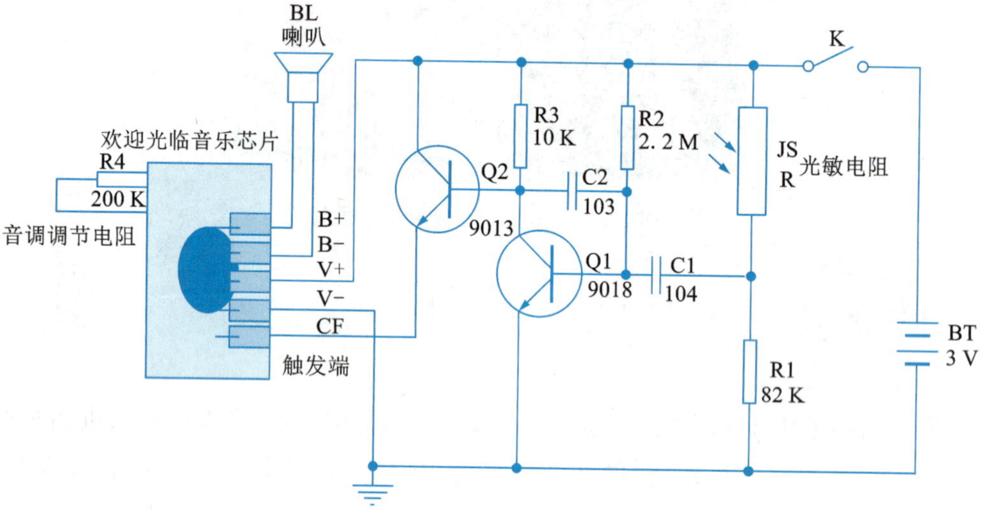

图 2-3-3 电子语音迎宾器电路原理图

2. 语音芯片

语音芯片及其引脚功能如图 2-3-4 所示。

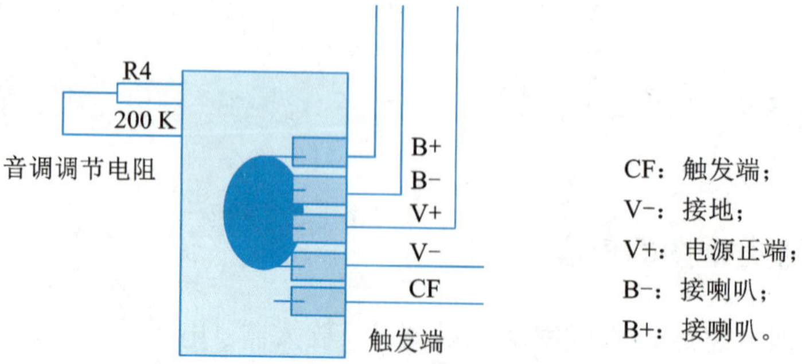

图 2-3-4 语音芯片及其引脚功能

3. 三极管

Q1、Q2 均为 NPN 管，管脚排列如图 2-3-5 所示。

4. 光敏电阻

光强时照射光敏电阻，阻值变小；光弱时照射，阻值变大。光敏电阻如图 2-3-6 所示。

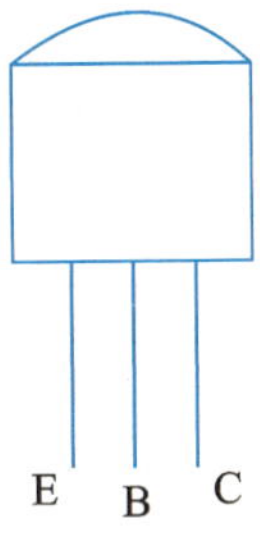

图 2-3-5　三极管

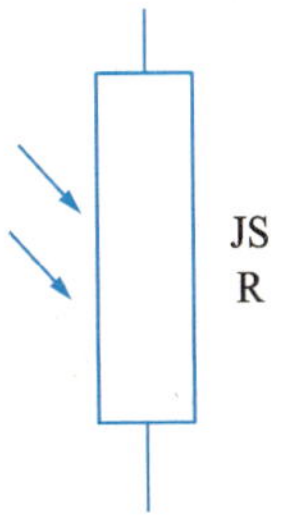

图 2-3-6　光敏电阻

2.3.3.3　PCB 板图的识读

仔细对照 PCB 板(图 2-3-7)，认清元器件的安装位置、有极性的元器件的安装方向。

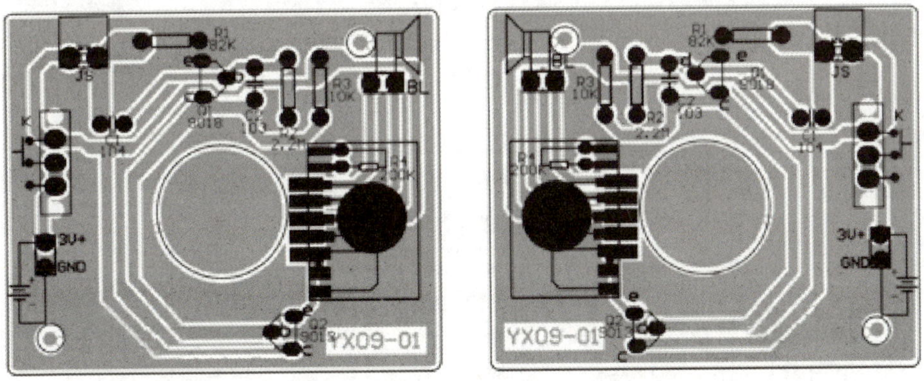

(a)正面(丝印面)　　(b)反面(覆铜面)

图 2-3-7　迎宾器 PCB 板

2.3.4　装配准备

2.3.4.1　工具、仪器仪表及焊接材料清单的识读

电子语音迎宾器装配与调试所需工具、仪器仪表及焊接材料如表 2-3-1 所示。

表 2-3-1　所需工具、仪器仪表及焊接材料清单

项目	序号	名称	备注
所需工具	1	电烙铁及烙铁架，烙铁头擦拭海绵	
	2	尖嘴钳	
	3	斜口钳	
	4	镊子	
	5	小一字、十字起	
仪器仪表	1	万用表	
	2	示波器	
焊接材料		焊锡丝、松香、洗板水	

2.3.4.2　元器件清单的识读

电子语音迎宾器元器件清单如表 2-3-2 所示，看实际元器件与清单是否相符，有无少或多元器件。如果存在少元器件的情况，应立即报告老师进行补充。

表 2-3-2　电子语音迎宾器元器件清单

序号	名称	规格	编号	数量	检测结果	备注
1	电阻	82 K	R1	1		
2		2.2 M	R2	1		
3		10 K	R3	1		
4		200 K	R4	1		
5	三极管	9013	Q2	1		
6		9018	Q1	1		
7	音乐芯片			1		
8	光敏电阻	5~10 K	JS	1		
9	瓷介电容	103	C2	1		
10		104	C1	1		
11	线路板	46 mm×56 mm		1		
12	正极片			1		
13	负极片			1		
14	连体片			1		
15	喇叭			1		
16	螺丝			4		
17	导线		100 mm	4		2 黄 1 红 1 黑
18	说明书			1		
19	前后壳			1		1 套
20	拨动开关		K	1		

2.3.5 任务实现

2.3.5.1 元器件的检测与预处理

1. 元器件的检测

根据元器件清单，将所有要焊接的元器件检测一遍，并将检测结果填入表2-3-2中。瓷片电容最好用数字万用表的电容挡测量。若没有数字万用表，可用指针式万用表粗略测量，做到心中有数。

2. 元器件的预处理

元器件的预处理主要包括引脚的校直、引脚的弯折成形及搪锡三个步骤。元器件的引脚在装配之前必须经过弯折成形，即根据电路板安装位置的特点及电气性能要求预先把元器件引脚弯曲成一定的形状。这样既能够提高焊接的牢靠度和生产效率，又能使装配出来的电路板整齐、美观。

根据本电路要求对元器件引脚进行预处理。

2.3.5.2 元器件的插(贴)装与焊接

各元器件按图纸的指定位置、孔距进行插装、焊接，并要符合元器件插(贴)装和焊接的工艺要求。

在焊接时应按先焊小元器件，再焊大元器件，最后焊音乐芯片的原则进行操作。元器件尽量贴着底板“对号入座”，不得将元器件插错。三极管安装前一定要清楚各个脚的名称，不能插错；插装光敏电阻时不要全部插入，要弯曲插入并前伸出约6 mm；焊接音乐芯片前先把电阻R4从丝印面穿过音乐芯片后(卧式安装)焊到音乐芯片上，首乐芯片焊在覆铜面，它的各焊接脚可全部焊上管脚后插入电路板的焊接点进行焊接，焊接时要迅速，如果一次焊接不成功，应等冷却后再进行下一次焊接，以免烫坏芯片。最后焊上电源线及喇叭线(线可以从中间穿过去，喇叭线和电源线不要绕在一起)。

注意：此印制板上的Q2的封装图有误，同学们只要把三极管实际脚位与印制板上E、B、C的脚位对应安装即可，如图2-3-8所示。

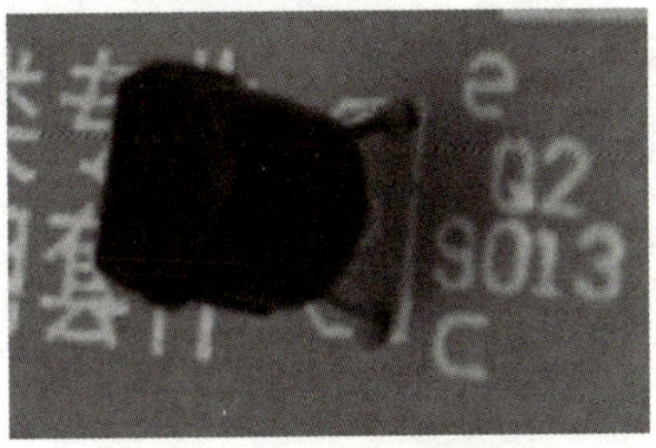

图2-3-8　Q2封装图

2.3.5.3 产品的检查与调试

手工锡焊的检查可分为目视检查和手触检查两种。

(1)目视检查。即从外观上检查焊点有无焊接缺陷，是否达到工艺所规定的标准和要求。

(2)手触检查。即在外观检查的基础上，采用手触检查，主要是检查元器件在印制电路板上有无松动、焊接是否牢靠、有无机械损伤。可用镊子轻轻拨动焊点看有无虚假焊，或夹住元器件的引脚轻轻拉动看有无松动现象。

经上述检查之后，装上电池或接上3 V直流电源，就可以打开拨动开关。用手靠近光敏电阻，套件能发出“您好，欢迎光临”的声音，表明组装成功了。

2.3.6 考核评价

电子语音迎宾器的装配与调试的考核评价如表2-3-3所示。

表2-3-3 电子语音迎宾器的装配与调试考核评价参考表

考核时间		实际时间：自　　时　　分起至　　时　　分止		
项目	考核内容	配分	评分标准	扣分
元器件成形及插(贴)装	①元器件成形； ②插装位置、标记、极性、高度； ③元器件排列整齐； ④元器件字向一致	15	①元器件成形正确，无错误，每错误一处扣3分； ②插装位置、标记、极性、高度正确，每错误一处扣3分； ③元器件排列整齐，无高低不齐，每错误一处扣2分； ④元器件字向要一致，每错误一处扣2分	
焊接质量	①焊点均匀、光滑、一致； ②元器件引线过长、焊点弯曲	15	①搭锡、假焊、虚焊、漏焊、焊盘脱落、桥焊等现象，每出现一处扣3分； ②毛刺、焊料过多、焊料过少、焊点不光滑、引线过长等现象，每出现一处扣2分	
整形	元器件整形	10	元器件排列整齐、高低一致，每错误一处扣2分	
功能调试	①感应人体正常； ②声音正常	30	人体经过无反应该项不得分	
安全文明操作	①工作台上工具摆放整齐； ②操作时轻拿轻放； ③焊板表面整洁； ④严格遵守安全文明操作规程	10	①工作台上工具按要求摆放整齐，焊板表面整洁，不整齐、不整洁酌情扣分； ②焊接时应轻拿轻放不得损坏元器件和工具，每损坏一处扣3分	
实习报告	实习报告填写正确、认真	20	具体分值见实习报告	
合计		100		
教师签名：				

2.3.7 拓展提高

1. 电子语音迎宾器简单故障的检修

对于未安装成功的套件，可在老师指导下进行维修。或由指导老师设定故障，学生分析解除。

2. 实习报告

电子语音迎宾器的装配与调试实习报告

班级__________ 姓名__________

(1)依据电路方框图简述电路原理。(10分)

(2)写出元器件清单中部分元器件的检测结果。(10分)

表2-3-4 部分元器件检测结果

元器件类别	编号	色环颜色	标称值	实测值	备注
电阻1	R1				
电阻2	R2				
电阻3	R4				
光敏电阻	JS				测出有光照、无光照时的电阻
三极管	Q2				画出引脚图，标出电极
喇叭					阻值大小

“钢铁”是这样炼成的
——大国工匠刘伯鸣

任务 2.4 986A 型对讲机的装配与调试

2.4.1 效果图

986A 型对讲机效果图如图 2-4-1 所示。

图 2-4-1 986A 型对讲机效果图

2.4.2 项目描述

在现代通信中，对讲机是一种近距离的、简单的无线传输通信工具。目前，它广泛应用于生产、餐饮、娱乐、保安、野外工程等小范围移动通信工程中。

对讲机声音的传播是依靠电磁波来完成的。天线用于发射和接收电磁波，发射天线将高频电流转换为电磁波，向空中发射传播信息；接收天线接收电磁波，并把它转换为高频电流。天线的增益越大，驻波比越小，发射或接收的能力越强。

对讲机是由接收部分和发射部分组成的。接收部分采用直接接收的方式，由 LC 振荡电路检波，检波后的音频信号再由低频放大器放大，最后由耦合电容推动扬声器发声；发射时，扬声器(话筒)把话音信号变成电信号，电信号再经低频放大电路、调制电路变成调制波，最后将调制波从天线发送出去。

986A 型对讲机是一款专用的对讲机，发射频率是 49.8 MHz，2 套对讲机构成一对，使用时用 9 V 电池。电路简洁，整机制作比较容易，装配成功率高，具有遥控距离远、声音大等特点。

2.4.3 知识准备

2.4.3.1 电路方框图的识读

对讲机电路工作原理方框图如图 2-4-2 所示，它是由两大部分组成的：

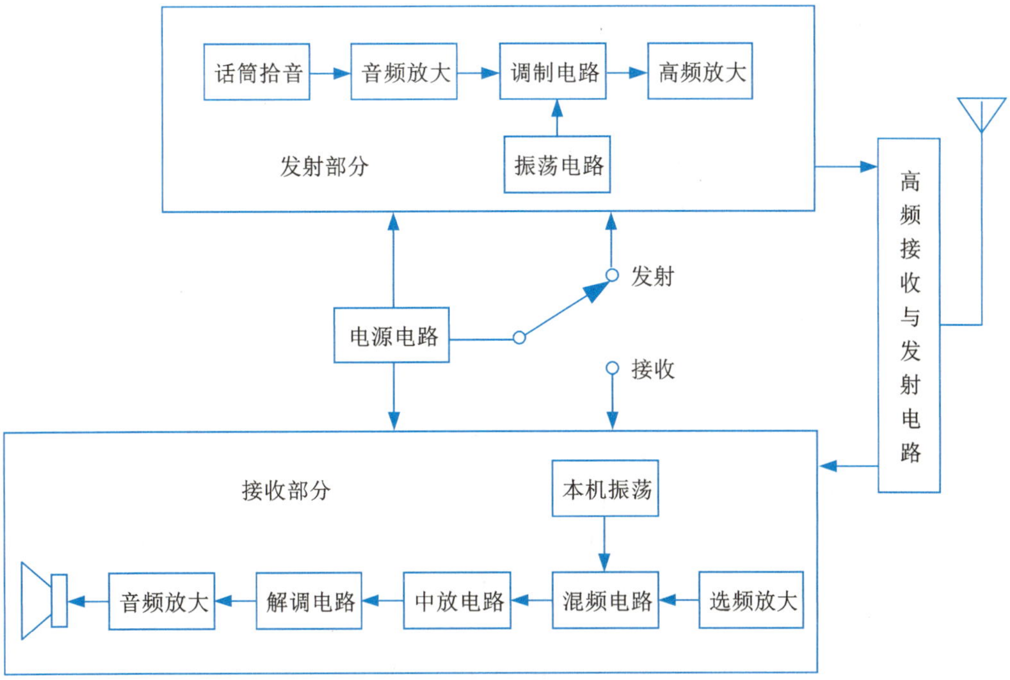

图 2-4-2　对讲机电路工作原理方框图

(1)发射电路：由话筒拾音电路、音频放大电路、振荡电路、调制电路、高频放大电路、高频发射电路组成；

(2)接收电路：由高频接收电路、选频放大电路、本机振荡电路、混频电路、中放电路、解调电路和音频放大电路组成。

2.4.3.2　电路原理图的识读

对讲机电路工作原理如图 2-4-3 所示，三极管 Q1 和耦合可调电感线圈 T1、电容器 C4、C2 等组成振荡电路，产生频率约 49.8 MHz 的载频信号。Q2、Q3、Q4、Q5 和相关电阻、电容等组成低频放大电路。扬声器 SPK1 兼作话筒使用。电路工作在接收状态时，将 S2 收/发转换开关置于“接收”位置(默认状态为接收)，从天线 ANT1 接收到的信号经天线匹配电感 L1，再经耦合可调电感线圈 T1、电容器 C4、C2 及 T1 次级线圈等组成的检波电路进行检波。检波后的音频信号，经 T1 次级线圈中心抽头耦合到低频放大器的输入端，经放大后由电容器 C17 耦合推动扬声器 SPK1 发声。电路工作在发信状态时，S2 收/发转换开关按下置于“发信”位置，扬声器将话音变成电信号，电信号由电容器 C17 耦合到 Q2、Q3、Q4、Q5 和相关电阻、电容等组成的低频放大电路放大后，经耦合可调电感的中心抽头加到振荡管 Q1 进行信号调制，使该管的 bc 结电容随着话音信号的变化而变化，而该管的 bc 结电容是并联在 T1 次级两端的，所以振荡电路的频率也随之变化，实现了调制的功能，并将已调波经 T1 及 L1 从天线发射出去。

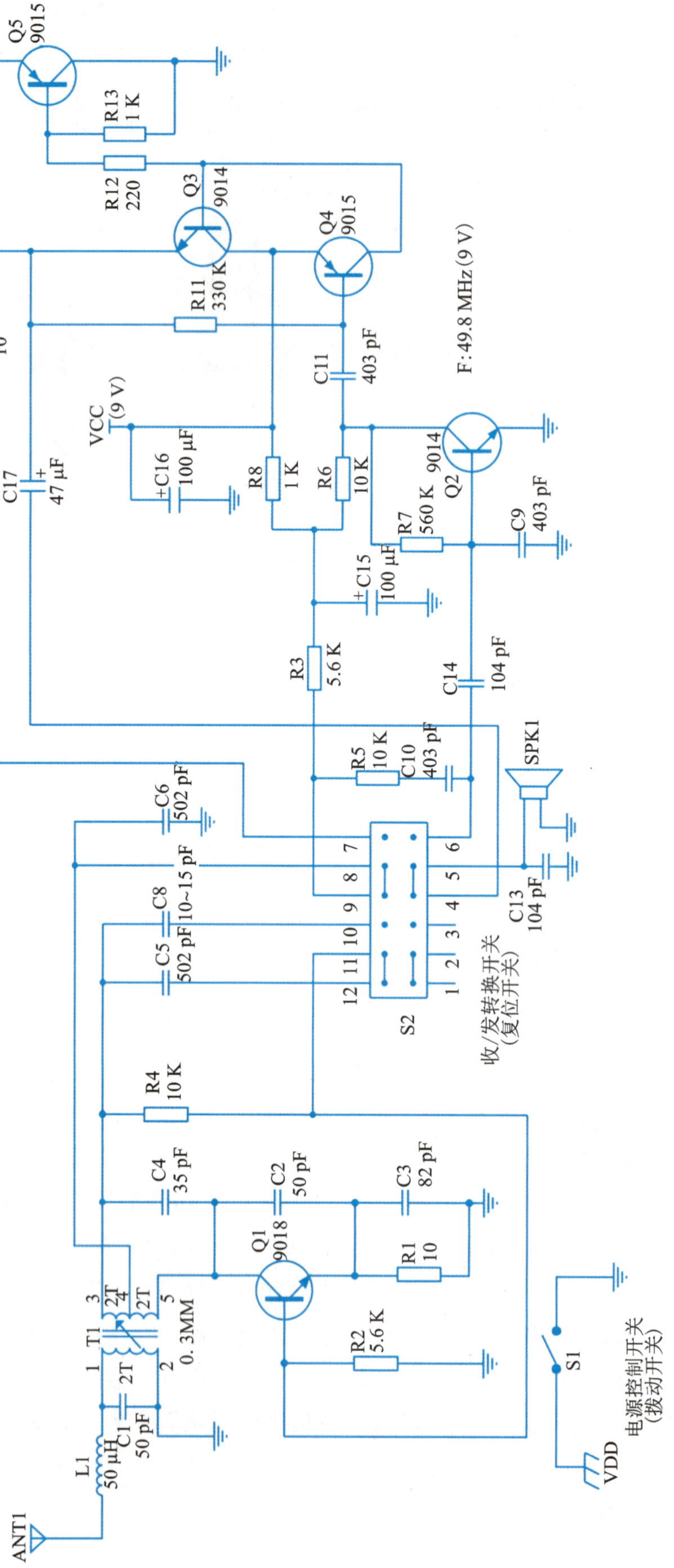

图2-4-3　对讲机电路工作原理图

2.4.3.3　PCB 板图的识读

对讲机 PCB 板正反面如图 2-4-4 所示，应认清元器件的安装位置、有极性的元器件的安装方向。

(a) 正面　　(b) 反面

图 2-4-4　PCB 板的正、反面图

2.4.4　装配准备

2.4.4.1　工具、仪器仪表、焊接材料清单的识读

对讲机的装配与调试所需工具、仪器仪表及焊接材料清单如表 2-4-1 所示。

表 2-4-1　所需工具、仪器仪表及焊接材料清单

项目	序号	名称	项目	序号	名称
所需工具	1	电烙铁及烙铁架	仪器仪表	1	万用表
	2	尖嘴钳		2	示波器
	3	斜口钳	焊接材料	1	焊锡丝
	4	镊子		2	助焊剂
	5	小一字、十字起，无感起子			

2.4.4.2　元器件清单的识读

对照元器件清单（表 2-4-2）认真清理元器件，看实际元器件与清单是否相符，有无少或多的元器件，如果存在少元器件的情况，应立即报告老师进行补充。

表 2-4-2　元器件清单

序号	名称	编号	规格	数量
1	电阻	R1、R9	10	2 只
2	电阻	R12	220	1 只
3	电阻	R8、R13	1 K	2 只
4	电阻	R2、R3	5.6 K	2 只
5	电阻	R4、R5、R6	10 K	3 只
6	电阻	R11	330 K	1 只
7	电阻	R7	560 K	1 只
8	瓷片电容	C8	15 pF	1 只
9	瓷片电容	C4	35 pF	1 只
10	瓷片电容	C1、C2	50 pF	2 只
11	瓷片电容	C3	82 pF	1 只
12	瓷片电容	C5、C6	502 pF	2 只
13	瓷片电容	C9、C10、C11、C13	403 pF	4 只
14	瓷片电容	C14	104 pF	1 只
15	电解电容	C17	47 μF	1 只
16	电解电容	C15、C16	100 μF	2 只
17	可调电感	T1	7 KB	1 只
18	色码电感	L1	1.5 μH	1 只
19	三极管	Q2、Q3	9014	2 只
20	三极管	Q4、Q5	9015	2 只
21	三极管	Q1	9018	1 只
22	复位开关	S2	PS42D02	1 个
23	拨动开关	S1	SS-12F15	1 个
24	导线		ϕ0.8×100 mm	1 根
25	导线		ϕ0.8×50 mm	2 根
26	导线		ϕ0.8×120 mm	1 根
27	导线		ϕ0.8×80mm	2 根
28	扬声器		29 mm	1 个
29	天线接线耳			1 个
30	弹簧天线		含黑色套管	1 套
31	电池弹片		9 V 正负共用	1 套
32	跳线	J1	零件剪脚线代替	1 根
33	986A 主体塑料盖			1 套
34	电池盖			1 个
35	复位开关塑料钮			1 个

续表2-4-2

序号	名称	编号	规格	数量
36	拨动开关塑料钮			1个
37	装饰按钮胶件			1个
38	不干胶粘片			各1张
39	圆头尖脚螺丝		PA2.3×7 mm	7颗
40	带介子尖脚螺丝		PWA2.3×5 mm	1颗

986A型对讲机安装材料实物如图2-4-5所示。

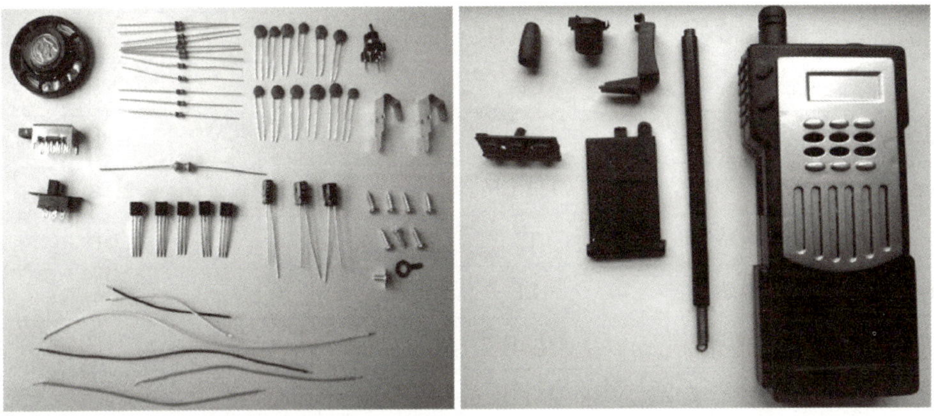

(a)全套元器件　(b)全套塑料件

图2-4-5　986A型对讲机安装材料实物图

2.4.5　任务实现

2.4.5.1　元器件的检测与预处理

1.元器件的检测

根据元器件清单，将所有要焊接的元器件检测一遍，并将检测结果填入表2-4-3中。

表2-4-3　元器件检测表

序号	名称	编号	检测结果	数量	备注
1	电阻	R1、R9		2只	
2	电阻	R12		1只	
3	电阻	R8、R13		2只	
4	电阻	R2、R3		2只	

续表2-4-3

序号	名称	编号	检测结果	数量	备注
5	电阻	R4、R5、R6		3 只	
6	电阻	R11		1 只	
7	电阻	R7		1 只	
8	瓷片电容	C8		1 只	
9	瓷片电容	C4		1 只	
10	瓷片电容	C1、C2		2 只	
11	瓷片电容	C3		1 只	
12	瓷片电容	C5、C6		2 只	
13	瓷片电容	C9、C10、C11、C13		4 只	
14	瓷片电容	C14		1 只	
15	电解电容	C17		1 只	
16	电解电容	C15、C16		2 只	
17	可调电感	T1		1 只	
18	色码电感	L1		1 只	
19	三极管	Q2、Q3		2 只	
20	三极管	Q4、Q5		2 只	
21	三极管	Q1		1 只	

2. 元器件的预处理

按照工艺要求对元器件引脚进行预处理。

2.4.5.2 元器件的插(贴)装与焊接

各元器件按图纸的指定位置、孔距进行插装、焊接，并要符合元器件插(贴)装和焊接的工艺要求。

1. 安装注意事项

所有的元器件以立式插装，较紧贴电路板，不要焊得过高。电解电容、三极管插装时注意极性。电路板上跳线 J1 用焊接电阻后剪下的金属线代替，还需一金属线把拨动开关的上端与电路板上(SW1)处连接起来。套件中 6 根导线，分别按如下连接方式接入电路中：

120 mm 长的导线：电池负极到电路板(GND-)处；

100 mm 长的导线：电池正极到电路板(VDD+)处；

2 根 80 mm 长的导线：扬声器的两端到电路板(SPK-2)处；

2 根 50 mm 长的导线：一根是天线接线耳到 L1 的一端；一根是拨动开关中间端到电路板(SW2)处。

把天线黑色套管旋转装到弹簧天线上，用螺丝将接线耳与弹簧天线固定在塑料前壳中，并焊接导线于电路板上 L1 处。

2. 详细安装过程

第一步：焊接电阻器(共 12 只)，焊接短接线 J1，如图 2-4-6 所示。

R1：10 Ω　R2：5.6 kΩ　R3：5.6 kΩ　R4：10 kΩ　R5：10 kΩ　R6：10 kΩ　R7：560 kΩ　R8：1 kΩ　R9：10 Ω　R11：330 kΩ　R12：220 Ω　R13：1 kΩ

图 2-4-6　12 只电阻器插装后的示意图(元器件面)

第二步：焊接瓷片电容器(共 12 只)，如图 2-4-7 所示。

C1：50 pF　C2：50 pF　C3：82 pF　C4：35 pF　C5：502 pF　C6：502 pF　C8：15 pF　C9：403 pF　C10：403 pF　C11：403 pF　C13：403 pF　C14：104 pF

图 2-4-7　12 只瓷片电容器焊接后的示意图(元器件面、覆铜面)

第三步：焊接电解电容器(共 3 只)，如图 2-4-8 所示。

C15：100 μF　C16：100 μF　C17：47 μF

第四步：焊接可调电感和固定电感(各 1 只)，如图 2-4-9 所示。

T1：7KB　　L1：1.5 μH

第五步：焊接三极管(共 5 只)，如图 2-4-10 所示。

Q1：9018　Q2：9014　Q3：9014　Q4：9015　Q5：9015

图 2-4-8　3 只电解电容器插装后的示意图(元器件面)

图 2-4-9　2 只电感器插装后的示意图(元器件面)

图 2-4-10　5 只三极管插装后的示意图(元器件面)

第六步：焊接复位开关(S2，也叫“收/发开关”)，如图2-4-11所示。

图 2-4-11　复位开关插装后的示意图(元器件面)

第七步：在扬声器上焊接导线，如图2-4-12所示。

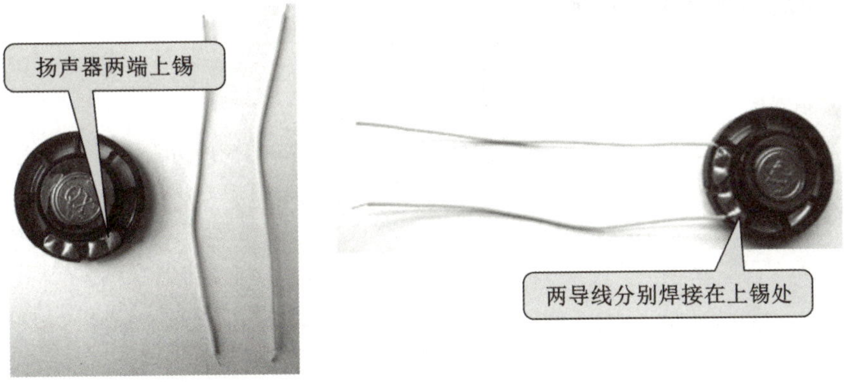

图 2-4-12　扬声器安装导线后的示意图

第八步：在拨动开关S1上焊接导线，如图2-4-13所示。

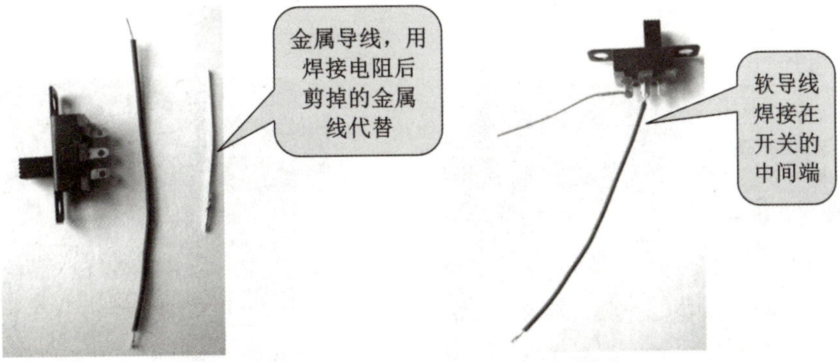

图 2-4-13　拨动开关S1焊接导线后的示意图

第九步：将电池片安装在塑料壳中并焊接电池线，如图 2-4-14 所示。

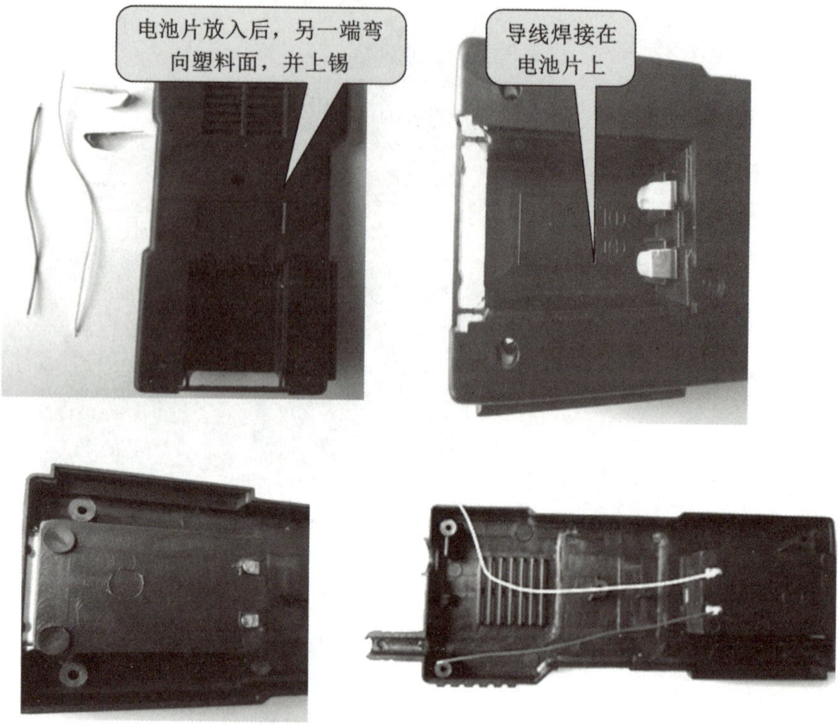

图 2-4-14　焊接电池线

第十步：将天线放在外壳中固定，焊接导线，如图 2-4-15 所示。

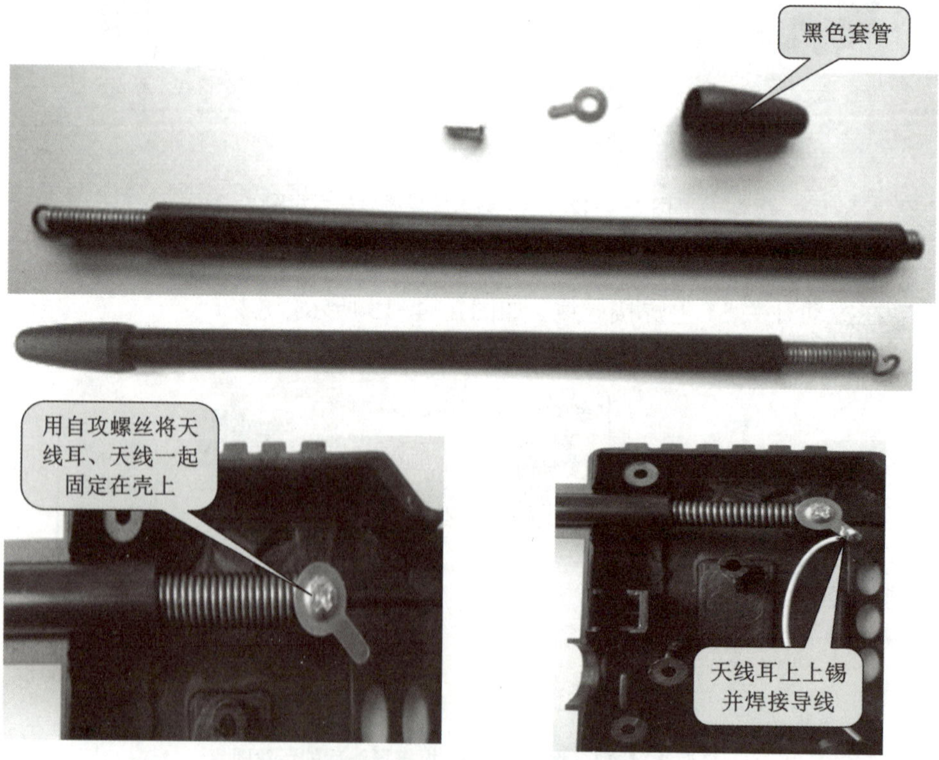

图 2-4-15　固定天线、焊接导线

第十一步：将拨动开关和塑料旋钮置入塑料壳中，如图 2-4-16 所示。

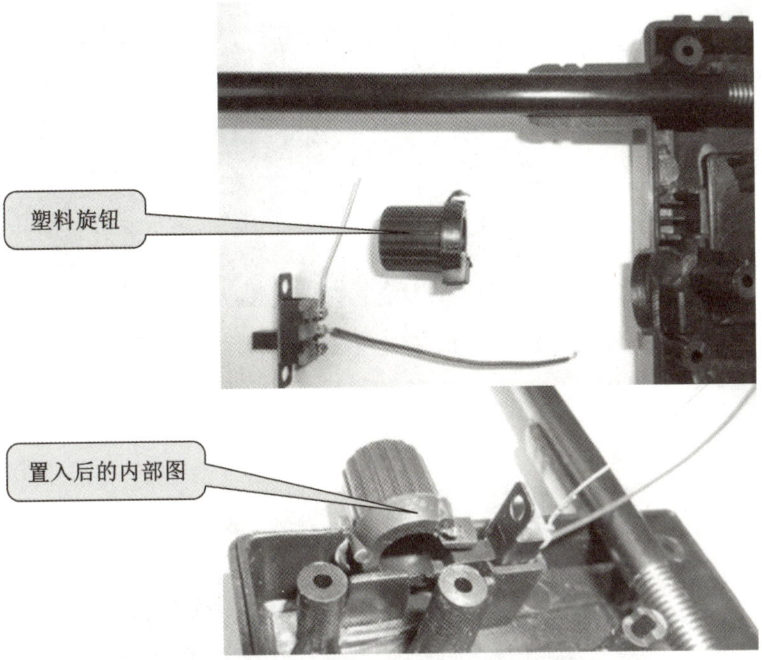

图 2-4-16　安放拨动开关和塑料旋钮

第十二步：将面壳装饰件置入面壳中，如图 2-4-17 所示。

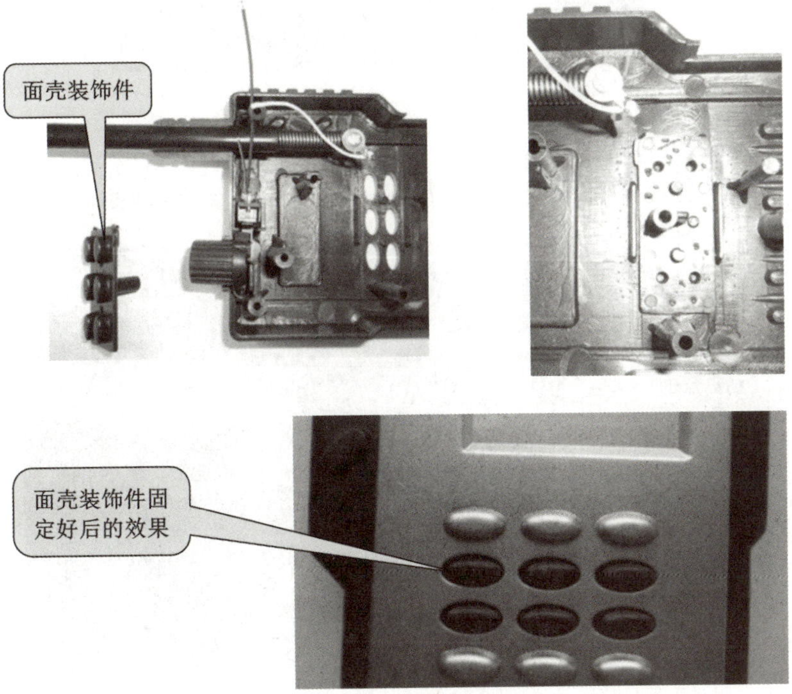

图 2-4-17　安放面壳开关

第十三步：将电路板用螺丝固定在面壳中，如图 2-4-18 所示。

图 2-4-18　固定电路板在面壳中

第十四步：把拨动开关上 2 根导线(金属线、导线)焊接在电路板上，如图 2-4-19 所示。

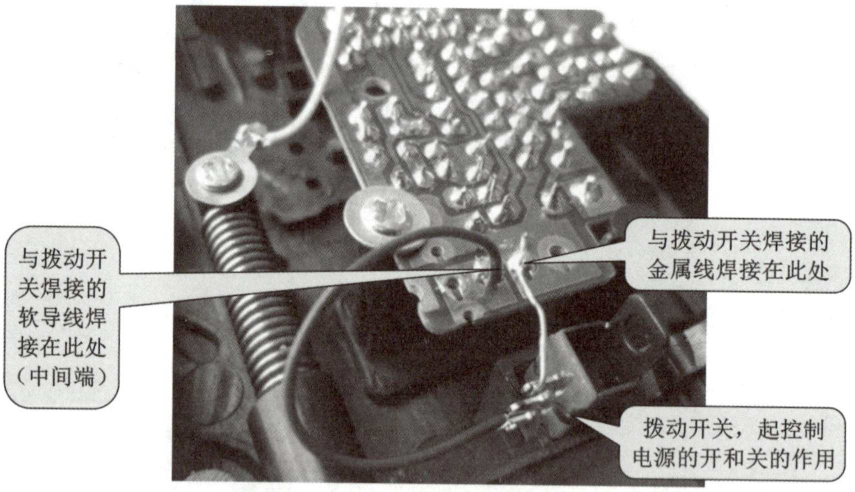

图 2-4-19　焊接拨动开关上导线

第十五步：将扬声器上的导线焊接在电路板上，如图 2-4-20 所示。

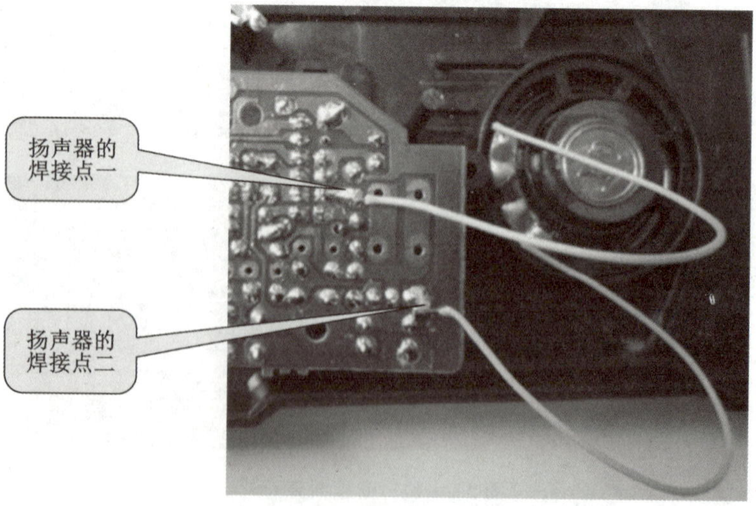

图 2-4-20　焊接扬声器的导线

第十六步：天线、电源的导线与电路板的连接，如图 2-4-21 所示。

图 2-4-21　天线、电源的导线与电路板连接

第十七步：将复位开关按钮置入面壳中，如图 2-4-22 所示。

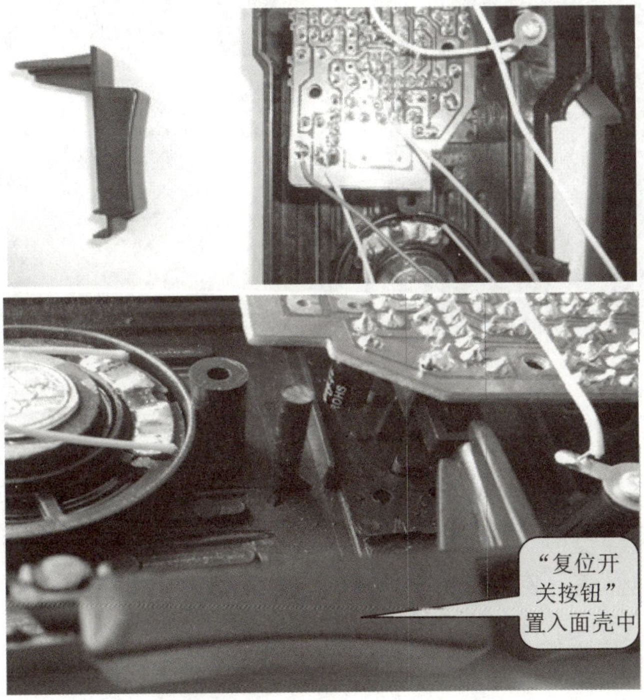

图 2-4-22　安装复位开关按钮

2.4.5.3 产品的检查与调试

1. 详细调试过程

2 套套件焊接完后，经目视、手触检查无误后，可接入 9 V 叠层电池，旋转拨动开关钮，可使电路通电工作，未按下复位开关按钮，电路处于“接收”状态，扬声器起“电”转化为“声”的作用，可以听到“咝咝”的声音；把另外一套套件的复位开关按钮按下，使其工作在“发信”状态，这时扬声器起“声”转化为“电”的作用。把 2 套套件的对讲机的天线平行靠近，用无感起子轻轻微调可调电感 T1 的磁芯，使接收机的“嘟嘟”啸叫声最大，即两者的发射、接收频率一致。然后，2 套套件互换按同样的方式微调可调电感 T1 的磁芯，保证两者的发射、接收频率一致。这样的过程要相互微调几次(包括拉开距离调试)，以保证 2 套套件之间对讲距离最远，声音最清晰。如图 2-4-23 所示。

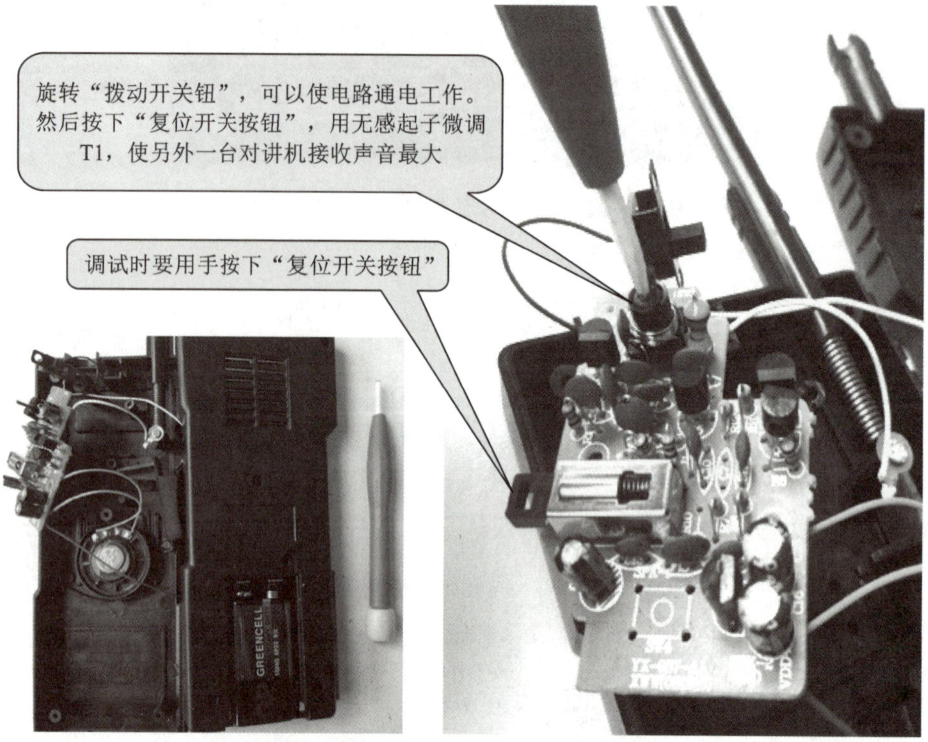

图 2-4-23 调试对讲机

调试成功后，装好拨动开关塑料钮和复位开关塑料钮，用 2 颗螺丝固定电路板于前壳中，清理好导线，用 5 颗螺丝将前、后盖板固定。

使用时，打开电池盒盖，装上 9 V 叠层电池，旋转拨动开关钮，可以让电路通电工作，平时电路是处于“接收”状态，按下复位开关按钮，电路处于“发信”状态。

2. 问题处理

如果安装后，通电没有声音，就要认真检查电源线、扬声器线、元器件等有没有错焊、虚焊、短路等问题。

当检查到有两点焊接到一起的时候，用电烙铁将上面的焊锡熔化，用固定的工具吸掉，然后重新焊接；当检查到有虚焊时仔细将它焊牢；当检查到电源连接线、扬声器连接线没有焊牢时继续将它们焊牢。

在调试时如果只能发送不能接收则检查接收电路，用万用表逐点测试找出错误点并改正；如果只能接收不能发送则检查发送电路，用万用表逐点测试找出错误点并改正。如果既不能发送也不能接收，上面两步都要照做。最后在验证对讲机的性能时，也应该考虑外界环境因素的影响，天气、地形、建筑物、电磁干扰等都会影响信号的场强和覆盖范围。当电池电量不足时，通话质量也会变差，严重的会有噪声出现，影响正常通话。

2.4.6 考核评价

986A 型对讲机的装配与调试考核评价如表 2-4-4 所示。

表 2-4-4 986A 型对讲机的装配与调试考核评价参考表

考核时间		实际时间：自　　时　　分起至　　时　　分止		
项目	考核内容	配分	评分标准	扣分
元器件成形及插(贴)装	①元器件成形； ②插装位置、标记、极性、高度； ③元器件排列整齐； ④元器件字向一致	15	①元器件成形正确，无错误，每错误一处扣 3 分； ②插装位置、标记、极性、高度正确，每错误一处扣 3 分； ③元器件排列整齐，无高低不齐，每错误一处扣 2 分； ④元器件字向要一致，每错误一处扣 2 分	
焊接质量	①焊点均匀、光滑、一致； ②元器件引线过长、焊点弯曲	15	①搭锡、假焊、虚焊、漏焊、焊盘脱落、桥焊等现象，每出现一处扣 3 分； ②毛刺、焊料过多、焊料过少、焊点不光滑、引线过长等现象，每出现一处扣 2 分	
整形	元器件整形	10	元器件排列整齐、高低一致，每错误一处扣 2 分	
功能调试	①通电有声音； ②能够正常收发信号	30	通电无声音该项不得分，有声音不能正常收发信号扣 15 分	
安全文明操作	①工作台上工具摆放整齐； ②操作时轻拿轻放； ③焊板表面整洁； ④严格遵守安全文明操作规程	10	①工作台上工具按要求摆放整齐，焊板表面整洁，不整齐、不整洁酌情扣分； ②焊接时应轻拿轻放不得损坏元器件和工具，每损坏一处扣 3 分	
实习报告	实习报告填写正确、认真	20	具体分值见实习报告	
合计		100		
教师签名：				

2.4.7 拓展提高

1. 986A 型对讲机简单故障的检修

在指导老师设定的故障下，请学生进行分析，并解除。

2. 实习报告

986A 型对讲机的装配与调试实习报告

班级__________ 姓名__________

(1)依据电路方框图简述电路原理。(10 分)

(2)写出元器件清单中部分元器件的检测结果。(10 分)

表 2-4-5 部分元器件检测结果

元器件类别	编号	色环颜色	标称值	实测值	备注
电阻 1	R1				
电阻 2	R2				
电阻 3	R7				
开关	S1/S2				通断性
三极管	Q1、Q2				画出引脚图，标出电极
喇叭					阻值大小

任务 2.5　七彩万能充电器的装配与调试

2.5.1　效果图

七彩万能充电器安装效果图如图 2-5-1 所示。

图 2-5-1　七彩万能充电器安装效果图

2.5.2　项目描述

万能充电器以它价廉物美、携带方便、一充多用等优点，深受广大消费者的喜爱。七彩万能充电器实验套件具有安装方便、免调试、工作稳定、耗电省、外形美观的特点。对中职学生加强动手操作能力训练，掌握电子安装工艺，了解测量技术，会有很大的帮助，也是进一步提升学习电子技术兴趣的一款很好的实训产品。常见的七彩万能充电器如图 2-5-2 所示。

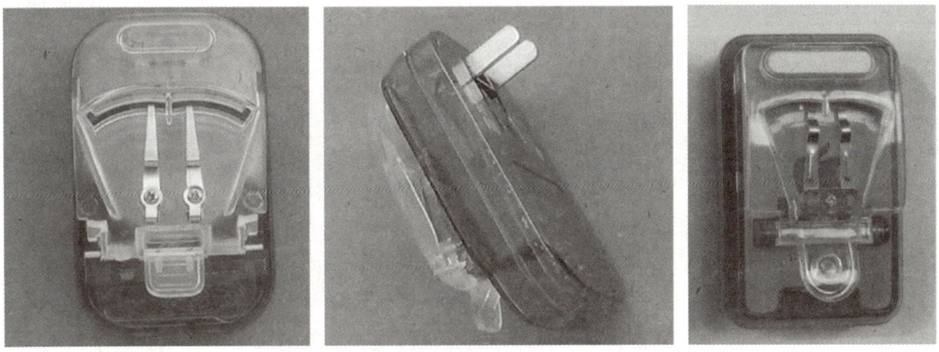

图 2-5-2　常见的七彩万能充电器

2.5.3 知识准备

2.5.3.1 电路方框图的识读

七彩万能充电器电路工作原理方框图如图 2-5-3 所示，它是由整流电路、启动电路、开关电路、保护电路、正反馈电路、整流滤波电路、电池检测电路、充电闪烁电路等组成的。

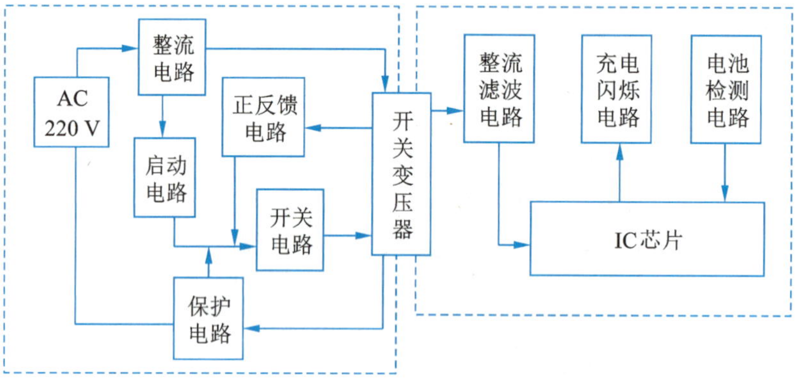

图 2-5-3 七彩万能充电器电路工作原理方框图

2.5.3.2 电路原理图的识读

1. 电路原理

如图 2-5-4 所示，该充电器电路主要由开关电源和充电电路两部分组成。

其输入电压 AC220 V、50/60 Hz，输入电流 40 mA；输出电压 DC4.1～4.25 V、输出电流 200 mA±80 mA。具体电路原理如下：

(1)开关电源：(开关电源部分零电位点为“热地”)开关电源是一种利用开关功率器件通

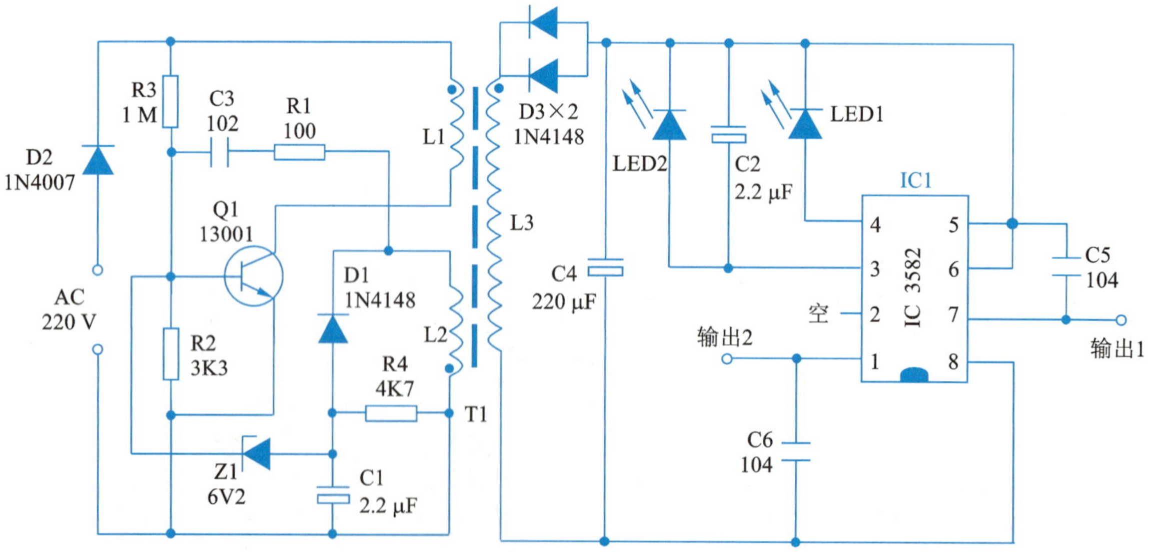

图 2-5-4 七彩万能充电器电路原理图

过功率变换技术而制成的直流稳压电源，它对电网电压与频率的变化适应性强。该电路是利用间歇振荡电路组成的开关电源，是目前广泛使用的基本电源之一。

当接通电源后，220 V 交流通过整流二极管 D2 和电阻 R3 给三极管 Q1 提供启动电流，使 Q1 开始导通，其集电极电流 I_C 流经电感线圈 L1 并线性增长，在 L2 中感应出使 Q1 基极为正、发射极为负的正反馈电压，使 Q1 迅速饱和。与此同时，感应电动势给电容 C3 充电，随着 C3 充电电压的升高，Q1 基极电位逐渐下降，I_C 开始减小，在 L2 中感应出使 Q1 基极为负，发射极为正的电压，使 Q1 迅速截止，完成一个振荡周期。在 Q1 截止期间，在 L3 绕组上感应出一个 5.5 V 左右的交流电压，作为后级的充电电压。此后，C3 逐渐放电，Q1 基极电压逐渐升高，从而开始第二个周期，不断循环。

Z1 起过压保护作用，当输出电压升高时，L2 绕组上的感应电动势就要升高，C1 两端充电电压升高，当 C1 两端电压超过 Z1 稳压值时，Z1 击穿导通，三极管 Q1 基极电位拉低，三极管 Q1 导通时间缩短而截止时间延长，致使输出电压降低。

（2）充电电路：（充电电路部分零电位点为“冷地”）从变压器 L3 绕组感应出的交流电压经过 D3 整流、C4 滤波后输出一个 8.5 V 左右的电压给 IC1 供电，为其提供工作电源，IC1 的 1 脚和 7 脚接充电电池。集成电路 IC3582 是一块可以自动识别电池极性的单节锂电池充电控制 IC，该 IC 集成了完整的电池极性识别、自动充电控制、充电保护的功能。LED1 与 IC 的第 4 脚组成电池好坏检测电路。充电时 3 脚输出电压控制 LED2 闪烁，充满时 LED2 关断。

2. 集成电路 IC3582 特点及引脚

IC3582 是一款锂电池充电管理芯片，主要用于便携式锂电池充电管理。IC3582 内部结构框图、引脚排列图分别如图 2-5-5、图 2-5-6 所示；引脚描述如表 2-5-1 所示。其芯片特点如下：

- 自动识别电池极性
- 空载时稳压输出
- 恒流恒压充电模式
- 充电饱和电压 4.25 V
- 可支持 USB 模式
- 指示灯支持七彩灯模式
- 短路保护功能
- DIP8 封装方式
- 三灯模式及二灯模式

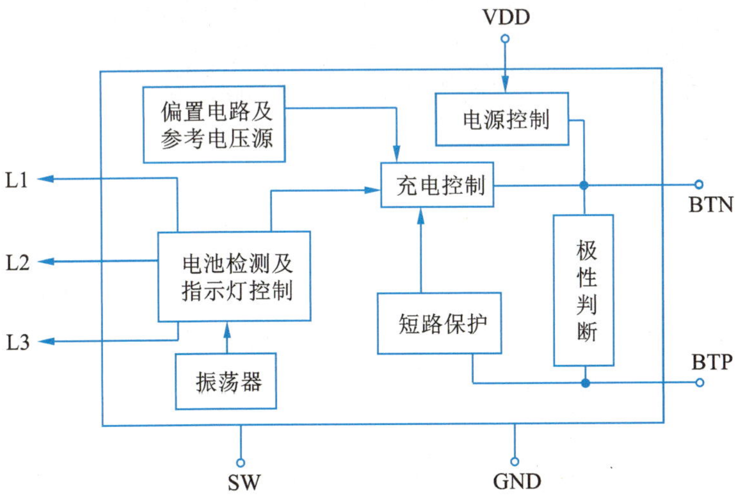

图 2-5-5　集成电路 IC3582 内部结构框图

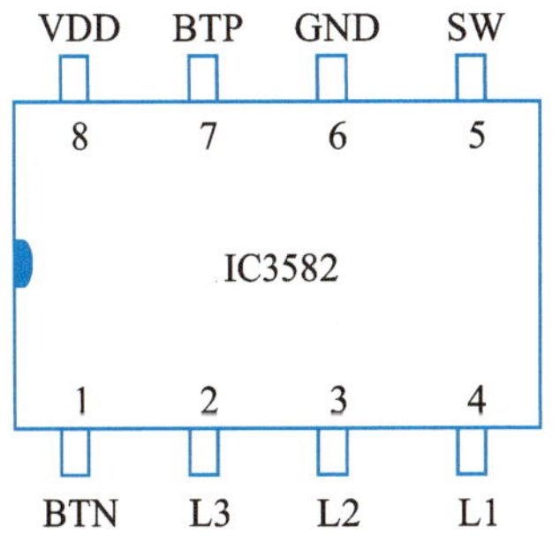

图 2-5-6　IC3582 引脚排列图

表 2-5-1　IC3582 引脚描述

序号	名称	描述
1	BTN	电池负极
2	L3	指示灯引脚
3	L2	指示灯引脚
4	L1	指示灯引脚
5	SW	选择端(应用时此脚接 VCC 驱动普通三灯模式，如果接 GND 驱动七彩灯模式)
6	GND	电源负极(地端)
7	BTP	电池正极
8	VDD	电源正极

2.5.3.2　PCB 板图的识读

七彩万能充电器 PCB 板图如图 2-5-7 所示。了解各元器件的安装位置、安装尺寸、电源的正负端、元器件的正负极等信息。

(a) 反面　　(b) 正面

图 2-5-7　七彩万能充电器 PCB 板图

2.5.4　装配准备

2.5.4.1　工具、仪器仪表、焊接材料清单的识读

七彩万能充电器所需工具、仪器仪表及焊接材料清单如表 2-5-2 所示。

表 2-5-2 所需工具、仪器仪表及焊接材料清单

项目	序号	名称	备注
所需工具	1	电烙铁及烙铁架，烙铁头擦拭海绵	
	2	尖嘴钳	
	3	斜口钳	
	4	镊子	
	5	小一字、十字起	
仪器仪表	1	万用表	
	2	示波器	
焊接材料		焊锡丝、松香、洗板水	

2.5.4.2 元器件清单的识读

根据给出的七彩万能充电器电路原理图和元器件清单(表 2-5-3)，认真清点元器件及功能部件。看实际元器件与清单是否相符，有无少或多以及损坏的元器件，如果存在少件或损坏的情况，应立即报告老师进行处理。

表 2-5-3 元器件清单

序号	名称	规格	编号	数量	编号	名称	规格	编号	数量
1	集成块	3582	IC1	1	15	瓷片电容	102	C3	1
2	三极管	13001	Q1	1	16	电解电容	2.2μF	C1、C2	2
3	二极管	5 mm 七彩	LED2	1	17	上盖			1
4	二极管	3 mm 发红光	LED1	1	18	下盖			1
5	二极管	1N4007	D2	1	19	电池防滑垫			1
6	二极管	6.2 V(或 6C3)	Z1	1	20	装饰板			1
7	二极管	1N4148	D1、D3×2	3	21	电池压板			1
8	变压器	6 脚	T1	1	22	接触片压板			1
9	电 阻	4.7K	R4	1	23	电源插头			1
10	电 阻	3.3K	R2	1	24	电源插头压板			1
11	电 阻	100	R1	1	25	金属片	一套		6
12	电 阻	1M	R3	1	26	螺丝			4
13	电解电容	220 μF	C4	1	27	导线	50 mm		2
14	瓷片电容	104	C5、C6	2	28	弹簧			1

2.5.5 任务实现

2.5.5.1 元器件的检测与预处理

1. 元器件的检测

根据元器件清单，将所有要焊接的元器件检测一遍，并将检测结果填入表 2-5-4 中。

表 2-5-4 元器件检测表

序号	名称	编号	检测结果	序号	名称	编号	检测结果
1	集成块	IC1		15	瓷片电容	C3	
2	三极管	Q1		16	电解电容	C1、C2	
3	二极管	LED2		17			
4	二极管	LED1		18			
5	二极管	D2		19			
6	二极管	Z1		20			
7	二极管	D1、D3		21			
8	变压器	T1		22			
9	电　阻	R4		23			
10	电　阻	R2		24			
11	电　阻	R1		25			
12	电　阻	R3		26			
13	电解电容	C4		27			
14	瓷片电容	C5、C6		28			

七彩万能充电器元器件实物图如图 2-5-8 所示。

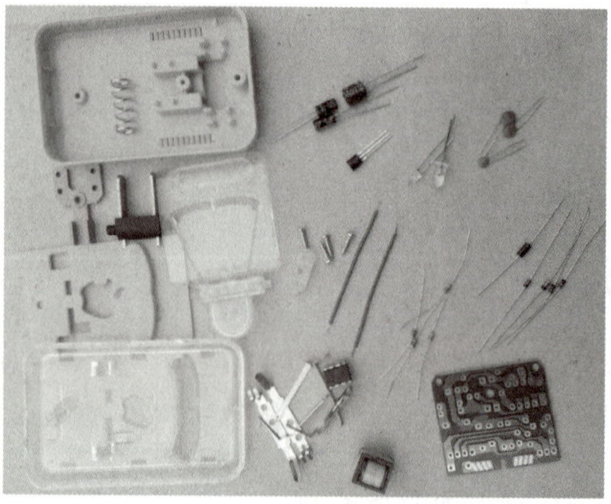

图 2-5-8 七彩万能充电器元器件实物图

2. 元器件的预处理

按照工艺要求对元器件进行预处理。

(1)瓷片小电容器安装前成形。将瓷片小电容器两只引脚稍微向左右两边分开，再用镊子或其他工具将两只引脚垂直弯下来。注意两边弯过来后两只引脚的宽度不要超过电容器自身的宽度。

(2)小功率三极管的引脚成形。小功率三极管在印制电路板上一般采用直插的方式。这时，三极管的引脚成形只需要用镊子将引脚弯折即可。需要注意的是，左右两边弯折后形成的宽度不要超过三极管自身的宽度。

(3)导线的处理。在导线的一端去掉 2 mm 绝缘层，然后将裸露出来的多股导线顺一个方向拧紧，最后放在松香边上镀锡。如果在镀锡时，绝缘层遇热萎缩，即裸露部分增长，要用剪刀剪掉多余的部分，如图 2-5-9 所示。

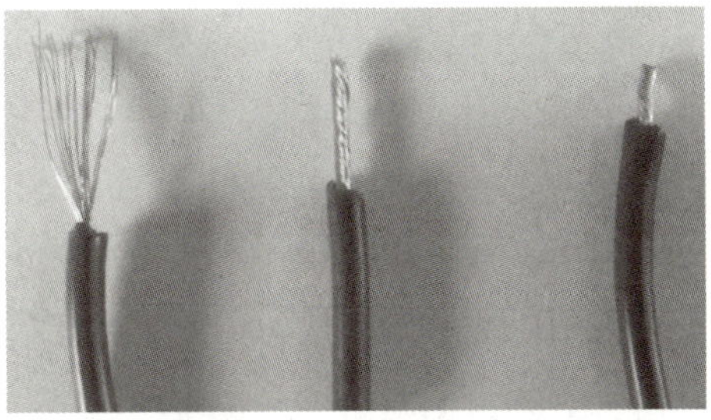

图 2-5-9　导线的处理

2.5.5.2　元器件的插(贴)装与焊接

各元器件按图纸的指定位置、孔距进行插装、焊接，并要符合元器件插(贴)装和焊接的工艺要求。

1. PCB 板的安装步骤

第一步：在 PCB 安装板上将四只电阻焊接好，如图 2-5-10 所示。

注意：焊接时确保各元器件对应位置无误时再进行焊接，安装电阻时，电阻要卧式并紧贴 PCB 板安装。

每次焊接完毕后，应将元器件多余的引脚部分修剪完美。

第二步：将三只 4148 二极管和一只稳压二极管安装在电路板上，如图 2-5-11 所示。

图 2-5-10　第一步装配示意图

图 2-5-11　第二步装配示意图

注意：四只二极管的正、负极性不能接错；三只 4148 开关二极管与稳压二极管均为红色玻壳封装，一端有黑环的是负极；安装三只 4148 开关二极管与稳压二极管时，应注意区分二极管上的型号，安装时，二极管要卧式并紧贴 PCB 板安装。

第三步：将一只整流二极管卧式并紧贴 PCB 板上安装、焊接好，如图 2-5-12 所示。

注意：整流二极管外部颜色为黑色，一端有银环的是负极。

第四步：安装三只瓷片电容，如图 2-5-13 所示。

注意：三只瓷片电容的容量分别是一只 102(即 1000 pF)，2 只 104(即 0.1 μF)，电容的容量不能搞错。三只瓷片电容无正负极之分，尽量紧贴 PCB 板安装即可。

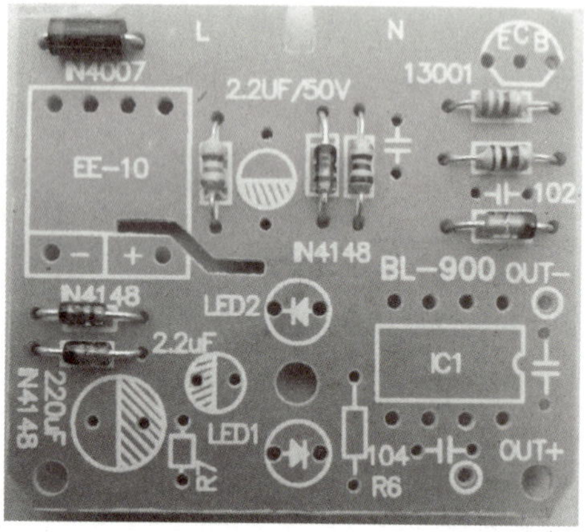

图 2-5-12　第三步装配示意图

图 2-5-13　第四步装配示意图

第五步：安装三极管 13001、集成电路 3582、发光二极管 LED1、LED2，如图 2-5-14 所示。

注意：安装三极管时，要注意三极管的引脚脚位，具体可参照说明书；焊接时速度要快，以免烫坏三极管。

集成电路安装时，一定要分清它的脚位，缺口下面为第一脚，按逆时针方向依次是第一脚、第二脚……第八脚。

发光二极管安装时，高度为 0.4 cm 左右。刚好安装至引脚上的标记为佳。

第六步：安装两只 2.2 μF 的小电解电容器，如图 2-5-15 所示。

图 2-5-14　第五步装配示意图

图 2-5-15　第六步装配示意图

注意： 安装电解电容时，电解电容的负极要和 PCB 板上圆形标识里的阴影部分对齐。电解电容引脚“长正短负”。

第七步：安装一只 220 μF 的大电解电容器和开关变压器，以及两根引线，如图 2-5-16 所示。

注意： 两根引线在焊接之前，剥离绝缘层不能太长，2 mm 即可。

每一步操作完毕后，都必须将元器件的引脚修剪掉，焊接面引脚修剪的越短越好，不要让引脚与外壳接触。PCB 板反面焊点效果图如图 2-5-17 所示。

图 2-5-16　第七步装配示意图

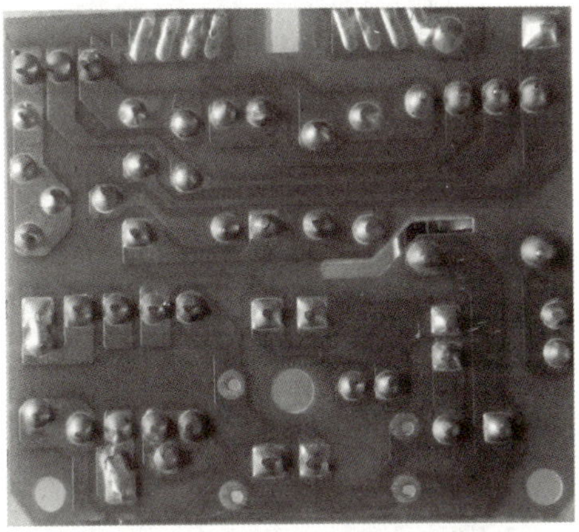

图 2-5-17　PCB 板反面焊点效果图

2. 外壳、固件的安装步骤

(1)下盖的安装。下盖安装配件如图 2-5-18 所示。按照图 2-5-19、图 2-5-20、图 2-5-21 所示三步进行安装。

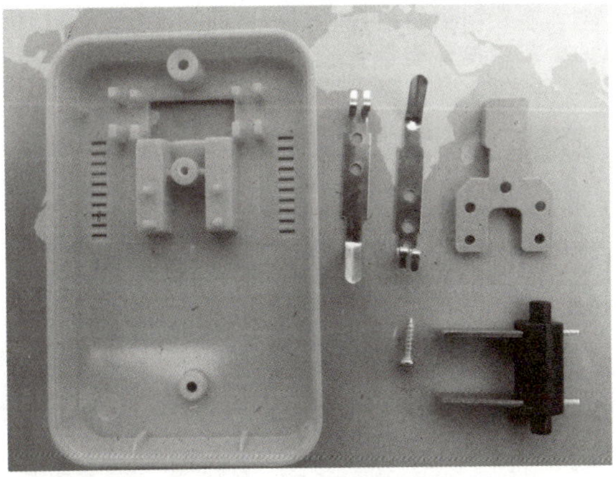

图 2-5-18　下盖的安装配件示意图

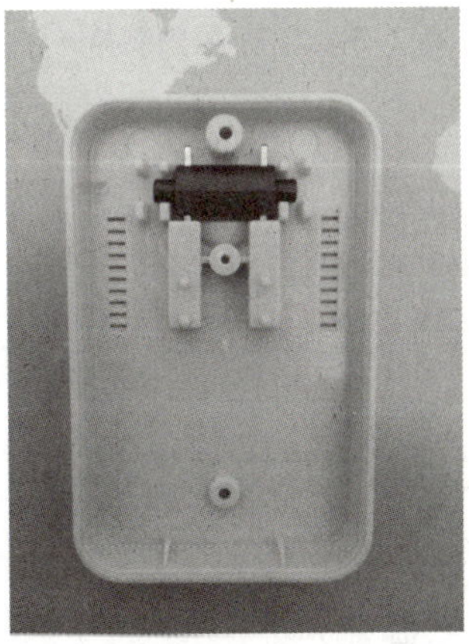

图 2-5-19　下盖安装第一步

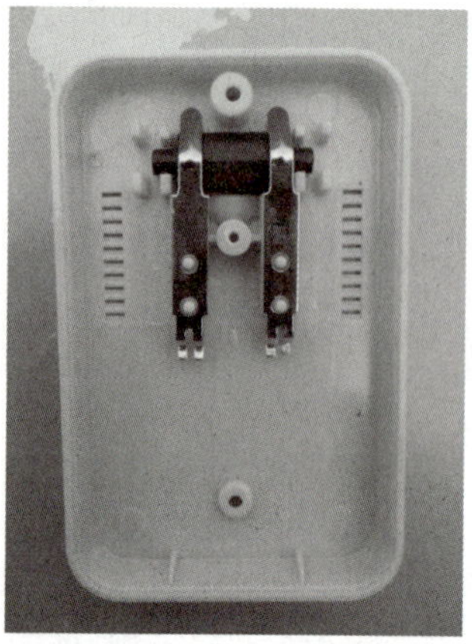

图 2-5-20　下盖安装第二步

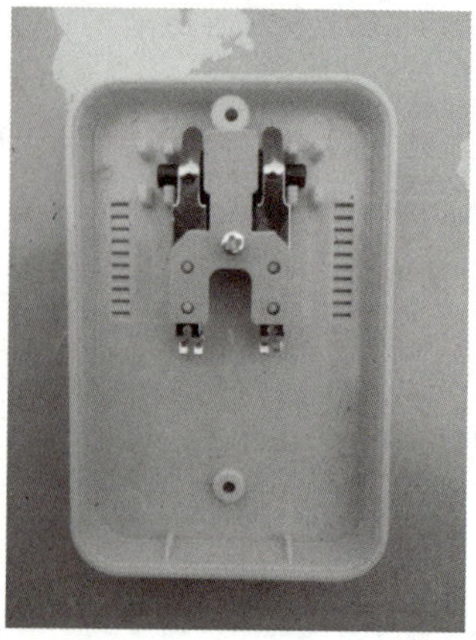

图 2-5-21　下盖安装第三步

（2）上盖的安装。上盖按照图 2-5-22、图 2-5-23、图 2-5-24、图 2-5-25、图 2-5-26 所示进行安装，安装后的反面示意图如图 2-5-27 所示。

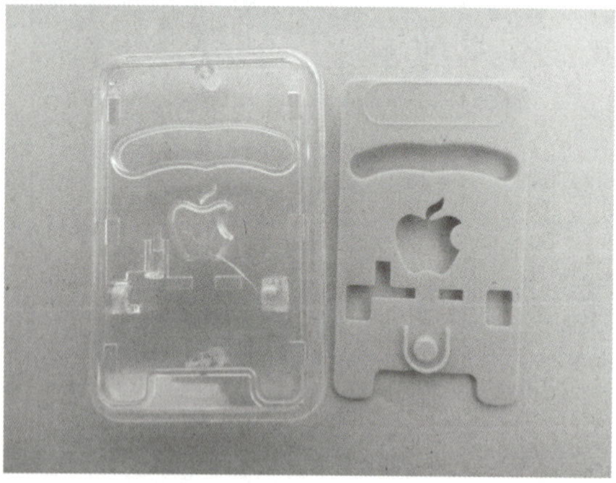

图 2-5-22　上盖安装第一步

图 2-5-23　上盖安装第二步

图 2-5-24　上盖安装第三步

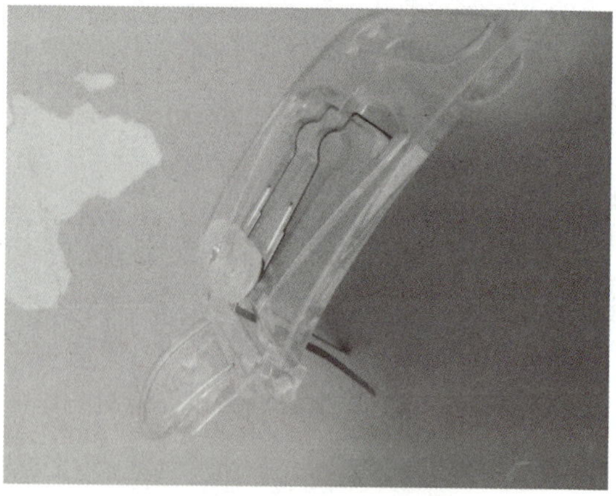

图 2-5-25　上盖安装第四步

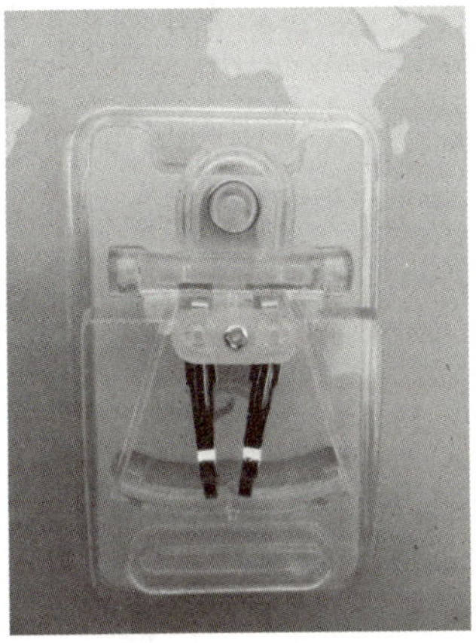

图 2-5-26　上盖安装第五步

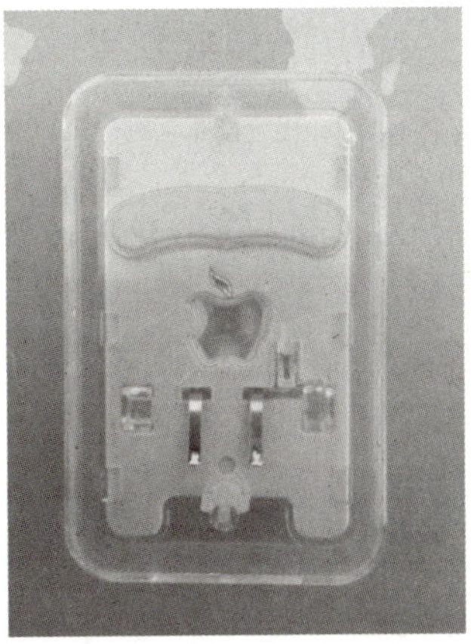

图 2-5-27　上盖的反面示意图

(3) 总装配。按照图 2-5-28、图 2-5-29、图 2-5-30 所示进行总装配。总装配后的效果图如图 2-5-31 所示。

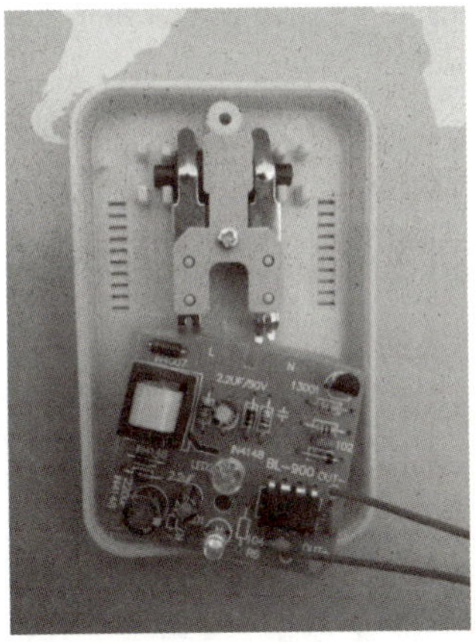

图 2-5-28　总装配第一步

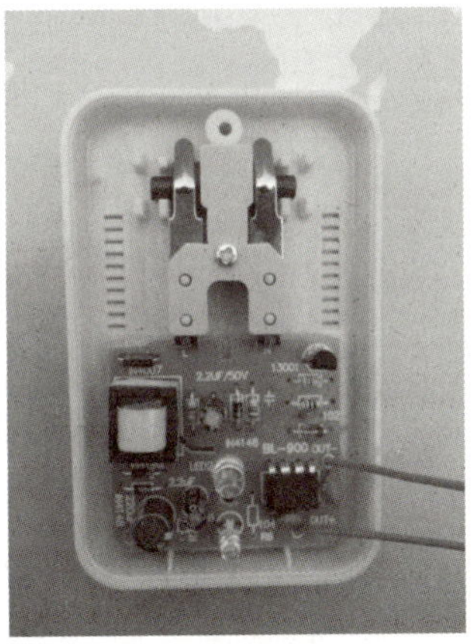

图 2-5-29　总装配第二步

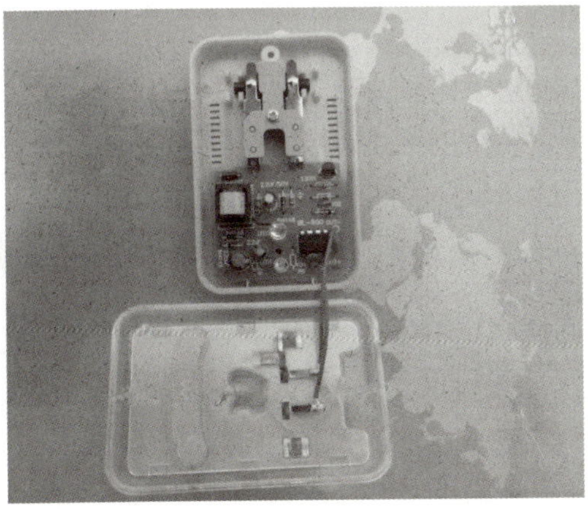

图 2-5-30　总装配第三步

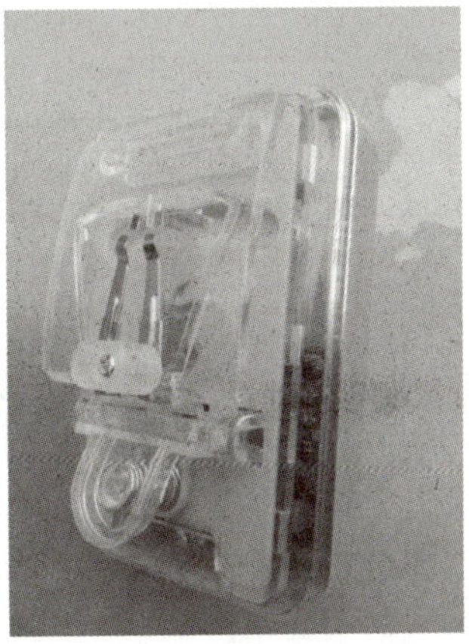

图 2-5-31　总装配后效果图

2.5.5.3 产品的检查与调试

七彩万能充电器电路装配好后，经目视检查、手触检查之后，先用电池测试，看 LED1 是否发光，发光后才可以接 220 V 电源；电路只要装配无误，无须调试，通电就能正常工作。

特别提醒：七彩万能充电器属于开关电源，开关电源振荡部分所有电路、焊点均带电，学生在通电时千万不要用手去触摸开关电源振荡部分。

2.5.6 考核评价

七彩万能充电器的装配与调试考核评价如图 2-5-5 所示。

表 2-5-5 七彩万能充电器的装配与调试考核评价参考表

考核时间		实际时间：自 时 分起至 时 分止		
项目	考核内容	配分	评分标准	扣分
元器件成形及插(贴)装	①元器件成形； ②插装位置、标记、极性、高度； ③元器件排列整齐； ④元器件字向一致	15	①元器件成形正确，无错误，每错误一处扣 3 分； ②插装位置、标记、极性、高度正确，每错误一处扣 3 分； ③元器件排列整齐，无高低不齐，每错误一处扣 2 分； ④元器件字向要一致，每错误一处扣 2 分	
焊接质量	①焊点均匀、光滑、一致； ②元器件引线过长、焊点弯曲	15	①搭锡、假焊、虚焊、漏焊、焊盘脱落、桥焊等现象，每出现一处扣 3 分； ②毛刺、焊料过多、焊料过少、焊点不光滑、引线过长等现象，每出现一处扣 2 分	
整形	元器件整形	10	元器件排列整齐、高低一致，每错误一处扣 2 分	
功能调试	①指示灯正常指示； ②充电器正常充电	30	①指示灯不能正常指示扣 15 分； ②充电器不能正常充电扣 15 分	
安全文明操作	①工作台上工具摆放整齐； ②操作时轻拿轻放； ③焊板表面整洁； ④严格遵守安全文明操作规程	10	①工作台上工具按要求摆放整齐，焊板表面整洁，不整齐、不整洁酌情扣分； ②焊接时应轻拿轻放不得损坏元器件和工具，每损坏一处扣 3 分	
实习报告	实习报告填写正确、认真	20	具体分值见实习报告	
合计		100		
教师签名：				

2.5.7 拓展提高

1. 常见故障现象及排除

根据电路中出现的故障现象，按照表2-5-6所提供的排除方法进行检修。

表2-5-6 七彩万能充电器电路常见故障及排除方法

故障现象	故障原因	故障排除
通电没反应	振荡未起振	R2开路、Q1损坏
通电三极管烧毁	反馈电路问题	R1开路、C2开路、L2开路、Q1不良
LED1不亮		LED1不良或接反、IC不良、充电电池损坏
LED2不亮		LED2不良或接反、IC不良
电池充满LED2不灭		IC不良

2. 实习报告

七彩万能充电器的装配与调试实习报告

班级__________ 姓名__________

(1)依据电路方框图简述电路原理。(10分)

(2)写出元器件清单中部分元器件的检测结果。(10分)

表2-5-7 部分元器件检测结果

元器件类别	编号	色环颜色	标称值	实测值	备注
电阻1	R1				
电阻2	R2				
电阻3	R3				
电容	C1/C2				
二极管	LED1/LED2				标出电极
三极管	Q1				画出引脚图，标出电极

任务 2.6　人体红外线感应报警器的装配与调试

2.6.1　效果图

人体红外线感应报警器的效果图如图 2-6-1 所示。

图 2-6-1　人体红外线感应报警器的效果图

2.6.2　项目描述

随着时代的不断进步，人们对自己所处环境的安全性提出了更高的要求，尤其是在家居安全方面，不得不时刻留意那些不速之客。现在很多小区都安装了智能报警系统，因而大大提高了小区的安全程度，有效保证了居民的人身财产安全。由于红外线是不可见光，有很强的隐蔽性和保密性，因此在防盗、警戒等安保装置中得到了广泛的应用。

人体红外线感应报警器特点：人体都有恒定的体温，一般在 37 ℃左右，会发出波长为 10 μm 左右的红外线，被动红外探测器就是靠探测人体发射的 10 μm 左右的红外线而进行工作的。它采用高灵敏度红外探头，无需声音、光线、震动，即使是在漆黑的状态，窃贼一旦进入 10 m 左右的监控范围，人体发射的 10 μm 左右的红外线通过非涅尔滤光片增强后聚集到热释电红外线传感器上，报警器就会自动检测并发出高强度报警声，可有效吓阻入侵人员。本电路做好后适合家庭、学校、仓库、商店、菜棚等防盗场所的使用。

电路集红外探测、报警、电源三位于一体，具有体积小、可随身携带临时设防等优点，无论何时何地都可现场使用。本电路采用 4 节 7 号电池供电，微电脑芯片设计，耗电小，无须接线布线，使用非常简便。

2.6.3 知识准备

2.6.3.1 电路原理方框图的识读

人体红外线感应报警器电路主要由红外线传感器，放大、比较、延时电路，音响报警电路及电源供电电路组成。如图 2-6-2 所示。

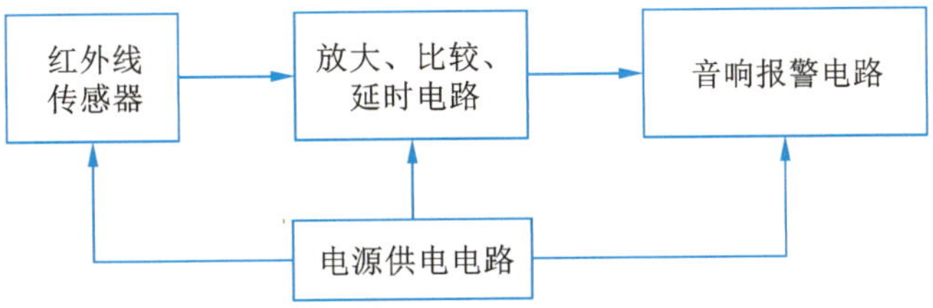

图 2-6-2 人体红外线感应报警器电路原理方框图

2.6.3.2 电路原理图的识读

人体红外线感应报警器电路原理图如图 2-6-3 所示。电路由四部分组成。

1. 红外线传感器

Y1 为热释电红外线传感器（简称“热释传感器”），用来探测前方人体辐射出的红外线信号。

2. 放大、比较、延时电路

IC1 是一款高性能的传感信号处理集成电路，型号 BISS0001。BISS0001 是由运算放大器、电压比较器、状态控制器、延迟时间定时器以及封锁时间定时器等构成的数模混合专用集成电路。

3. 音响报警电路

音响报警电路由 IC2、VT2、VT3、BL 组成，IC2 是音乐芯片，内写有报警音，BL 是压电蜂鸣片，发声器件。

4. 电源供电电路

为了学生实训时的安全，本电路采用 4 节 7 号电池 6 V 供电。C1、C13 是电源滤波电容，LED1 和 R17 构成电源指示电路。

图 2-6-3 中，当电源开关 K1 在“OFF”位置时，电源经 R2 使 VT1 饱和导通，则 IC1 的 9 脚保持为低电平，从而封锁热释传感器传来的触发信号，电路不工作。当电源开关 K1 在“ON”位置时，热释传感器经 R1 得电处于工作状态，VT1 处于截止状态使 IC1 的 9 脚保持为高电平，IC1 处于工作状态。这时当有热源进入检测区时，热释传感器 Y1 的检测信号由 S 极（图中 5 脚）输出，经 R8 送到 IC1 的 14 脚，IC1 内部的运算放大器作为第一级放大，然后由电

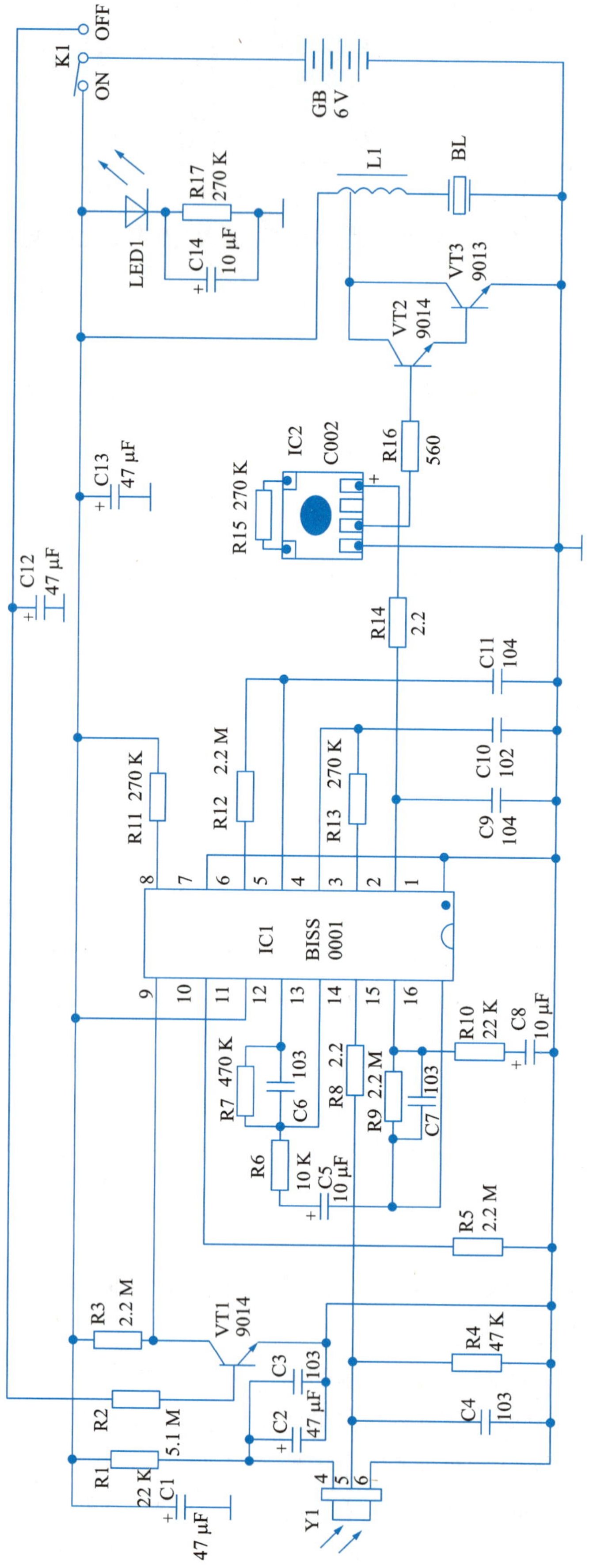

图2-6-3　人体红外线感应报警器电路原理图

解电容器 C5 耦合给 IC1 内部的第二级放大器放大，再经由内部电压比较器检出有效触发信号 V_S 去启动延迟时间定时器，2 脚输出信号 V_O 经 R14 驱动报警音乐芯片 IC2 工作，VT2 和 VT3 构成复合三极管用来推动压电蜂鸣片发出报警声音。

2.6.3.3 PCB 板图的识读

人体红外线感应报警器的 PCB 板如图 2-6-4 所示。

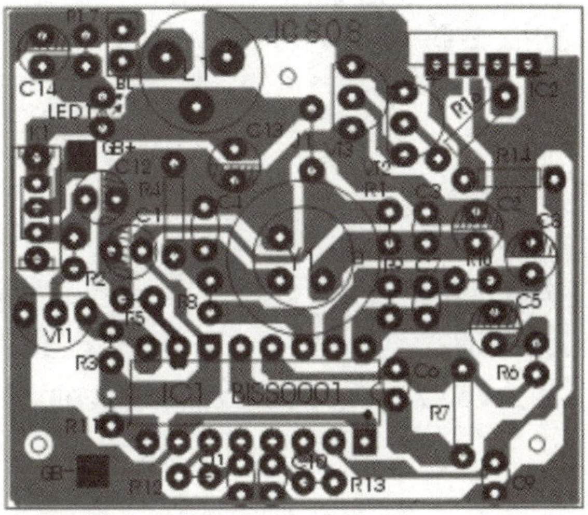

图 2-6-4 人体红外线感应报警器的 PCB 板图

PCB 板上的元器件用图形符号表示，标注了与原理图对应的符号；对有极性或方向定位的元器件，如电解电容、二极管、三极管、集成电路标注了能区分极性或方向的安装位置。

2.6.4 装配准备

2.6.4.1 工具、仪器仪表及焊接材料清单的识读

人体红外线感应报警器装配与调试所需工具、仪器仪表及焊接材料清单如表 2-6-1 所示。

表 2-6-1 所需工具、仪器仪表及焊接材料清单

项目	名称	备注
所需工具	(1)35W 内热式电烙铁及烙铁架，烙铁头擦拭海绵	
	(2)尖嘴钳、斜口钳、镊子，小一字、十字螺丝刀	
仪器仪表	万用表	
焊接材料	焊锡丝、松香、洗板水	

2.6.4.2 元器件清单的识读

人体红外线感应报警器元器件实物如图 2-6-5 所示；元器件清单如表 2-6-2 所示。

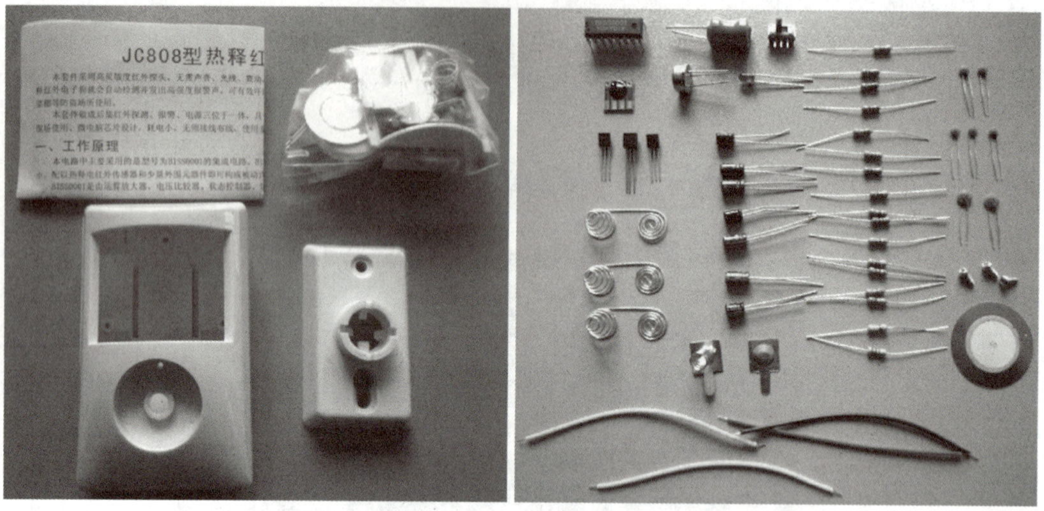

图 2-6-5 人体红外线感应报警器元器件实物图

表 2-6-2 元器件清单

序号	名称	编号	规格	数量	编号	名称	编号	规格	数量
1	电阻	R1、R10	22 K	2 只	17	三极管	VT1、VT2	9014	2 只
2	电阻	R2	5.1 M	1 只	18	三极管	VT3	9013	1 只
3	电阻	R3、R5、R9、R12	2.2 M	4 只	19	热释传感器	Y1	D2035	1 只
4	电阻	R4	47 K	1 只	20	集成电路	IC1	BISS0001	1 片
5	电阻	R6	10 K	1 只	21	集成电路	IC2	C002	1 片
6	电阻	R7	470 K	1 只	22	压电蜂鸣片	BL	27 mm	1 片
7	电阻	R8、R14	2.2	2 只	23	菲涅尔透镜		59 mm×46 mm	1 片
8	电阻	R11、R13、R15、R17	270 K	4 只	24	导线	（接电源）	红色、黑色	各 1 根
9	电阻	R16	560	1 只	25	导线	（接蜂鸣片）	黄色	2 根
10	瓷片电容	C3、C4、C6、C7	103	4 只	26	自攻螺钉		ϕ2×5 mm	3 颗
11	瓷片电容	C10	102	1 只	27	拨动开关	K1	SK12D07VG4	1 个
12	瓷片电容	C9、C11	104	2 只	28	电池片	（正极、负极）		各 1 片
13	电解电容	C1、C2、C12、C13	47 μF	4 只	29	电池片	（连体簧）		3 个
14	电解电容	C5、C8、14	10 μF	3 只	30	线路板		48 mm×41 mm	1 块
15	三脚电感	L1		1 只	31	塑料件			1 套
16	发光二极管	LED1	ϕ3 红色	1 只	32	说明书			1 份

2.6.5 任务实现

2.6.5.1 元器件的检测与预处理

1. 元器件的检测

拿到套件后，首先对照元器件清单核对一遍，看数量、型号、参数有无差错。再把所有的元器件用万用表检测一次，看有无质量问题，并将检测结果填入表2-6-3中，坏的要更换，然后放到一个容器中。电阻器、电容器等器件很小，防止丢失。

表2-6-3　元器件检测表

序号	名称	编号	检测结果	序号	名称	编号	检测结果
1	电阻	R1、R10		13	电解电容	C1、C2、C12、C13	
2	电阻	R2		14	电解电容	C5、C8、C14	
3	电阻	R3、R5、R9、R12		15	三脚电感	L1	
4	电阻	R4		16	发光二极管	LED1	
5	电阻	R6		17	三极管	VT1、VT2	
6	电阻	R7		18	三极管	VT3	
7	电阻	R8、R14		19	热释传感器	Y1	
8	电阻	R11、R13、R15、R17		20	集成电路	IC1	
9	电阻	R16		21	集成电路	IC2	
10	瓷片电容	C3、C4、C6、C7		22	压电蜂鸣片	BL	
11	瓷片电容	C10		23	拨动开关	K1	
12	瓷片电容	C9、C11		24			

2. 元器件的预处理

根据元器件脚间距离的不同，其插装方式有立式和卧式之分，脚间距离小的采用立式，脚间距离大的采用卧式。项目1中已经详细介绍了。

2.6.5.2 元器件的插(贴)装与焊接

1. 电阻的插装焊接

电阻器(共17只)：

R1：22 K　R2：5.1 M　R3：2.2 M　R4：47 K　R5：2.2 M　R6：10 K　R7：470 K　R8：2.2　R9：2.2 M　R10：22 K　R11：270 K　R12：2.2 M　R13：270 K　R14：2.2　R15：270 K　R16：560　R17：270 K

插装电阻器时因孔距不同而有立式和卧式之分，跳线 J1 处用焊接电阻后剪下的金属导线代替，安装时应先安装卧式电阻，再安装立式电阻。具体如下：

- R4、R7、R14、R16：卧式安装；
- R1、R2、R3、R5、R6、R8、R9：立式安装；
- R10、R11、R12、R13、R17：立式安装；
- R15、跳线 J1：卧式安装。

集成电路 IC2 报警片上振荡电阻 R15(270 K)的焊接(元器件面和覆铜面)如图 2-6-6 所示。

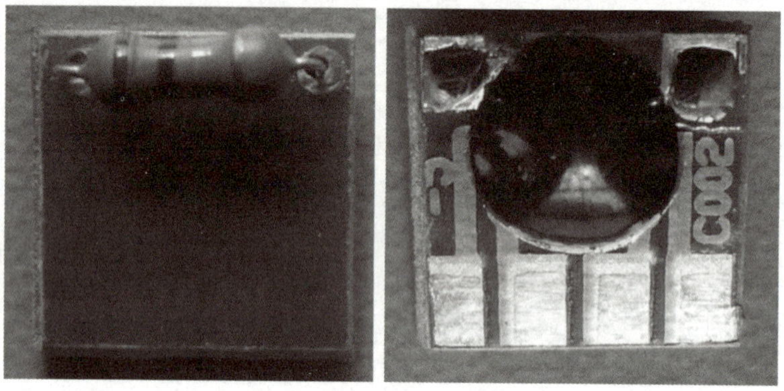

图 2-6-6　报警片振荡电阻

2. 瓷片电容器的插装焊接

瓷片电容器(共 7 只)：C3：103　C4：103　C6：103　C7：103　C9：104　C10：102　C11：104

瓷片电容器采用立式插装。

3. 电解电容器的插装焊接

电解电容器(共 7 只)：C1：47 μF　C2：47 μF　C5：10 μF　C8：10 μF　C12：47 μF　C13：47 μF　C14：10 μF

电解电容器采用立式插装。电解电容有正负极，图标有斜线部分的为负极。不要装错极性和位置，电容紧贴 PCB 板。

4. 焊接发光二极管和三脚电感

发光二极管和三脚电感(各 1 只)采用立式插装。二极管有正负极请注意极性，电感三个脚注意位置，电感紧贴 PCB 板，二极管离板约 5 mm。

5. 焊接三极管

VT2：9014　VT3：9013。VT1：9014 不用焊接，因为其工作状态，由开关 K1 代替了。

三极管采用立式插装，三极管有极性，将实物平的一面对着图标横线插入。不要装错极性和位置，离 PCB 板约 5 mm。

6. 集成电路、传感器和开关的焊接

集成电路 IC1 BISS0001、传感器 Y1 和开关 K1 的焊接：Y1 实物突起对正图标圆圈标示插入，离 PCB 板约 10 mm。IC1 实物缺口对正图标缺口插入，贴紧 PCB 板。

7. 报警集成电路的焊接

报警集成电路 IC2 的焊接：焊接 IC2，焊接处先上锡，再将报警片与电路板焊接在一起，注意位置、方向。

8. 焊接压电蜂鸣片

压电蜂鸣片 BL 的焊接：导线与压电蜂鸣片上锡，焊接黄色导线与压电蜂鸣片。

注意：红线接 GB+处，黑线接 GB−处，线头要上锡，在蜂鸣片上上锡时，速度要快，防止烫坏蜂鸣片。红线接正极，黑线接负极。

2.6.5.3 配件组装

1. 菲涅尔透镜及共鸣腔的处理

按塑料框的大小裁剪菲涅尔透镜；将菲涅尔透镜用塑料框固定在前壳上；安装共鸣腔；检查菲涅尔透镜：裁剪是否大小合适、牢固，不烫坏外壳。

2. 电池片与万向轮塑料件的组装

电池簧片插入后壳；在电池片上上锡；将万向轮插入后壳上；检查有无假焊、虚焊或焊反。

注意：电池簧片插到位，上锡时不烫伤外壳。

3. 整机的组装

电路板放入后壳，卡到位固定；红线接电池正极，黑线接电池负极；压电蜂鸣片放在共鸣腔圆槽中固定。

注意：压电蜂鸣片固定好，不烫伤外壳。

2.6.5.4 产品的检查与调试

组装完成并经目视检查、手触检查无误后，把前、后壳扣在一起，然后装入 4 节 7 号电池测试效果。放在桌上并拨动开关 K1 到"ON"一边，即可产生"报警声"，延时一段时间后自动停止，然后可以进行热释红外人体报警实验，当人体靠近时即可产生报警声，人离开后约 1 分钟停止报警。如果没有报警声，则要认真检查电路是否有焊接错误，如果有错误加以修改。

产品调试完成后，将前、后盖紧扣在一起，并在后盖上插装好万向轮，万向轮座可以按您的要求自行安装。

注意：探头应避免直对室外，以免闲人走动引起误报；探头应远离冷热源，例如空调出风口、暖气等；安装使用时应避免阳光、汽车灯光直射探头；安装在墙角或者墙面上，建议安装高度离地面 1.5~3 m，可以防止小动物误报。

2.6.6 考核评价

人体红外线感应报警器的装配与调试考核评价如表 2-6-4 所示。

表 2-6-4 人体红外线感应报警器的装配与调试考核评价参考表

考核时间		实际时间：自 时 分起至 时 分止		
项目	考核内容	配分	评分标准	扣分
元器件成形及插(贴)装	①元器件成形； ②插装位置、标记、极性、高度； ③元器件排列整齐； ④元器件字向一致	15	①元器件成形正确，无错误，每错误一处扣 3 分； ②插装位置、标记、极性、高度正确，每错误一处扣 3 分； ③元器件排列整齐，无高低不齐，每错误一处扣 2 分； ④元器件字向要一致，每错误一处扣 2 分	
焊接质量	①焊点均匀、光滑、一致； ②元器件引线过长、焊点弯曲	15	①搭锡、假焊、虚焊、漏焊、焊盘脱落、桥焊等现象，每出现一处扣 3 分； ②毛刺、焊料过多、焊料过少、焊点不光滑、引线过长等现象，每出现一处扣 2 分	
整形	元器件整形	10	元器件排列整齐、高低一致，每错误一处扣 2 分	
功能调试	电路功能正常	20	部分功能正常，扣 10~15 分	
安全文明操作	①工作台上工具摆放整齐； ②操作时轻拿轻放； ③焊板表面整洁； ④严格遵守安全文明操作规程	10	①工作台上工具按要求摆放整齐，焊板表面整洁，不整齐、不整洁酌情扣分； ②焊接时应轻拿轻放不得损坏元器件和工具，每损坏一处扣 3 分	
实习报告	实习报告填写正确、认真	30	具体分值见实习报告	
合计		100		

教师签名：

2.6.7 拓展提高

1. 人体红外线感应报警器简单故障的检修

(1)报警时，输出声音很小。

检修方法：检测 VT2、VT3 和 BL 的好坏。

(2)有人靠近时，无报警声音输出。

检修方法：先看 BL 能否发声。能，再测量 VT2 的基极电压 V_4 和集电极电压 V_5 是否正常。正常，再测量 IC1 的 2 脚电压是否正常，若正常则 IC2 坏。

(3)接通电源后，报警声音连续不停。

检修方法：检测无热源时，IC1 的 9 脚电压 V_1、14 脚电压 V_2、2 脚电压 V_3 是否正常，若正常再测 VT2、VT3 的好坏。

2. 实习报告

人体红外线感应报警器的装配与调试实习报告

班级＿＿＿＿＿＿　姓名＿＿＿＿＿＿

(1)依据电路方框图简述电路原理。(10 分)

(2)将元器件清单中部分元器件的检测结果填入表 2-6-5 中。(10 分)

表 2-6-5　部分元器件检测结果记录表

元器件类别	编号	色环颜色	标称值	实测值	备注
电阻 1	R1				
电阻 2	R8				
电阻 3	R14				
电阻 4	R15				
电容 1	C1				
电容 2	C8				
三极管	VT2				画出引脚图，标出电极
热释传感器	Y1				标出极间阻值

(3)测试过程记录。(10 分)

(1)用万用表测试不报警时 IC1 的 9 脚电压 V_1、14 脚电压 V_2、2 脚电压 V_3 和 VT2 基极电压 V_4、集电极电压 V_5。

(2)用万用表测试正常报警时 IC1 的 9 脚电压 V_1、14 脚电压 V_2、2 脚电压 V_3 和 VT2 基极电压 V_4、集电极电压 V_5。将数据记录于表 2-6-6 中。

表 2-6-6　各参考点电压记录表

序号	测试情况工作条件	各参考点电压测试值/V				
		V_1	V_2	V_3	V_4	V_5
1	不报警时					
2	报警时					

任务 2.7 数字钟电路的装配与调试

2.7.1 效果图

数字钟效果图如图 2-7-1 所示。

图 2-7-1 数字钟效果图

2.7.2 项目描述

数字钟是一个将“时”“分”“秒”显示于人的视觉器官的计时装置。它的计时周期为 24 小时，显示满刻度为 23 时 59 分 59 秒，另外具有校时功能、闹钟功能、倒计时功能、秒表功能、计数器功能，用途十分广泛。单片机是采用大规模集成电路技术，把具有数据处理能力的中央处理器 CPU、随机存取器 RAM、只读存取器 ROM、多种 I/O 口和中断系统、定时器/计时器等功能集成到一块硅片上，构成的一个小而完善的计算机系统。用单片机构成的数字钟电路比较简单，本任务是由单片机构成的数字钟电路的装配与调试，特别适合中职学生及初学者制作。

图 2-7-2 是常见的数字钟。

图 2-7-2 常见的数字钟

2.7.3 知识准备

2.7.3.1 电路方框图的识读

数字钟电路工作原理方框图如图2-7-3所示，它主要由单片机电路、晶振电路、按键、驱动电路、选位电路和六位数码管显示电路等组成。

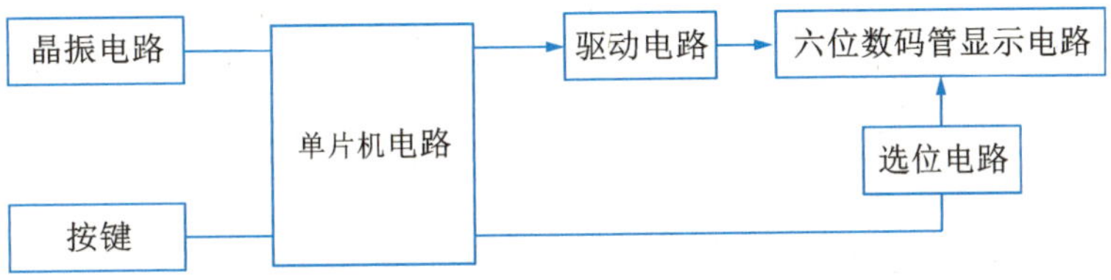

图2-7-3 数字钟电路工作原理方框图

2.7.3.2 电路原理图的识读

在图2-7-4所示的数字钟电路原理图中，LED1～LED3为3只两位一体共阳极数码管，构成显示部分主要器件，驱动采用PNP型三极管驱动，各端口配有限流电阻，驱动方式为动态扫描，占用P3.0～P3.5端口，段码由P1.0～P1.6输出。冒号部分采用4个ϕ3.0的红色发光二极管，驱动方式为独立端口P1.7驱动。

图2-7-4中S1～S3为3只按键，其采用复用的方式与显示部分的P3.5、P3.4、P3.2口复用。其工作方式为，在相应端口输出高电平时读取按键的状态并由单片机消除抖动并赋予相应的键值。

图2-7-5中有源蜂鸣器和PNP型三极管组成迅响电路。其工作原理是当PNP型三极管导通后有源蜂鸣器立即发出定频声响。驱动方式为独立端口驱动，占用P3.7端口。

输出电路是与迅响电路复合作用的，其电路结构为有源蜂鸣器、5.1 kΩ定值电阻R16、排针J3并联。当有源蜂鸣器无迅响时J3输出低电平，当有源蜂鸣器发出声响时J3输出高电平，J3可接入数字电路等各种需要。驱动方式为迅响复合输出，不占端口。

输入电路是与迅响电路复合作用的，是在迅响电路的PNP型三极管的基极电路中接入排针J2构成的。将引脚排针短接可改变单片机I/O口的电平状态，从而达到输入的目的。驱动方式为复合端口驱动，占用P3.7端口。

AT89C2051单片机为本产品的核心器件，配合其所有的外围电路，具有上电复位的功能，无手动复位功能。AT89C2051是一带有2 KB字节闪速可编程可擦除只读存储器(EEPROM)的低电压、高性能8位CMOS微型计算机。它采用ATMEL公司的高密非易失存储技术制造并和工业标准MCS-51指令集和引脚结构兼容。通过在单块芯片上组合通用的CPU和闪速存储器，ATMEL AT89C2051是一款强劲的微型计算机，它对许多嵌入式控制应用提供一高度灵活和成本低的解决办法。图2-7-6是AT89C2051单片机的实物图；图2-7-7为AT89C2051单片机的引脚图。

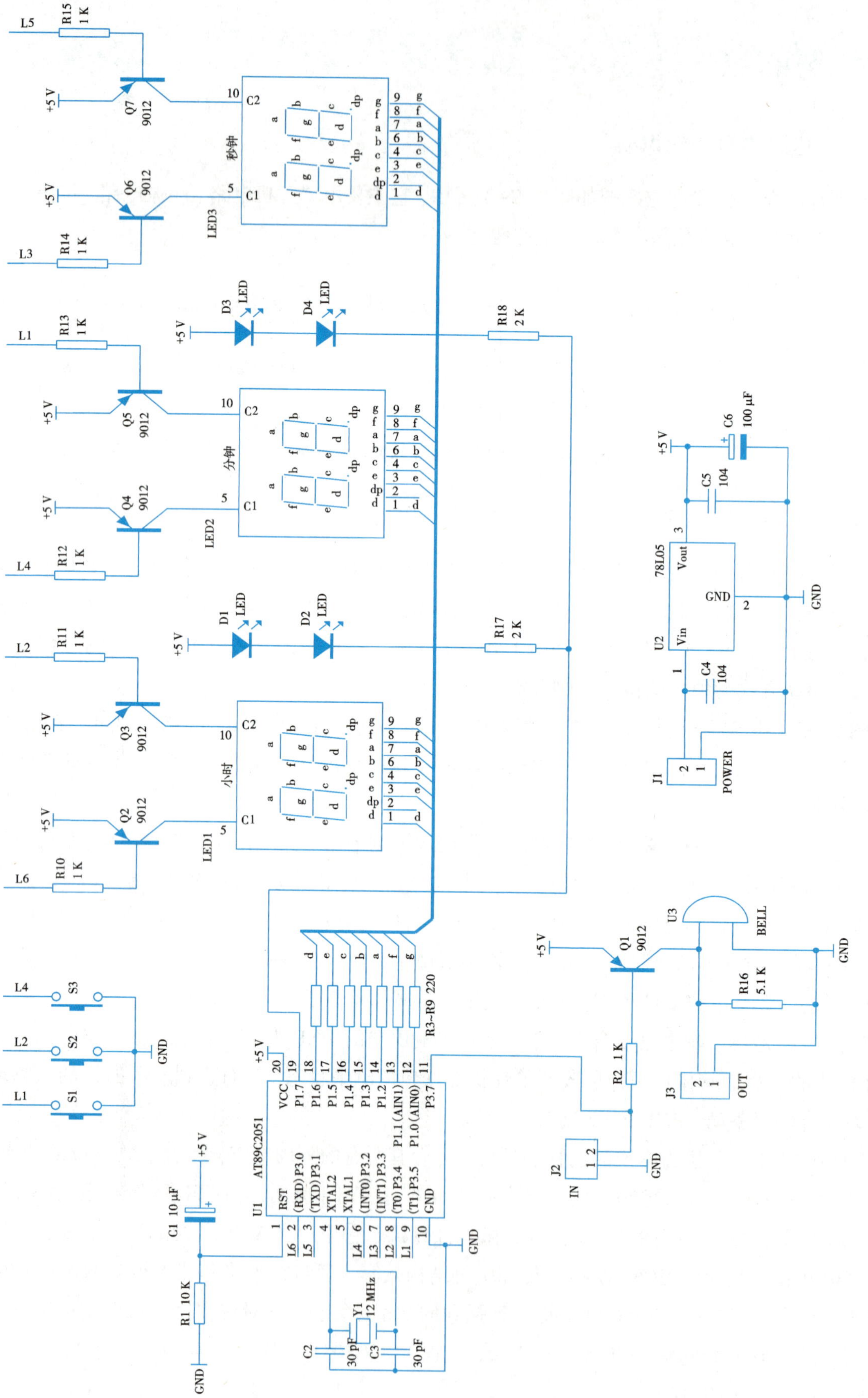

图2-7-4 数字钟电路原理图

校时电路是数字钟不可缺少的部分，每当数字钟与实际时间不符时，需要根据标准时间进行校时。

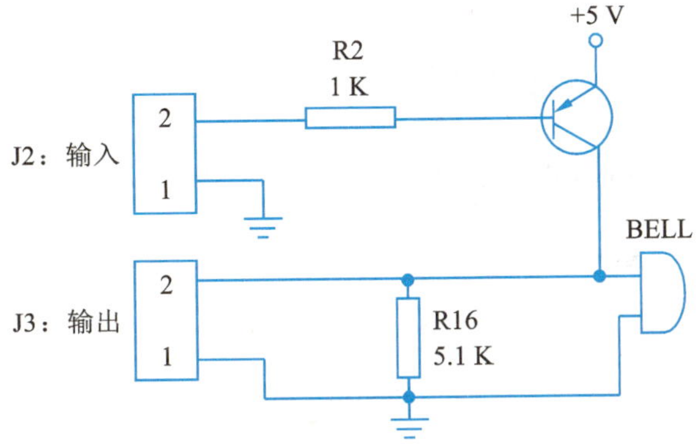

图 2-7-5　迅响电路及输入、输出电路原理图

图 2-7-6　单片机实物图

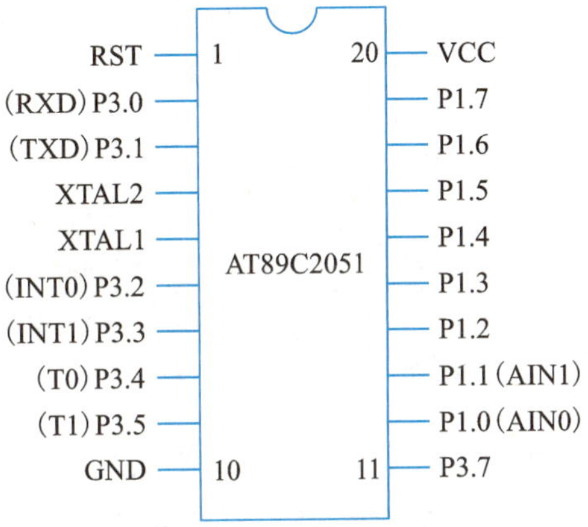

图 2-7-7　单片机引脚功能

2.7.3.3　PCB 板图的识读

图 2-7-8、图 2-7-9 分别是数字钟电路 PCB 板的正面和反面。通过 PCB 板图了解各元器件的安装位置、安装尺寸、电源的正负端等信息。

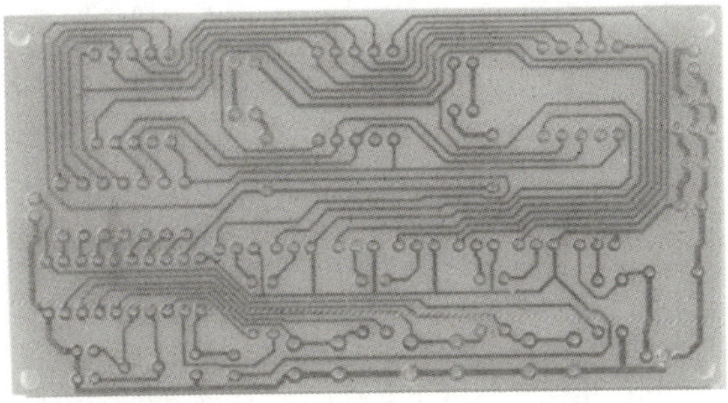

图 2-7-8　数字钟电路 PCB 板正面

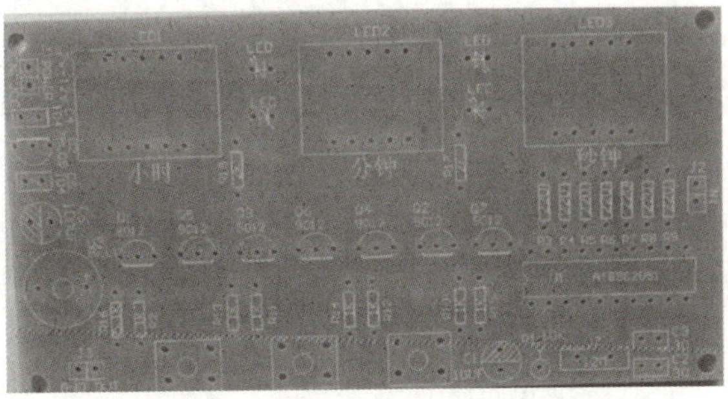

图 2-7-9　数字钟电路 PCB 板反面

2.7.4 装配准备

2.7.4.1 工具、仪器仪表及焊接材料清单的识读

数字钟电路元器件安装所需要的工具、仪器仪表及焊接材料清单如表 2-7-1 所示。

表 2-7-1 所需工具、仪器仪表及焊接材料清单

<table>
<tr><th>项目</th><th>序号</th><th>名称</th><th>备注</th></tr>
<tr><td rowspan="5">所需工具</td><td>1</td><td>电烙铁及烙铁架</td><td></td></tr>
<tr><td>2</td><td>尖嘴钳</td><td></td></tr>
<tr><td>3</td><td>斜口钳</td><td></td></tr>
<tr><td>4</td><td>镊子</td><td></td></tr>
<tr><td>5</td><td>小一字、十字起</td><td></td></tr>
<tr><td rowspan="2">仪器仪表</td><td>1</td><td>万用表</td><td></td></tr>
<tr><td>2</td><td>示波器</td><td></td></tr>
<tr><td>焊接材料</td><td></td><td>焊锡丝、松香、洗板水</td><td></td></tr>
</table>

2.7.4.2 元器件清单的识读

对照元器件清单表 2-7-2 认真清理元器件，看实际元器件与清单是否相符，有无少或多的元器件，如果存在少元器件的情况，应立即报告老师进行补充。

表 2-7-2 元器件清单

<table>
<tr><th>序号</th><th>名称</th><th>规格</th><th>编号</th><th>数量</th><th>序号</th><th>名称</th><th>规格</th><th>编号</th><th>数量</th></tr>
<tr><td>1</td><td>单片机</td><td>AT89C2051</td><td>U1</td><td>1</td><td>12</td><td>三极管</td><td>9012</td><td>Q1~Q7</td><td>7</td></tr>
<tr><td>2</td><td>三端集成稳压器</td><td>78L05</td><td>U2</td><td>1</td><td>13</td><td rowspan="5">电阻</td><td>220</td><td>R3~R9</td><td>7</td></tr>
<tr><td>3</td><td>两位共阳数码管</td><td>红色 0.4 英寸</td><td>LED1~LED3</td><td>3</td><td>14</td><td>1 K</td><td>R2、R10~R15</td><td>7</td></tr>
<tr><td>4</td><td>发光二极管</td><td>红色 $\phi3$</td><td>D1~D4</td><td>4</td><td>15</td><td>2 K</td><td>R17、R18</td><td>2</td></tr>
<tr><td>5</td><td>蜂鸣器</td><td>5 V 有源</td><td>U3</td><td>1</td><td>16</td><td>5.1 K</td><td>R16</td><td>1</td></tr>
<tr><td>6</td><td rowspan="2">瓷片电容</td><td>30 pF</td><td>C2、C3</td><td>2</td><td>17</td><td>10 K</td><td>R1</td><td>1</td></tr>
<tr><td>7</td><td>104</td><td>C4、C5</td><td>2</td><td>18</td><td>按键</td><td>6 mm×6 mm ×5 mm</td><td>S1、S2、S3</td><td>3</td></tr>
<tr><td>8</td><td>晶振</td><td>12 MHz</td><td>Y1</td><td>1</td><td>19</td><td>电路板</td><td>105 mm× 55 mm</td><td></td><td>1</td></tr>
<tr><td>9</td><td>集成电路插座</td><td>20P</td><td></td><td>1</td><td>20</td><td>电池盒</td><td>4 节 5 号</td><td></td><td>1</td></tr>
<tr><td>10</td><td rowspan="2">电解电容</td><td>10 μF</td><td>C1</td><td>1</td><td>21</td><td>说明书</td><td>A4 双面</td><td></td><td>1</td></tr>
<tr><td>11</td><td>100 μF</td><td>C6</td><td>1</td><td></td><td></td><td></td><td></td><td></td></tr>
</table>

注：三端集成稳压器 78L05 外形和三极管相同，焊接前请认真辨认，不可装错。

数字钟电路安装材料实物如图 2-7-10 所示。

图 2-7-10　元器件实物图

2.7.5　任务实现

2.7.5.1　元器件的检测与预处理

1. 元器件的检测

根据元器件清单，将所有要焊接的元器件检测一遍，并将检测结果填入表 2-7-3 中。

表 2-7-3　元器件检测表

序号	名称	编号	检测结果	序号	名称	编号	检测结果
1	单片机	U1		12	三极管	Q1～Q7	
2	三端集成稳压器	U2		13	电阻	R3～R9	
3	两位共阳数码管	LED1～LED3		14		R2、R10～R15	
4	发光二极管	D1～D4		15		R17、R18	
5	蜂鸣器	U3		16		R16	
6	瓷片电容	C2、C3		17		R1	
7		C4、C5		18	按键	S1、S2、S3	
8	晶振	Y1					
9	集成电路插座						
10	电解电容	C1					
11		C6					

2. 元器件的预处理

按照元器件焊接前预处理工艺要求进行焊接前预处理。

2.7.5.2 元器件的插(贴)装与焊接

1. 数字钟电路安装注意事项

- U1：集成块和集成电路插座上的缺口对应 PCB 板图上的缺口。
- U2：三端集成稳压器 78L05 外形和三极管相同，焊接前请认真辨认，不可装错，方向也不能装反，外形应和 PCB 板图符号一致。
- LED1～LED3：三只数码管应贴底安装，型号相同可互换使用，方向一定要注意，数码管的小数点应朝下。
- U3：蜂鸣器应贴底安装，蜂鸣器上的+号对应 PCB 板上的+号，否则发出的声音会失真。
- S1～S3：按键开关应贴底安装，且要注意安装方位。
- C1、C6：电解电容应注意极性，正极对应 PCB 板电容图形符号的空心部分，负极对应 PCB 板电容图形符号的阴影部分。
- Y1(JZ)：晶振应贴底安装，不需要注意极性。
- Q1～Q7：三极管的三个电极应与 PCB 板对应，安装时引脚尽可能短，且 7 只三极管高度尽可能保持一致。
- D1～D4：4 只发光二极管应注意极性，安装高度尽可能保持和数码管一致。
- R3、R4、R5、R6、R7、R8、R9：7 只数码管限流电阻应卧式贴底安装，色环方向尽可能保持一致。
- R2、R10、R11、R12、R13、R14、R15：蜂鸣器限流电阻和 6 只 PNP 驱动管限流电阻应卧式贴底安装，色环方向尽可能保持一致。
- R17、R18：2 只发光二极管限流电阻应卧式贴底安装，色环方向尽可能保持一致。
- R1、R16：R1 应立式安装，R16 应卧式贴底安装。
- C2、C3、C4、C5：瓷片电容安装时引脚尽可能短。
- 电池盒：电源特别要注意极性，否则会损坏电路，电源盒正极(红线)接 J1 的 VCC，电源盒的负极(黑线)接 GND。

2. 数字钟电路安装顺序原则

一般是按先小后大，先里后外，先低后高，先卧式后立式的顺序进行安装，正确插入元器件，其高低、极性要符合规定，而且同类元器件要安装一致，有标识的元器件标识面尽量安装朝外，色环方向或字向尽可能保持一致。

3. 数字钟电路安装顺序

①R3、R4、R5、R6、R7、R8、R9；

②R2、R10、R11、R12、R13、R14、R15；

③R17、R18；

④R16；

⑤Y1；

⑥C2、C3、C4、C5；

⑦S1、S2、S3；

⑧U2；

⑨Q1、Q2、Q3、Q4、Q5、Q6、Q7；

⑩C1、C6；

⑪R1；

⑫D1、D2、D3、D4；

⑬U3；

⑭U1；

⑮LED1、LED2、LED3；

⑯J1(电池盒)。

2.7.5.3 产品的检查与调试

1. 数字时钟的检查

手工锡焊的检查可分为目视检查和手触检查两种。

(1)目视检查。目视检查就是从外观上检查元器件是否有明显装错的位置或方向，焊点有无明显焊接缺陷。可以从以下几个方面进行检查：

- U1 的方向：集成块上的缺口是否对应 PCB 板上的缺口。
- U2：U2 的型号是否为 78L05，安装方向是否正确。
- LED1～LED3：三只数码管的安装方向是否正确，数码管的小数点是否朝下。
- U3：蜂鸣器上的+号是否对应 PCB 板上的+号。
- S1～S3：按键引脚宽窄是否和印制板一致。
- Y1(JZ)：晶振是否贴底安装。
- 电池盒：检查电池盒正极(红线)是否接 J1 的 VCC，电池盒的负极(黑线)是否接 GND。

(2)手触检查。在外观检查的基础上，采用手触检查，主要是检查元器件在印制电路板上有无松动、焊接是否牢靠、有无机械损伤。可用镊子轻轻拨动焊点看有无虚假焊，或夹住元器件的引线轻轻拉动看有无松动现象。

2. 数字钟电路的功能调试

为了确保数字钟电路能够正常工作，也就是说时间要准，能实现所有功能，在完成数字钟电路的焊接与安装后，必须要对电路进行测量和调试。利用通用仪器(示波器或万用表)对电路进行测量，利用按钮进行调整，确保电路能够实现所有功能。

(1)测试过程记录。

不通电用万用表 R×1 k 挡测试 J1 正反向电阻，正向电阻(黑表笔接地，红表笔接 J1 的 2 端)为 9 kΩ 左右，反向电阻(红表笔接地，黑表笔接 J1 的 2 端)为 30 kΩ 左右。

不通电用万用表 R×1 k 挡测试 C6(5 V 电源)的正反向电阻，正向电阻(黑表笔接电容负极，红表笔接电容正极)为 4.5 kΩ 左右，反向电阻(红表笔接电容负极，黑表笔接电容正极)也为 4.5 kΩ 左右。

通电测量 C6 两端直流电压为 5 V 左右，正常上电后即显示 10：10：00，寓意十全十美。

(2)调试过程。

①功能按键说明：按键自左到右依次为 S1、S2、S3，S1 为功能选择按键，S2 为功能扩展按键，S3 为数值加一按键。

②功能调试说明：操作时，连续短时间(小于 1 s)按动 S1，即可在以下的 6 个功能中连续循环。中途如果长按(大于 2 s)S1，则立即回到时钟功能的状态。

- 时钟功能：上电后即显示 10：10：00，寓意十全十美。
- 校时功能：短按一次 S1，即当前时间和冒号为闪烁状态，按动 S2 则小时位加 1，按动 S3 则分钟位加 1，秒时不可调。
- 闹钟功能：短按两次 S1，显示状态为 22：10：00，冒号为长亮。按动 S2 则小时位加 1，按动 S3 则分钟位加 1，秒时不可调。当按动小时位超过 2 s 时则会显示--：--：--，这个表示关闭闹钟功能。闹铃声为蜂鸣器长鸣 3 s 钟。
- 倒计时功能：短按三次 S1，显示状态为 0，冒号为长灭。按动 S2 则从低位依次显示高位，按动 S3 则相应位加 1，当 S2 按到第 6 次时会在所设定的时间状态下开始倒计时，再次按动 S2 将再次进入调整功能，并且停止倒计时。
- 秒表功能：短按四次 S1，显示状态为 00：00：00，冒号为长亮。按动 S2 则开始秒表计时，再次按动 S2 则停止计时，当停止计时的时候按动 S3 则秒表清零。
- 计数器功能：短按五次 S1，显示状态为 00：00：00，冒号为长灭，按动 S2 则计数器加 1，按动 S3 则计数器清零。

2.7.6 考核评价

数字钟电路的装配与调试的考核评价如表2-7-4所示。

表2-7-4 数字钟电路的装配与调试考核评价参考表

考核时间		实际时间：自　时　分起至　时　分止		
项目	考核内容	配分	评分标准	扣分
元器件成形及插(贴)装	①元器件成形； ②插装位置、标记、极性、高度； ③元器件排列整齐； ④元器件字向一致	15	①元器件成形正确，无错误，每错误一处扣3分； ②插装位置、标记、极性、高度正确，每错误一处扣3分； ③元器件排列整齐，无高低不齐，每错误一处扣2分； ④元器件字向要一致，每错误一处扣2分	
焊接质量	①焊点均匀、光滑、一致； ②元器件引线过长、焊点弯曲	15	①搭锡、假焊、虚焊、漏焊、焊盘脱落、桥焊等现象，每出现一处扣3分； ②毛刺、焊料过多、焊料过少、焊点不光滑、引线过长等现象，每出现一处扣2分	
整形	元器件整形	10	元器件排列整齐、高低一致，每错误一处扣2分	
功能调试	①时钟功能正常； ②校时功能正常； ③闹钟功能正常； ④倒计时功能正常； ⑤秒表功能正常； ⑥计数器功能正常	20	①时钟无显示该项不得分； ②校时功能不正常扣5分； ③闹钟功能不正常扣5分； ④倒计时功能不正常扣5分； ⑤秒表功能不正常扣5分； ⑥计数器功能不正常扣5分	
安全文明操作	①工作台上工具摆放整齐； ②操作时轻拿轻放； ③焊板表面整洁； ④严格遵守安全文明操作规程	10	①工作台上工具按要求摆放整齐，焊板表面整洁，不整齐、不整洁酌情扣分； ②焊接时应轻拿轻放不得损坏元器件和工具，每损坏一处扣3分	
实习报告	实习报告填写正确、认真	30	具体分值见实习报告	
合计		100		
教师签名：				

2.7.7 拓展提高

1. 数字钟简单故障的检修

对于未安装成功的套件，可在老师指导下进行维修。或由老师设定故障，学生分析解除。

2. 实习报告

数字钟电路的装配与调试实习报告

班级＿＿＿＿＿＿ 姓名＿＿＿＿＿＿

(1)依据电路方框图简述电路原理。(5分)

(2)清点套装材料的数量，并对套装元器件进行识别、检测与筛选，数据记录填入表2-7-5中。(15分)

表2-7-5 元器件识别及检测

<table>
<tr><th>元器件</th><th colspan="4">识别及检测内容</th><th>配分</th><th>评分标准</th><th>得分</th></tr>
<tr><td rowspan="3">电阻器
2只</td><td colspan="2">色环(最后一位为误差)</td><td>标称值(含误差)</td><td>实测值</td><td rowspan="3">每只
1分
共计
2分</td><td rowspan="3">识别、检测错不得分</td><td rowspan="3"></td></tr>
<tr><td colspan="2">红红黑黑棕</td><td></td><td></td></tr>
<tr><td colspan="2">绿棕黑棕棕</td><td></td><td></td></tr>
<tr><td rowspan="2">电容器
1只</td><td>数码标志</td><td colspan="2">标称值</td><td>实测值</td><td rowspan="2">1分</td><td rowspan="2">识别、检测错不得分</td><td rowspan="2"></td></tr>
<tr><td>104</td><td colspan="2"></td><td></td></tr>
<tr><td>二极管
1只</td><td>D1</td><td colspan="2">正向电阻
数字表(　　)
指针表(　　)</td><td>反向电阻
数字表(　　)
指针表(　　)</td><td>2分</td><td>检测错不得分</td><td></td></tr>
<tr><td rowspan="2">三极管
1只</td><td rowspan="2">Q1</td><td colspan="3">面对标注面，管脚向下，画出管外形示意图，标出管脚名称</td><td rowspan="2">共计
3分</td><td rowspan="2">画、标错不得分</td><td rowspan="2"></td></tr>
<tr><td colspan="3"></td></tr>
<tr><td rowspan="2">蜂鸣器</td><td rowspan="2">U3</td><td colspan="2">测量阻值</td><td>测量挡位</td><td rowspan="2">2分</td><td rowspan="2">检测错1项，不得分</td><td rowspan="2"></td></tr>
<tr><td colspan="2"></td><td></td></tr>
<tr><td rowspan="2">数码管
1只</td><td rowspan="2">LED1</td><td colspan="3">画出数码管外形俯视示意图，标出所有管脚</td><td rowspan="2">共计
5分</td><td rowspan="2">画、标错不得分</td><td rowspan="2"></td></tr>
<tr><td colspan="3"></td></tr>
</table>

(3)填写调试报告。(10分)

(1)电路中所用的发光二极管，要使它正常发光，应给其两端加________(正向、反向)电压，通电后测量其工作电压为________，估测其工作电流范围一般为____________。(2分)

(2)为了给电路提供稳定的直流电压，特别设置了元器件U2(78L05)，它是一种________器件，通电后测量其输入电压为____________，输出电压为____________，估测其输出最大的工作电流为____________。(2分)

(3)若断开R17，则电路会出现________________________故障现象。

若断开R10，则电路会出现________________________故障现象。(2分)

(4)按照电路功能说明，设置启动定时闹钟报警功能，并测量单片机U1(AT89C2051)的第11脚电压，未报警时电压为________，报警时电压为________。(2分)

(5)试分析电路出现如下故障现象的原因。(2分)

电路接通电源后数码管不显示，但是按下任意按键时数码管有显示，松开后又全部熄灭。

绽放焊花写人生

——全国劳模焊接高手唐成凤

任务 2.8　多功能电子密码锁电路的装配与调试

2.8.1　效果图

多功能电子密码锁效果图如图 2-8-1 所示。

图 2-8-1　多功能电子密码锁效果图

2.8.2　项目描述

多功能电子密码锁具有安全性能高、成本低、功耗低、操作简单等优点，广泛应用于智能门锁、保险箱等人们的日常生活中。常见的电子密码门锁如图 2-8-2 所示。从经济实用的角度出发，本项目利用模拟电路和数字电路相结合的方式，让学生们能够识图分析电路，从硬件上了解密码设置的原理。

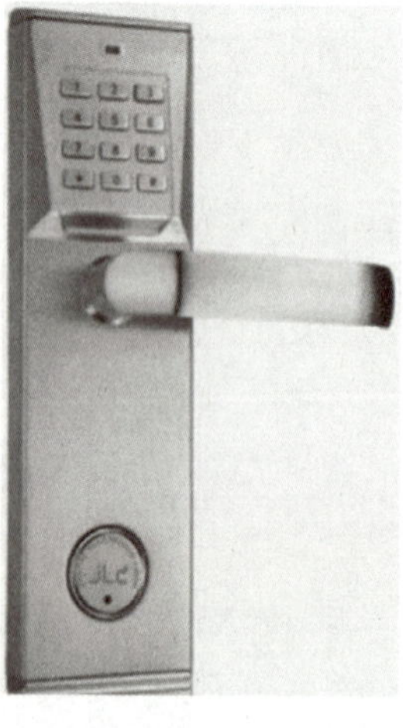

图 2-8-2　常见的电子密码门锁

2.8.3 知识准备

2.8.3.1 电路方框图的识读

多功能电子密码锁电路工作原理方框图如图 2-8-3 所示，它是由电源电路、密码设置电路、可控硅电路、振荡信号产生电路、信号接收电路、密码锁开启指示电路等组成的。

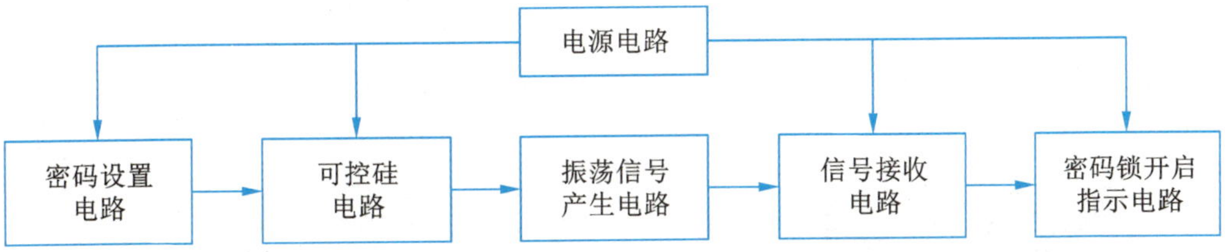

图 2-8-3 多功能电子密码锁电路工作原理方框图

2.8.3.2 电路原理图的识读

在图 2-8-4 所示的多功能电子密码锁电路原理图中，P1 接交流 12 V 电源。该交流 12 V 电压经过 VD1~VD4 桥式整流及 C1 滤波后，得到直流电压（1.2×12 V≈14.4 V）。该电压加至由调整管（Q1）、比较放大管（Q2）、提供基准电位的稳压管（VD5）和取样电路（R3、RP1、R4）组成的串联稳压电路，调试 RP1 使得该电路稳压输出 9 V 直流电。

密码设置电路主要由输入按键 S0~S9、U1（CD4017）及周围元器件和可控硅 Q4 等器件组成。刚接通电源，U1 因复位端 CR（15 脚）获得高电平而清零，Q0（3 脚）输出高电平 1，按下 S5 时，该高电平经过 D3、S5 和 R11，加至 Q3 的基极，使得 Q3 饱和导通，松开 S5 时，Q3 由于基极悬空而截止，此时 U1 的时钟输入端 CP（14 脚）获得一个脉冲的上升沿。该上升沿经过 U1 内部电路计数译码后使得仅 Q1（2 脚）输出高电平 1，再按一次 S2，同理使得 Q3 由饱和导通变为截止，U1 的 CP 端又获得一个脉冲的上升沿，使得 U1 的 Q2（4 脚）输出高电平 1。依此类推，再按下 S0、S1、S3、S1、S4 后，U1 的 Q7（6 脚）输出高电平 1，该高电平经过 R6 触发可控硅 Q4 导通。

Q4 导通后，其正极的 9 V 电压加至 U2（NE555）电源端，使得 U2 启动工作。U2 与周围的元器件构成了一个多谐振荡器，调节 RP2 和 PR3 可以改变它的输出频率。

U2 输出的矩形波经过 C10 耦合到 U3 的载波输入端（3 脚），调节 PR4，使得 U3 的本机振荡频率和 U2 的振荡频率一致，这时 U3 的第 8 脚输出低电平，继电器 K1 线圈获得电流使得其常开触点吸合，LED2 点亮，表示输入密码正确。

综上所述，本项目中的多功能电子密码锁电路的密码为 5201314，并且输入的密码必须是按规定顺序依次输入才有效，若在输入密码过程中按下了其他无效按键则会将 U1 重新清零，密码无效。

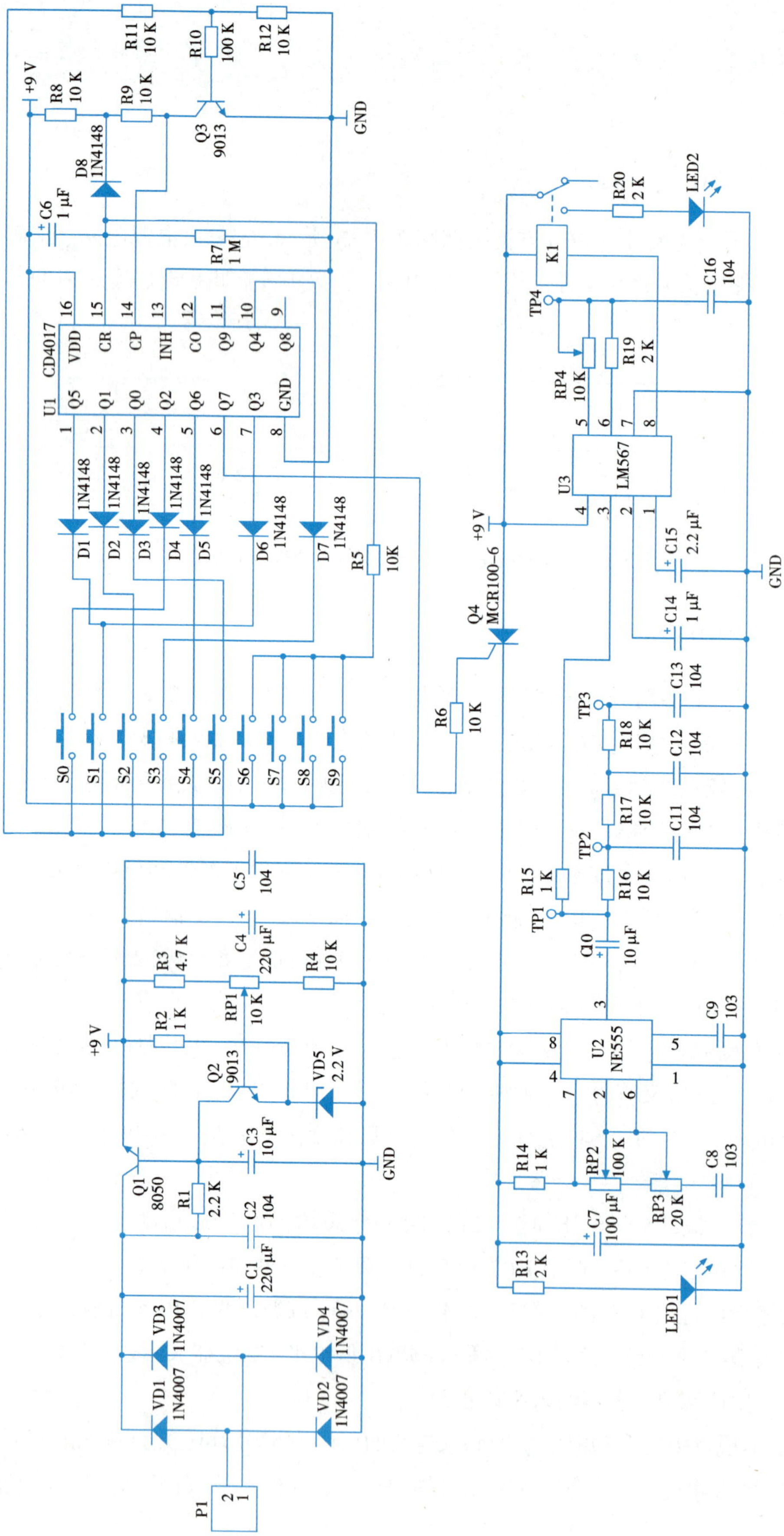

图2-8-4　多功能电子密码锁电路原理图

2.8.3.3 PCB 板图的识读

多功能电子密码锁电路 PCB 板图如图 2-8-5 所示，电路元器件全部布置在顶层，印制导线全部在底层走线，并采用了大面积的分块覆铜，增强电路工作的可靠性，避免相互干扰。

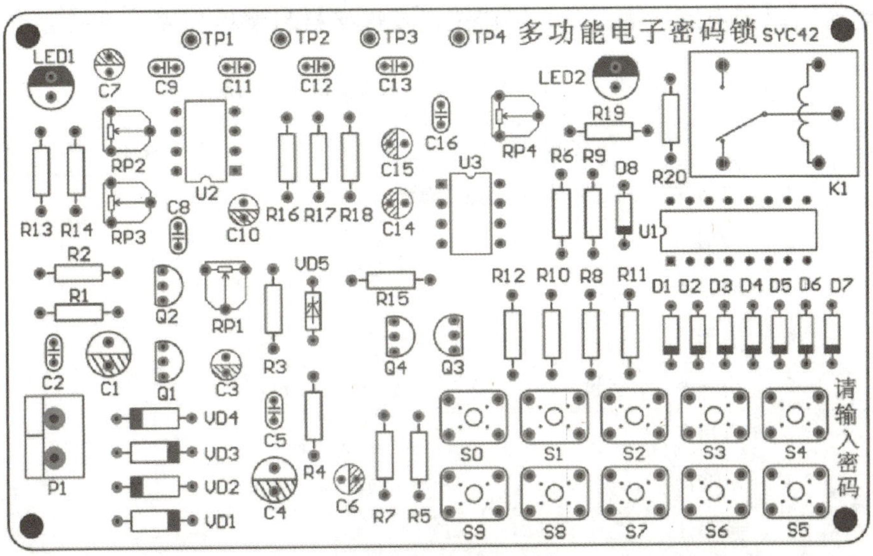

(a) PCB板反面（覆铜面）

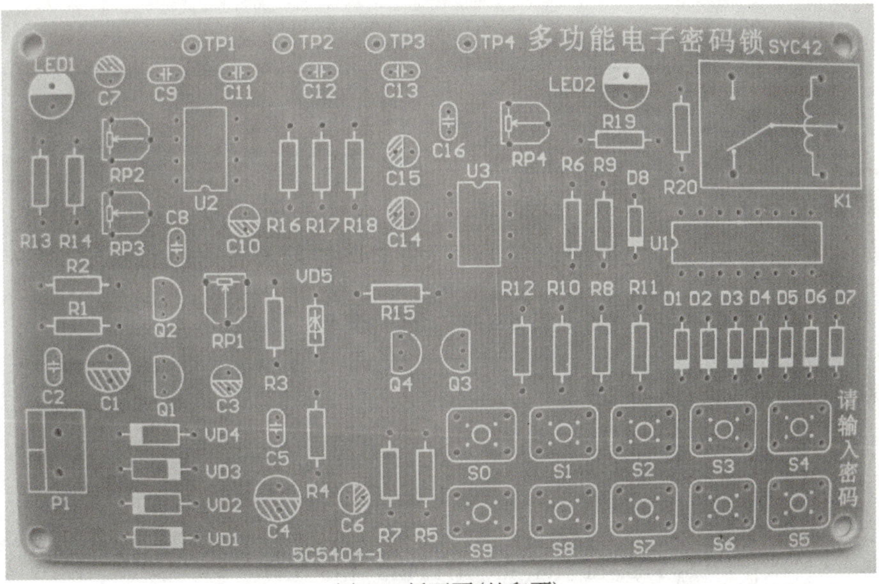

(b) PCB板正面（丝印面）

图 2-8-5　多功能电子密码锁电路 PCB 板图

（1）本产品的元器件全部采用插件元器件，所有元器件均装配在电路板的顶层。

（2）对于电解电容、二极管等有极性的元器件负极标记为阴影部分，集成电路的装配有缺口标记，装配时请注意引脚顺序。

（3）TP1～TP4 为电路中的参考点，请焊接单排针，便于电路的测试。

（4）图中只表明了元器件的编号，具体元器件的参数请参考元器件清单表。

2.8.4 装配准备

2.8.4.1 工具、仪器仪表及焊接材料清单的识读

多功能电子密码锁电路所需工具、仪器仪表及焊接材料清单如表 2-8-1 所示。

表 2-8-1 所需工具、仪器仪表及焊接材料清单

项目	序号	名称	备注
所需工具	1	电烙铁及烙铁架，烙铁头擦拭海绵	
	2	尖嘴钳	
	3	斜口钳	
	4	镊子	
	5	小一字、十字起	
仪器仪表	1	万用表	
	2	示波器	
	3	频率计	
	4	毫伏表	
焊接材料		焊锡丝、松香、洗板水	

2.8.4.2 元器件清单的识读

对照元器件清单表 2-8-2 认真清理元器件，看实际元器件与清单是否相符，有无少或多的元器件，如果存在少元器件的情况，应立即报告老师进行补充。

表 2-8-2 元器件清单

序号	元器件名称	编号	规格	数量
1	1/4W 电阻	R1	2.2 K	1
2		R2、R14、R15	1 K	3
3		R3	4.7 K	1
4		R4、R5、R6、R8、R9、R11、R12、R16、R17、R18	10 K	10
5		R7	1 M	1
6		R10	100 K	1
7		R13、R19、R20	2 K	3
8		备用	5.1 K	1
9		备用	20 K	1
10	二极管	VD1～VD4	1N4007	4
11		D1～D8	1N4148	8

续表2-8-2

序号	元器件名称	编号	规格	数量
12	稳压二极管	VD5	2.2 V	1
13	电解电容	C1、C4	220 μF/25 V	2
14		C3、C10	10 μF/25 V	2
15		C6、C14	1 μF/50 V	2
16		C7	100 μF/25 V	1
17		C15	2.2 μF/50 V	1
18	瓷片电容	C2、C5、C11~C13、C16	104	6
19		C8、C9	103	2
20	三极管	Q1	8050	1
21		Q2、Q3	9013	2
22	卧式电位器	RP1、RP4	10 K	2
23		RP2	100 K	1
24		RP3	20 K	1
25	小按键	S0~S9	6 mm×6 mm×5 mm	10
26	发光二极管	LED1	5 mm 红色	1
27		LED2	5 mm 绿色	1
28	集成电路	U1	CD4017	1
29		U2	NE555	1
30		U3	LM567	1
31	集成电路插座		16P	1
32			8P	2
33	继电器	K1	9 V	1
34	可控硅	Q4	MCR100-6	1
35	电源输入接口	P1	2P 座子	1
36	单排针	TP1~TP4	单针	4
37	电路板支撑柱		ϕ3×10 mm	4
38	螺丝		ϕ3×6 mm	4

2.8.5 任务实现

2.8.5.1 元器件的检测与预处理

1. 元器件的检测

根据元器件表 2-8-3，将所有要焊接的元器件检测一遍，并将检测结果填入表 2-8-3 中。

表 2-8-3　元器件检测表

序号	元器件名称	编号	检测结果	备注
1	1/4W 电阻	R1		
2		R2、R14、R15		
3		R3		
4		R4、R5、R6、R8、R9、R11、R12、R16、R17、R18		
5		R7		
6		R10		
7		R13、R19、R20		
8		备用		
9		备用		
10	二极管	VD1～VD4		
11		D1～D8		
12	稳压二极管	VD5		
13	电解电容	C1、C4		
14		C3、C10		
15		C6、C14		
16		C7		
17		C15		
18	瓷片电容	C2、C5、C11～C13、C16		
19		C8、C9		
20	三极管	Q1		
21		Q2、Q3		
22	卧式电位器	RP1、RP4		
23		RP2		
24		RP3		
25	小按键	S0～S9		
26	发光二极管	LED1		
27		LED2		
28	集成电路	U1		
29		U2		
30		U3		
33	继电器	K1		
34	可控硅	Q4		
35	电源输入接口	P1		
36	单排针	TP1～TP4		

2. 元器件的预处理

根据项目 1 中介绍的工艺要求对元器件进行预处理。

2.8.5.2 元器件的插(贴)装与焊接

按照元器件的插(贴)装与焊接的工艺要求进行焊接与装配。

元器件焊接的工艺要求：在印制电路板上所焊接的元器件的焊点应大小适中、光滑、圆润、干净，无毛刺；无漏、假、虚、连焊，引脚加工尺寸及成形符合工艺要求；导线长度、剥线头长度符合工艺要求，芯线完好，捻线头镀锡。

元器件装配的工艺要求：元器件焊接安装无错漏，元器件、导线安装及元器件上字符标识面方向符合工艺要求；电路板上插件位置正确，接插件、紧固件安装可靠牢固；线路板和元器件无烫伤和划伤，整机清洁无污物。

2.8.5.3 产品的检查与调试

1. 多功能电子密码锁电路的检测

(1)电路通电前应仔细检查所有元器件焊接是否正确，例如：是否出现虚焊、连焊、极性焊反和元器件错焊等常见焊接问题。检查无误后用万用表测量电源输入端是否短路，若是一切正常方可进行调试。

(2)电源电路主要由整流滤波电路、串联式稳压电路组成，电路输入 AC12V，调节 RP1 使电容 C5 两端电压为 DC9V。如果调不到 9 V，请根据电路原理图分析原因，并用套件中提供的备用电阻合理修改电源电路中的取样电路部分，调整取样电路中元件参数以解决故障。

(3)密码设置电路中存在 1 处未连通性故障，要求进行检修，请根据故障原因和电路原理图分析电路，并用导线或元器件引脚连接。

电源调试成功后，首先分析电路原理，找到密码，按要求按下按键，NE555 电路才能正常工作，通过调节 RP2、RP3、RP4 三个电位器，使继电器吸合。

2. 多功能电子密码锁电路的调试

(1)密码读取。根据多功能电子密码锁电路原理图，分析出此电路密码(即 10 个按钮应选择哪些按钮按什么顺序按下可控硅 Q4 才能导通)

(2)电源电路工作正常。调整电源电路的电位器及改变电路参数，要求能正确输出 9 V 直流电压。

(3)电路故障排除。要求密码电路工作正常，输入正确密码(即按顺序按下按键)，红色发光二极管 LED1 亮，如果输错密码，则红色发光二极管 LED1 不亮，说明电路工作正常。发现电路中的不正常情况，请用最简单的方法进行处理。

(4)信号产生电路正常工作。当输入正确密码后，红色发光二极管 LED1 亮，TP1、TP2、TP3 应有信号输出，且信号的频率会随 RP2、RP3 的调节而发生变化。

(5)信号接收及输出电路正常工作。调节 RP2、RP3 和 RP4，当 LM567 的频率与 NE555 电路产生的频率一致的时候，继电器吸合，绿色发光二极管 LED2 亮。

2.8.6 考核评价

多功能电子密码锁电路的装配与调试考核评价如表 2-8-4 所示。

表 2-8-4 多功能电子密码锁电路的装配与调试考核评价参考表

考核时间		实际时间：自 时 分起至 时 分止		
项目	考核内容	配分	评分标准	扣分
元器件成形及插(贴)装	①元器件成形； ②插装位置、标记、极性、高度； ③元器件排列整齐； ④元器件字向一致	15	①元器件成形正确，无错误，每错误一处扣 3 分； ②插装位置、标记、极性、高度正确，每错误一处扣 3 分； ③元器件排列整齐，无高低不齐，每错误一处扣 2 分； ④元器件字向要一致，每错误一处扣 2 分	
焊接质量	①焊点均匀、光滑、一致； ②元器件引线过长、焊点弯曲	15	①搭锡、假焊、虚焊、漏焊、焊盘脱落、桥焊等现象，每出现一处扣 3 分； ②毛刺、焊料过多、焊料过少、焊点不光滑、引线过长等现象，每出现一处扣 2 分	
整形	元器件整形	10	元器件排列整齐、高低一致，每错误一处扣 2 分	
功能调试	密码正常读取	30	密码若不能正常读取，酌情扣分	
安全文明操作	①工作台上工具摆放整齐； ②操作时轻拿轻放； ③焊板表面整洁； ④严格遵守安全文明操作规程	10	①工作台上工具按要求摆放整齐，焊板表面整洁，不整齐、不整洁酌情扣分； ②焊接时应轻拿轻放不得损坏元器件和工具，每损坏一处扣 3 分	
实习报告	实习报告填写正确、认真	20	具体分值见实习报告	
合计		100		

教师签名：

2.8.7 拓展提高

1. 多功能电子密码锁的密码设置

请将密码设置为 20143+学籍号末位(例如学籍号末位为 2，则密码为 201432)，并按你的密码设计电路，画出相应的密码电路部分。

2. 实习报告

多功能电子密码锁的装配与调试实习报告

班级＿＿＿＿＿＿ 姓名＿＿＿＿＿＿

(1)依据电路方框图简述电路原理。(10分)

(2)参数测试。(10分)

要求：使用相应的仪器仪表，对相应电路进行测量，把测量的结果填在相应的表格中。

①接上电源，输入正确密码(即红色发光二极管发光)，将RP2、RP3调到最下端，测量测试点TP2、TP3。将测试数据记录于表2-8-5、表2-8-6中。

表2-8-5 数据记录表一

TP2：记录示波器波形	示 波 器	频率计	毫伏表
	时间挡位： 幅度挡位： 峰峰值：	频率： 周期：	测量交流电压：

表2-8-6 数据记录表二

TP3：记录示波器波形	示 波 器	频率计	毫伏表
	时间挡位： 幅度挡位： 峰峰值：	频率： 周期：	测量交流电压：

②电路正常工作时(即输入正确密码后，两个发光二极管都发光且继电器吸合)，测量测试点 TP1、TP4。将测试数据记录于表 2-8-7、表 2-8-8 中。

表 2-8-7　数据记录表三

TP1：记录示波器波形	示 波 器	频率计	毫伏表
	时间挡位： 幅度挡位： 峰峰值：	频率： 周期：	测量交流电压：

表 2-8-8　数据记录表四

TP4：记录示波器波形	示 波 器	频率计	毫伏表
	时间挡位： 幅度挡位： 峰峰值：	频率： 周期：	测量交流电压：

为大国重器擦亮“眼睛”
——大国工匠刘湘宾

项目 3

贴片类电子产品的装配与调试

以极致匠心护航“大国工程”
——大国工匠陈兆海

任务 3.1　USB 花仙子音响的装配与调试

3.1.1　效果图

USB 花仙子音响效果图如图 3-1-1 所示。

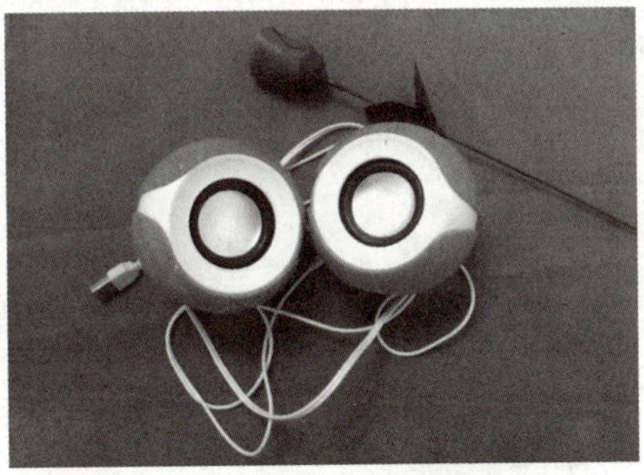

图 3-1-1　USB 花仙子音响效果图

3.1.2　项目描述

USB 花仙子音响外形多彩时尚，体积小巧、便携，性能出色。小音响采用的是“主音箱+副音箱”的结构方式，USB 接口供电、2 喇叭单元设计，双声道 3D 音效技术，音质完美。特别适合笔记本电脑用户和电子爱好者装配使用。

功放电路采用的是双通道音频功放 CS4863 和少量的外围元器件构成。IC 块 CS4863 和 LM4863 一样都是被广泛应用于高品质小功率音频放大电路中的，因为它具有桥接扬声器放大和单端立体声耳机功放的特性以及低功耗关断模式，内部电路还设置有过热保护和“开机浪涌脉冲”抑制电路。

由于这款音响功放电路元器件较少，很适合中职电器专业学生学习与制作实训。

3.1.3 知识准备

3.1.3.1 电路原理方框图的识读

USB 花仙子音响电路设计简单，主要由音频信号输入、双通道功放、音量调节、扬声器和 USB 供电几部分构成，如图 3-1-2 所示。

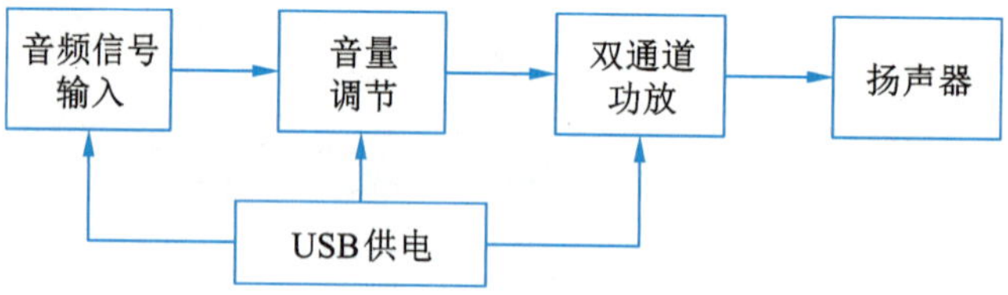

图 3-1-2 USB 花仙子音响电路原理方框图

3.1.3.2 电路原理图的识读

USB 花仙子音响电路原理图如图 3-1-3 所示。音频信号（MP3、手机、电脑等）通过音频线经左、右两路输入端 P1、P2 输入，加到立体声盘式电位器的上端，2 路音频信号再分别经过 C1、R2、C4、R3 耦合到功率放大集成电路 CS4863 输入端的 11、6 脚。U1（CS4863）为低电压 AB 类 2.2W 立体声音频功放 IC，U1 对音频功率放大后由 12、14 脚输出左声道音频信号，

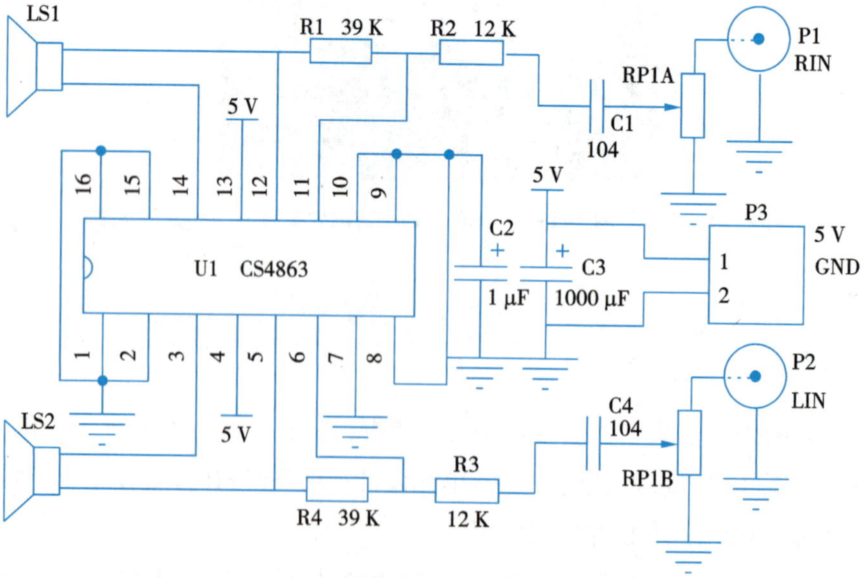

图 3-1-3 USB 花仙子音响电路原理图

由3、5脚输出右声道音频信号，然后推动两路扬声器工作。R1和R4为反馈电阻，用以改善音质。8、9脚的电压为功放电路输出端的中点电压(2.5V)，C2为中点电压滤波电容。C3为电源滤波电容。

IC块CS4863集成了双桥扬声器放大功能和立体声耳机放大功能。引脚功能如表3-1-1所示。

表3-1-1　CS4863引脚功能表

CS4863管脚	说明	输入/输出	功能
1	SHUTDOWN	输入	关断端口，高电平关断
2，7，15	GND	地	接地端
3	OUTA+	输出	正向输出端A
4，13	VDD	电源	电源端
5	OUTA-	输出	反向输出端A
6	INA-/INA	输入	反向输入端A
8	INA+	输入	正向输入端A
9	INB+	输入	正向输入端B
10	BYPASS	输入	电压基准端
11	INB-/INB	输入	反向输入端B
12	OUTB-	输出	反向输出端B
14	OUTB+	输出	正向输出端B
16	HP-IN	输入	耳机/立体模式选择

3.1.3.3　PCB板图的识读

USB花仙子音响PCB板正反面示意图如图3-1-4所示。

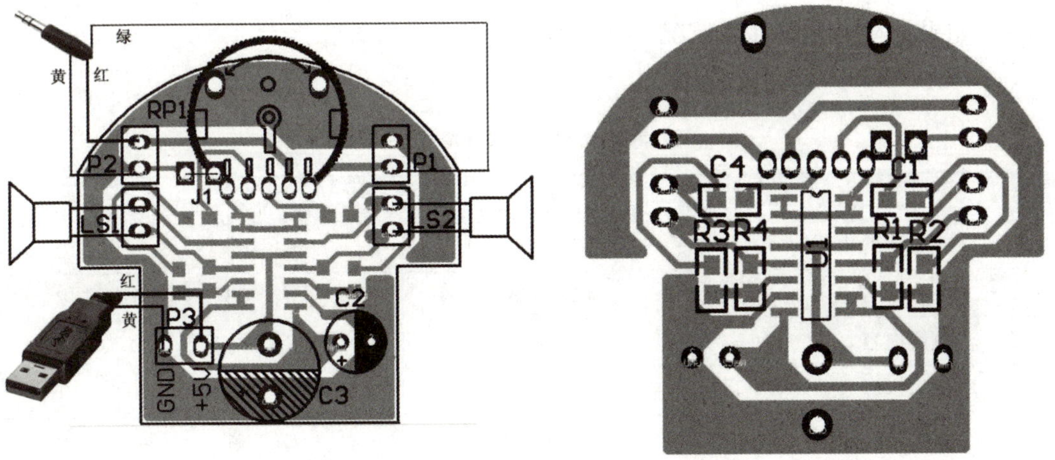

(a)正面　　(b)反面

图3-1-4　USB花仙子音响PCB板

PCB板的正反面已画出元器件的外形及位置。请同学们仔细观察每个元器件安装的位置、安装尺寸、电源的正负端等信息，有极性的元器件要注意安装的方向，如二极管、三极管、电解电容、集成电路等器件的安装。

3.1.4 装配准备

3.1.4.1 工具、仪器仪表及焊接材料清单的识读

USB花仙子音响的装配与调试所需工具、仪器仪表及焊接材料清单如表3-1-2所示。

表3-1-2 所需工具、仪器仪表及焊接材料清单

项目	序号	名称	备注
所需工具	1	电烙铁及烙铁架，烙铁头擦拭海绵	
	2	尖嘴钳	
	3	斜口钳	
	4	镊子	
	5	小一字、十字起	
仪器仪表	1	万用表	
	2	示波器	
焊接材料		焊锡丝、松香、洗板水	

3.1.4.2 元器件清单的识读

对照元器件清单表3-1-3认真清理元器件，看实际元器件与清单是否相符，有无少或多的元器件，如果存在少元器件的情况，应立即报告老师进行补充。

表3-1-3 元器件清单

序号	名称	规格	编号	数量
1	0805贴片电阻	39K(393)	R1、R4	2
2	0805贴片电阻	12K(123)	R2、R3	2
3	电解电容	1000 μF	C3	1
4	电解电容	1 μF	C2	1
5	0805贴片电容	0.1 μF(104)	C1、C4	2
6	双联电位器	50 K	RP1	1
7	集成电路	CS4863	U1	1

续表3-1-3

序号	名称	规格	编号	数量
8	主音箱后盖			1
9	副音箱后盖			1
10	音箱前盖			2
11	装饰板(上)			2
12	装饰板(下)			2
13	小螺丝	PA2×6		8
14	带垫自攻螺丝	PWA2.6×7×8		10
15	副音箱喇叭线			1
16	喇叭	4 Ω、3 W	LS1、LS2	2
17	输入及供电线			1
18	线路板	35 mm×35 mm		1
19	PE线	ϕ1.0×100 mm 黄色	(焊主音箱喇叭线)	2

3.1.5 任务实现

3.1.5.1 元器件的检测与预处理

1. 元器件的检测

根据元器件列表，将所有要焊接的元器件检测一遍，并将检测结果填入表3-1-4中。

表3-1-4 元器件检测表

序号	名称	规格	检测结果	备注
1	贴片电阻	393		
2	贴片电阻	123		
3	电解电容	1 μF/50 V		
4	电解电容	1000 μF		
5	贴片电容	104		
6	双联电位器	50 K		
7	集成电路	CS4863		
8	喇叭	4 Ω、3 W		

注：①电阻要求测量出实际阻值，并与标称值对比判断是否正常；②电容器根据容量标称值用万用表进行判断；③集成电路用同一型号对比测量阻值，如阻值比较接近，说明集成电路基本正常。

2. 元器件的预处理

根据工艺要求对元器件进行预处理。

3.1.5.2 元器件的插(贴)装与焊接

按照工艺要求对元器件进行插(贴)装与焊接。元器件安装时应注意：

(1)U1：集成块上的圆点对应PCB板上的缺口，贴底对正，先焊接两个对角引脚，以便固定，再焊接其他引脚。

(2)C2、C3电解电容应注意极性，正极对应PCB板电容图形符号的空心部分，负极对应PCB板电容图形符号的阴影部分。

3.1.5.3 产品的检查与调试

组装完成并经目视检查、手触检查无误后，为了确保电路能够正常工作，必须要对电路进行检查和调试。本音响电路元器件只要安装无误，即可正常工作。

3.1.6 考核评价

USB花仙子音响的装配与调试考核评价如表3-1-5所示。

表3-1-5 USB花仙子音响的装配与调试考核评价参考表

考核时间		实际时间：自 时 分起至 时 分止		
项目	考核内容	配分	评分标准	扣分
元器件成形及插(贴)装	①元器件成形； ②插装位置、标记、极性、高度； ③元器件排列整齐； ④元器件字向一致	15	①元器件成形正确，无错误，每错误一处扣3分； ②插装位置、标记、极性、高度正确，每错误一处扣3分； ③元器件排列整齐，无高低不齐，每错误一处扣2分； ④元器件字向要一致，每错误一处扣2分	
焊接质量	①焊点均匀、光滑、一致； ②元器件引线过长、焊点弯曲	15	①搭锡、假焊、虚焊、漏焊、焊盘脱落、桥焊等现象，每出现一处扣3分； ②毛刺、焊料过多、焊料过少、焊点不光滑、引线过长等现象，每出现一处扣2分	
整形	元器件整形	10	元器件排列整齐、高低一致，每错误一处扣2分	
功能调试	音响功放正常	20	音响功放不正常酌情扣分	
安全文明操作	①工作台上工具摆放整齐； ②操作时轻拿轻放； ③焊板表面整洁； ④严格遵守安全文明操作规程	10	①工作台上工具按要求摆放整齐，焊板表面整洁，不整齐、不整洁酌情扣分； ②焊接时应轻拿轻放不得损坏元器件和工具，每损坏一处扣3分	
实习报告	实习报告填写正确、认真	30	具体分值见实习报告	
合计		100		
教师签名：				

3.1.7 拓展提高

1. 音响电路简单故障的检修

(1)通电后，接上电脑音频信号无声；

(2)音量太小且有噪音。

2. 实习报告

USB 花仙子音响的装配与调试实习报告

班级__________ 姓名__________

(1)依据电路方框图简述电路原理。(5 分)

(2)完成调试报告。(5 分)

①静态测试(不插电源时)，用万用表 R×1 k 挡在路测量 U1 电源正极端对地正向电阻(红表笔接 U1 电源正极端，黑表笔接地)为__________，在路测量 U1 电源正极端对地反向电阻(黑表笔接 U1 正极，红表笔接地)为__________。

②插上 USB 电源，接上电脑音频输出。调节左、右音量电位器试听音频放大效果。

(3)在路检测。(5 分)

测量 CS4863 关键点电压，填入表 3-1-6 中。

表 3-1-6 CS4863 关键点电压测量

项目	4 脚	6 脚	8 脚	9 脚	10 脚	11 脚	13 脚
静态							
动态							

(4)电路中 C2、C3 的作用是什么？(7 分)

(5)图 3-1-3 中 CS4863 集成电路 10 脚外接电容 C2 的作用是什么？它的大小与音响效果有何关系？(8 分)

以“匠心”追逐“梦想”
——大国工匠刘丽

任务 3.2 调频收音机的装配与调试

3.2.1 效果图

调频收音机效果图如图 3-2-1 所示。

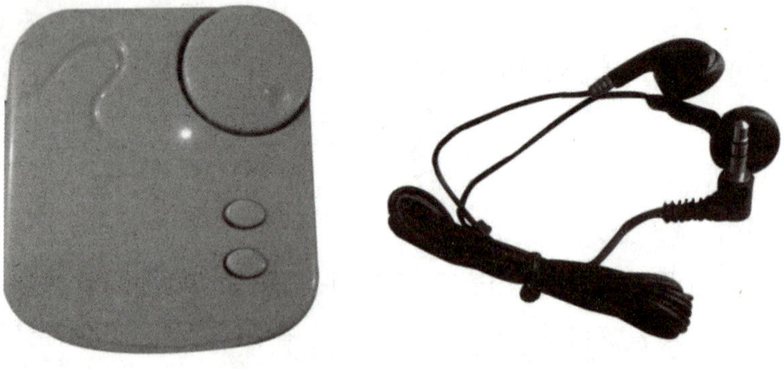

图 3-2-1 调频收音机效果图

3.2.2 项目描述

本项目调频收音机元器件 90% 以上的元器件采用 SMT 贴装方式，芯片为电调谐 SC1088 单片 FM 集成块。通过 FM 收音机的装配与调试实训，不但能了解 FM 微型收音机的特点，熟悉装配 FM 微型收音机的基本工艺过程，掌握基本的原理和整机的装配工艺，而且还能了解 SMT 的特点，熟悉 SMT 的基本工艺过程。

本套件装配调试简单，选择性好、灵敏度高，它既能提升学生对电子专业技术学习兴趣，又能锻炼动手操作能力，是一款不可多得的电子专业实训产品。

3.2.3 知识准备

3.2.3.1 电路方框图的识读

调频收音机电路工作原理方框图如图 3-2-2 所示，它是由 FM 信号输入电路，本振调谐电路，中频放大、限幅与鉴频电路，耳机音频放大电路组成的。

根据图 3-2-3 所示，说明各部分组成：

(1) FM 信号输入：由耳机线、C14、C15、L3 和 L1 组成信号输入电路。

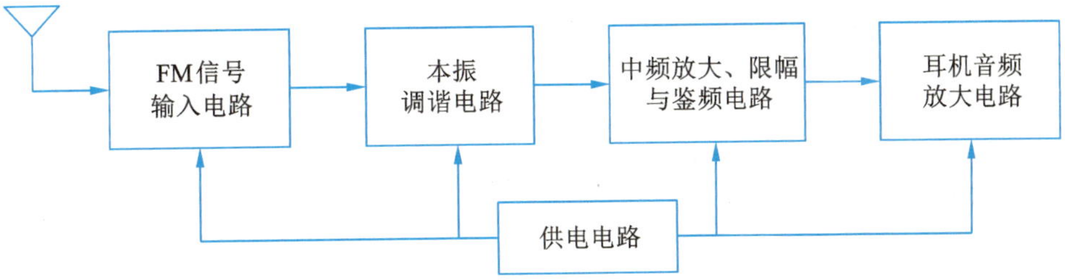

图 3-2-2　调频收音机电路工作原理方框图

(2)本振调谐电路：由 V1、C8、C9、L4、R4 组成本振电路。

(3)中频放大、限幅与鉴频电路：中频放大、限幅及鉴频电路的有源器件及电阻均在集成电路 SC1088 内。电路中 C10 为静噪电容，C11 为 AF(音频)环路滤波电容，C6 为中频反馈电容，C7 为低通电容，C17 为中频耦合电容，C4 为限幅器的低通电容，C12 为限幅器失调电压电容，C13 为滤波电容。

(4)耳机放大电路：由 V3、V4 组成复合管甲类放大。R1 和 C1 组成音频输出负载。线圈 L1 和 L2 为射频与音频隔离线圈。RP 为音量电位器。

3.2.3.2　电路工作原理图的识读

1. 电路的工作原理

调频收音机电路的核心是单片收音机集成电路 SC1088。它采用特殊的低中频(70 kHz)技术，外围电路省去了中频变压器和陶瓷滤波器，使电路简单可靠，调试方便。电路原理图如图 3-2-3 所示。

图 3-2-3 中，调频信号由耳机线馈入经 C14、C15、L3 和 L1 的输入电路进入 IC 的 11、12 脚混频电路。由 V1 变容二极管、C9、C8、L4、R4 组成本振电路。

当按下扫描开关 S1 时，IC 内部的 RS 触发器打开恒流源，由 16 脚向电容 C9 充电，C9 两端电压不断上升，V1 电容量不断变化，由 V1、C8、L4 构成的本振电路的频率不断变化而进行调谐。当收到电台信号后，信号检测电路使 IC 内的 RS 触发器翻转，恒流源停止对 C9 充电，同时在 AFC(自动频率控制)电路作用下，锁住所接收的广播节目频率，可以稳定接受电台广播。

电路的中频放大、限幅及鉴频电路的有源器件及电阻均在 IC 内。FM 广播信号和本振电路信号在 IC 内混频器中混频产生 70 kHz 的中频信号；中频信号经内部 1dB 放大器、中频限幅器，送到鉴频器检出音频信号；音频信号经内部环路滤波后由 2 脚输出。

2 脚输出的音频信号经电位器 RP 调节电量后，经 V3、V4、L2 后驱动耳机发声。V3、V4 组成复合管甲类放大，R1 和 C1 组成音频输出负载，线圈 L1 和 L2 为射频与音频隔离线圈。

2. 集成电路 SC1088 外形与引脚功能

集成电路 SC1088 外形与引脚功能如图 3-2-4、表 3-2-1 所示。

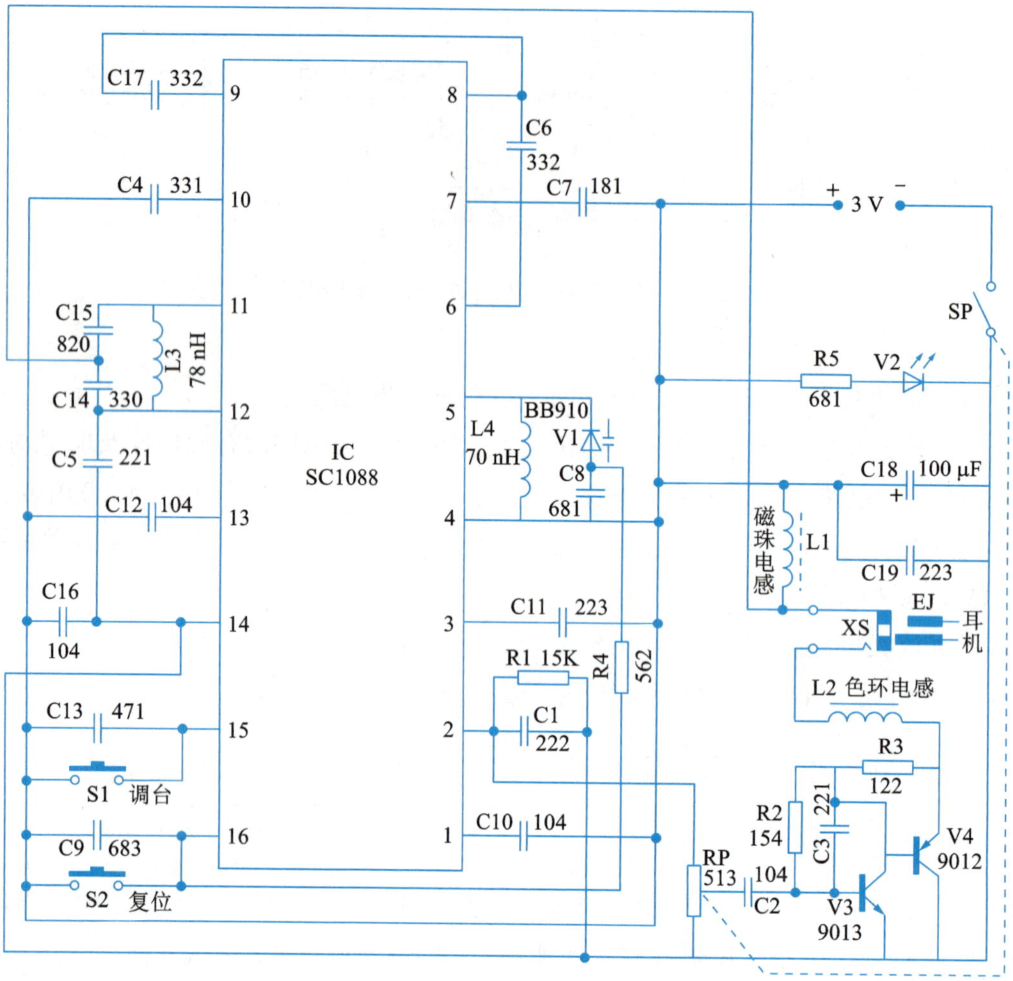

图 3-2-3　调频收音机电路原理图

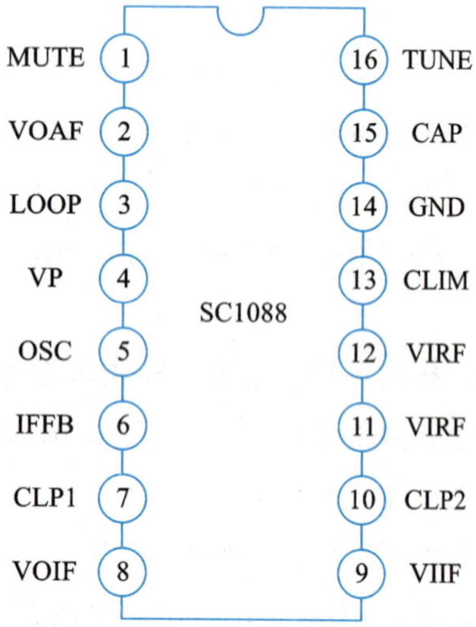

图 3-2-4　SC1088 外形脚位图

表 3-2-1　SC1088 引脚功能

引脚	功能	引脚	功能
1	静噪输出	9	IF 输入
2	音频输出	10	限幅器的低通电容连接端
3	AF 环路滤波	11	射频信号输入
4	VCC	12	射频信号输入
5	本振调谐回路	13	限幅器失调电压电容连接端
6	IF 反馈	14	接地
7	1dB 放大器的低通电容连接端	15	全通滤波电容连接端及搜索调谐输入
8	IF 输出	16	电调谐 AFC 输出，接复位按钮

3.2.3.3 PCB 板图的识读

调频收音机的 PCB 板如图 3-2-5 所示。

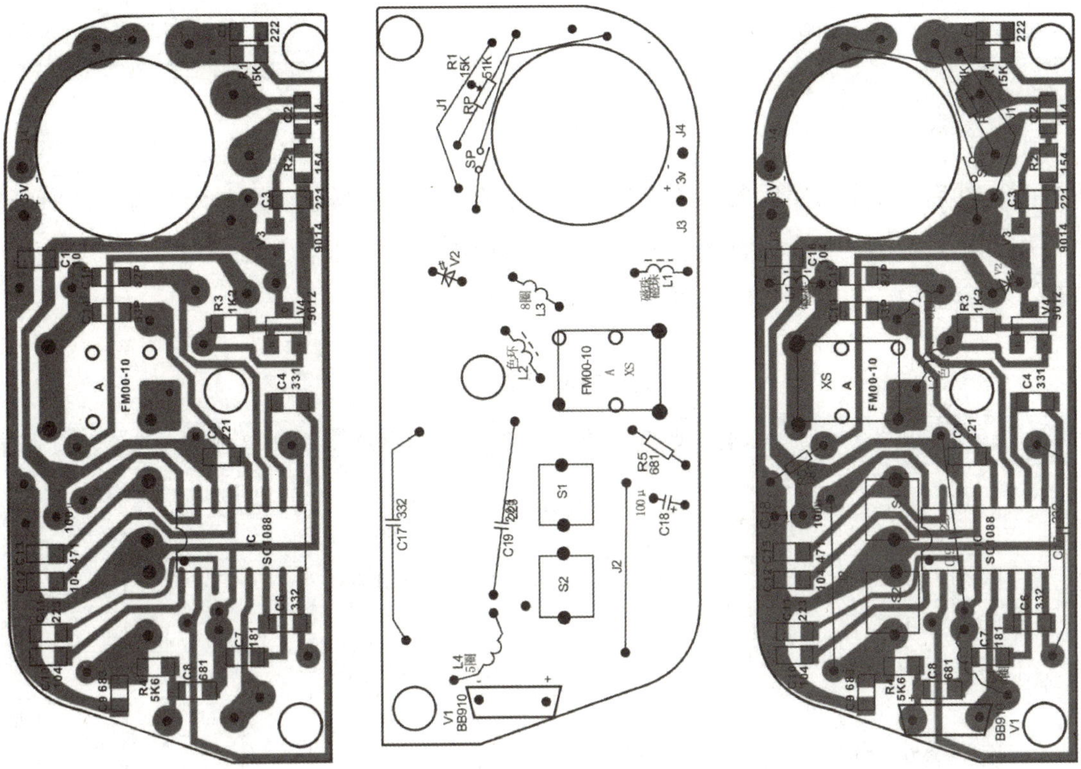

(a) SMT贴片安装图　　(b) THT插件安装图　　(c) 综合安装图

图 3-2-5 调频收音机的 PCB 板图

3.2.4 装配准备

3.2.4.1 工具、仪表仪表及焊接材料的识读

调频收音机安装所需工具、仪器仪表及焊接材料清单如表 3-2-2 所示。

表 3-2-2 所需工具、仪器仪表及焊接材料清单

项目	序号	名称	备注
所需工具	1	电烙铁及烙铁架，烙铁头擦拭海绵	
	2	尖嘴钳	
	3	斜口钳	
	4	镊子	
	5	小一字、十字起	

续表3-2-2

项目	序号	名称	备注
仪器仪表	1	万用表	
	2	示波器	
焊接材料		焊锡丝、松香、洗板水	

3.2.4.2 元器件清单的识读

拿到套件后，首先对照元器件清单核对一遍，看数量、型号、参数有无差错。再把所有的元器件用万用表检测一次，看有无质量问题，并将检测结果填入表3-2-3中，坏的要更换，然后放到一个容器中。电阻器、电容器等器件很小，防止丢失。

表 3-2-3 元器件清单

类别	编号	规格	型号/封装	数量
电阻	R1	15K(153)	2012(2125) RJ 1/8W	1
	R2	154		1
	R3	122		1
	R4	562		1
	R5	681	RJ 1/16W	1
电容	C1	222(202)	2012(2125)	1
	C2	104		1
	C3	221		1
	C4	331		1
	C5	221		1
	C6	332		1
	C7	181		1
	C8	681		1
	C9	683		1
	C10	104		1
	C11	223		1
	C12	104		1
	C13	471		1
	C14	330		1
	C15	820		1
	C16	104		1
	C17	332	CC	1
	C18	100 μF	CC	1
	C19	223	CC	1

类别	编号	规格	型号/封装	数量	备注
三极管	V3	9013	SOT-23	1	
	V4	9012		1	
IC	IC	SC1088		1	
电感	L1			1	磁环
	L2	4.7 μH		1	色环
	L3	70 nH		1	8 圈
	L4	78 nH		1	5 圈
二极管	V1	变容二极管	BB910	1	
	V2	发光二极管		1	
塑料件	前盖			1	
	后盖			1	
	电位器(内、外)			1	
	按键帽 1(有缺口)			1	SCAN 键
	按键帽 2(无缺口)			1	RESET 键
金属件	电池片(3 件)			1	
	自攻螺丝			1	
	电位器螺钉			1	
其他	PCB 板			1	
	耳机 32 Ω×2			1	
	RP(带开关电位器 51 K)			1	
	S1、S2(轻触开关)			1	
	XS(耳机插座)				

3.2.5 任务实现

3.2.5.1 元器件的检测与预处理

1. 元器件的检测

根据元器件检测表 3-2-4，将所有要焊接的元器件检测一遍，并将检测结果填入表 3-2-4 中。

表 3-2-4 元器件检测表

序号	类别	编号	检测结果	备注	序号	类别	编号	检测结果	备注
1	电阻	R1			18	电容	C13		
2		R2			19		C14		
3		R3			20		C15		
4		R4			21		C16		
5		R5			22		C17		
6	电容	C1			23		C18		
7		C2			24		C19		
8		C3			25	电感	L1		
9		C4			26		L2		
10		C5			27		L3		
11		C6			28		L4		
12		C7			29	二极管	V1		变容二极管
13		C8			30		V2		发光二极管
14		C9			31	三极管	V3		9013
15		C10			32		V4		9014
16		C11							
17		C12							

2. 元器件的预处理

按照工艺要求对元器件进行预处理。

3.2.5.2 元器件的插(贴)装与焊接

按照元器件的插(贴)装与焊接工艺要求对元器件进行安装，安装步骤如下：

第一步：贴片(SMD/SMC)元器件的安装(图 3-2-6)。

①安装贴片电阻(共 4 只)：R1/153，R2/154，R3/122，R4/562；

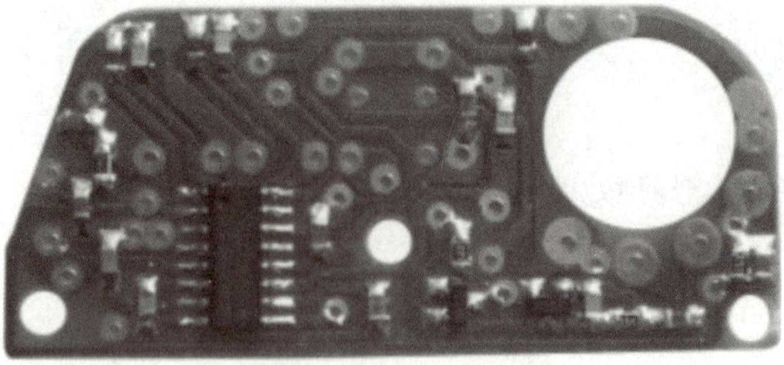

图 3-2-6　贴片元器件的安装

②安装贴片电容(共 16 只)：C1/222，C2/104，C3/221，C4/331，C5/221，C6/332，C7/181，C8/681，C9/683，C10/104，C11/223，C12/104，C13/471，C14/330，C15/820，C16/104；

③安装贴片三极管(共 2 只)：V3/9013，V4/9012；

④安装贴片集成块(共 1 块)：SC1088。安装 SMT 贴片集成块要注意脚位，先固定一个脚后再焊接其他脚。

第二步：通孔(THT)元器件的安装(图 3-2-7)。

图 3-2-7　THT 元器件的安装

①跨接线 J1、J2(可用剪下的元器件引线)，插件电阻 R5/681，瓷片电容 C17、C19，色环电感 L2 的插装焊接。

②安装磁珠电感 L1，空心电感(红色，8 匝线圈 L3，5 匝线圈 L4)及变容二极管 V1，电解电容 C18 和电位器 RP。安装二极管要注意二极管极性；安装电解电容和电位器时，电位器紧贴电路板安装，电解电容对号入座，注意正负极性及卧式安装。

③安装耳机插座 XS，轻触开关 S1、S2 和 LED 发光二极管 V2，电源连接线 J3、J4。

④安装耳机插座和选台按钮。

⑤安装发光二极管。注意正负极，可以装到外壳上确定高度后再焊接。

⑥焊接电源线。红线为正极，黑线为负极，把电池极片焊接到导线另一端。

3.2.5.3 产品的检测、调试及总装

1. 检测与调试

(1)所有元器件焊接完成后须经目视检查和手触检查。

- 元器件：型号、规格、数量及安装位置，方向是否与图纸符合。
- 焊点检查：有无虚焊、漏焊、桥接、飞溅等缺陷。

(2)测总电流。

- 检查无误后将电池片装入外壳内。
- 在电位器开关断开的状态下装入电池。
- 插入耳机。
- 用万用表(200 mA 挡，数字表)或(50 mA 挡，指针表)两表笔跨接在开关两端测电流；用指针表时注意表笔极性。正常电流应为 7~30 mA(与电源电压有关)，并且 LED 正常点亮。

注意：如果电流为零或超过 35 mA 应检查电路。

(3)搜索电台广播。

如果电流在正常范围，可按 S1 键搜索电台广播。只要元器件质量完好，安装正确，焊接可靠，不用调节任何部分即可收到电台广播。

如果收不到广播应仔细检查电路，特别要检查有无错装、虚焊、漏焊等缺陷。

(4)调接收频段(俗称调覆盖)。

我国调频广播的频率范围为 87~108 MHz，调试时可找一个当地频率最低的 FM 电台，适当改变 L4 的匝间距，使按过 RESET 键后第一次按 SCAN 键可收到这个电台。由于 SC1088 集成度高，如果元器件一致性较好，一般收到低端频段电台后均可覆盖 FM 频段，故可不调高端频段而仅做检查(可用一个成品 FM 收音机对照检查)。

(5)调灵敏度。

本机灵敏度由电路及元器件决定，一般不用调整，调好覆盖后即可正常收听。无线电爱好者可在收听频段中间电台时适当调整 L4 匝距，使灵敏度最高(耳机监听音量最大)。

2. 总装

(1)蜡封线圈。调试完成后将适量泡沫塑料填入线圈 L4(注意不要改变线圈形状及匝距)，滴入适量蜡使线圈固定。

(2)固定电路板，如图 3-2-8 所示。

- 将外壳面板平放到桌面上(注意不要划伤面板)。
- 将 2 个按键帽放入孔内。

注意：SCAN 键帽上有缺口，放键帽时要对准机壳上的凸起；RESET 键帽上无缺口。

- 将 SMB(表面安装印制电路板)对准位置放入壳内。

a. 注意对准 LED 位置，若有偏差可轻轻扳动，偏差过大必须重焊。

b. 注意三个孔与外壳螺柱的配合。

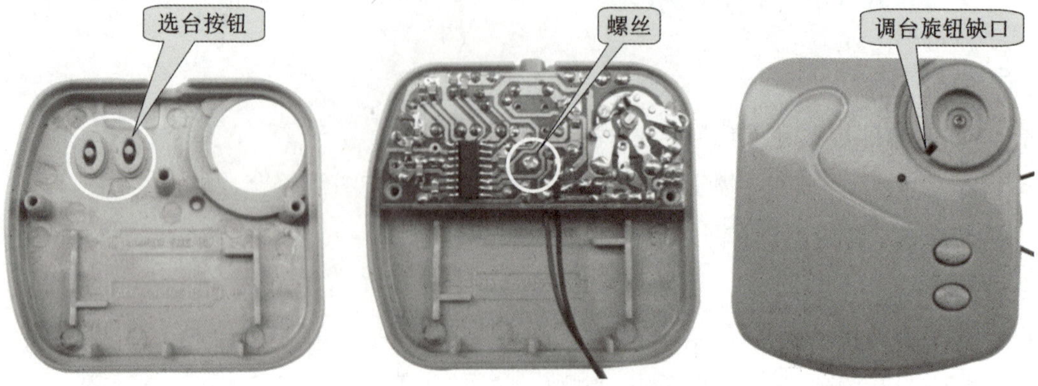

图 3-2-8　选台按钮、调台旋钮组装

c. 注意电源线，不妨碍机壳装配。

- 装上中间螺钉，注意螺钉旋入手法。
- 装电位器旋钮，注意旋钮上凹点位置。
- 装后盖，装上两边的两个螺钉。
- 装卡子。

(3) 检查。总装完毕，整机效果如图 3-2-9 所示。装入电池，插入耳机进行检查，要求：

- 电源开关手感良好；
- 音量正常可调；
- 收听正常；
- 表面无损伤。

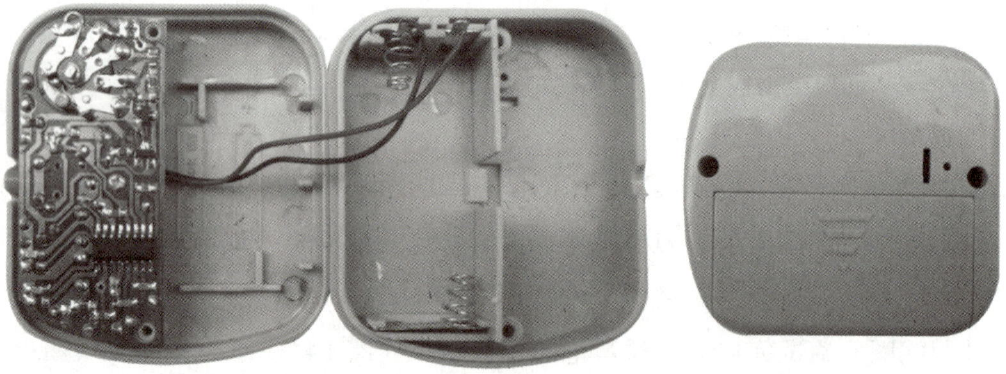

图 3-2-9　整机图

3.2.6　考核评价

调频收音机的装配与调试的考核评价如表 3-2-5 所示。

表 3-2-5 调频收音机的装配与调试考核评价参考表

考核时间		实际时间：自　　时　　分起至　　时　　分止		
项目	考核内容	配分	评分标准	扣分
元器件成形及插(贴)装	①元器件成形； ②插装位置、标记、极性、高度； ③元器件排列整齐； ④元器件字向一致	15	①元器件成形正确，无错误，每错误一处扣3分； ②插装位置、标记、极性、高度正确，每错误一处扣3分； ③元器件排列整齐，无高低不齐，每错误一处扣2分； ④元器件字向要一致，每错误一处扣2分	
焊接质量	①焊点均匀、光滑、一致； ②元器件引线过长、焊点弯曲	15	①搭锡、假焊、虚焊、漏焊、焊盘脱落、桥焊等现象，每出现一处扣3分； ②毛刺、焊料过多、焊料过少、焊点不光滑、引线过长等现象，每出现一处扣2分	
整形	元器件整形	10	元器件排列整齐、高低一致，每错误一处扣2分	
功能调试	电路功能正常	20	部分功能正常，扣10~15分	
安全文明操作	①工作台上工具摆放整齐； ②操作时轻拿轻放； ③焊板表面整洁； ④严格遵守安全文明操作规程	10	①工作台上工具按要求摆放整齐，焊板表面整洁，不整齐、不整洁酌情扣分； ②焊接时应轻拿轻放不得损坏元器件和工具，每损坏一处扣3分	
实习报告	实习报告填写正确、认真	30	具体分值见实习报告	
合计		100		
教师签名：				

3.2.7 拓展提高

1. 调频收音机简单故障的检修

(1)收不到电台信号。

故障分析：当收音机收不到电台信号时，首先根据收音机的信号流程，分段检查故障点。可以检测集成电路6~10脚有无中频信号(用示波器测试)。如果检测到6、7脚没有中频信号，那么问题应该是混频与接收电路有故障。

检修流程：收不到电台信号可以采用波形测试法，检修流程如图3-2-10所示。

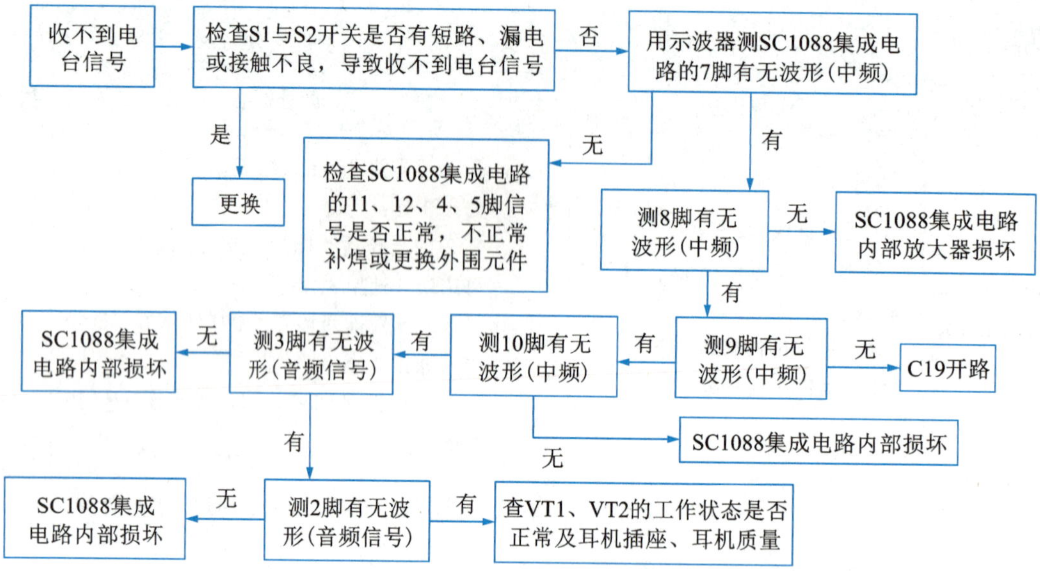

图 3-2-10　检修流程图

(2)收不到低端与高端频段电台。

故障分析：收音机收不到低端与高端频段电台，实际是收音机的频率覆盖不完整，即不能覆盖整个调频广播频率段(87 ~ 108 MHz)，与此有关的元器件是变容二极管 V1、L4 与 SC1088 集成电路。

检修流程：首先应该细心调整 L4 的匝间距离，一般整个电路如果能覆盖低频段后也能覆盖高频段，然后应该检查变容二极管 V1 质量与 SC1088 集成电路的 4 脚、5 脚电压是否正常，即可排除故障。

总结：本项目实训虽然较易成功，但是也容易出一定的问题，有的收不到台或收到台可音质比较差，原因可能是在焊接的时候某个焊点形成虚焊的原因；有的台少，可能是在焊接电感的时候将电感弄变形或是将电感的腿剪短的原因。

2. 实习报告

调频收音机的装配与调试实习报告

班级__________　姓名__________

(1)依据电路原理图简述电路原理。(10 分)

(2)将元器件清单中部分元器件的检测结果填入表 3-2-6。(10 分)

表 3-2-6　部分元器件检测表

元器件类别	编号	标称值	实测值	备注
电阻 1	R1			
电阻 2	R2			
电容 1	C1			
电容 2	C18			
二极管	V1	正向电阻：	反向电阻：	
晶体管 1	V3	发射结正向电阻：	反向电阻：	
晶体管 2	V4	集电结正向电阻：	反向电阻：	
LED	V2	发光是否正常：		

(3)测试过程记录(10 分)

①用万用表测试整机无电台和有电台时的电流。

②用万用表测试无电台和有电台时集成电路的 2 脚、5 脚、11 脚电压。将结果记录于表 3-2-7 中。

表 3-2-7　各参考点测试值记录表

序号	测试情况工作条件	各参考点测试值			
		I	V_2	V_5	V_{11}
1	无电台				
2	有电台				

任务 3.3 音乐彩灯电路的装配与调试

3.3.1 效果图

音乐彩灯电路效果图如图 3-3-1 所示。

图 3-3-1 音乐彩灯电路效果图

3.3.2 项目描述

音乐彩灯既能使人听到音乐又能使人看到彩灯不断变换，这样可以使人在听觉和视觉上同时获得艺术享受，所以广泛应用于人们的生活，用来娱乐或者增添节日气氛。

常见的音乐彩灯如图 3-3-2 所示。音乐彩灯分为两大类：一类是彩灯随着音乐节奏和音律强弱不断变换；另一类是彩灯不随音乐节奏和音律强弱变换。前者成本高于后者。此款音乐彩灯电路是采用数字电路中广泛应用的 CD4060 芯片，它为一带振荡器的 14 级二分频计数器，振荡器和计数器控制三组共 12 只发光二极管循环闪烁，同时音乐芯片驱动蜂鸣器发出美妙的歌曲。电路以贴片元器件为主，彩灯不随音乐节奏和音律强弱变换。该产品的装配与调试能辅助学生理解振荡器和计数器的工作原理，三组发光二极管不断闪烁和蜂鸣器发出音乐能很大程度地刺激人的视觉器官和听觉器官，从而达到激发学习兴趣的目的。该产品既有贴片元器件，也有插件元器件，所以非常适合中职学生实训要求，是一款较好的实训电路。

图 3-3-2 生活中的音乐彩灯

3.3.3 知识准备

3.3.3.1 电路方框图的识读

音乐彩灯电路工作原理方框图如图 3-3-3 所示，它是由振荡器、计数器、开关驱动电路、执行电路、电源电路和音乐电路等组成的。

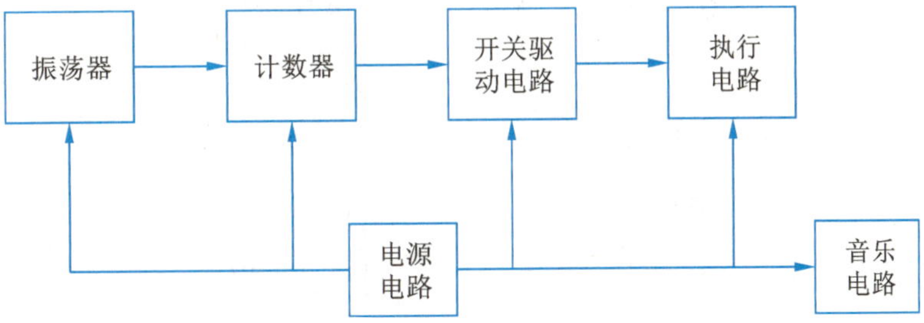

图 3-3-3 音乐彩灯电路工作原理方框图

3.3.3.2 电路原理图的识读

U1 芯片 CD4060 由一振荡器和 14 级二分频计数器组成，功能引脚图如图 3-3-5 所示，引脚功能如表 3-3-1 所示。振荡器可以采用 RC 或晶振电路，本电路采用 RC。RST 复位端为高电平时，计数器清零且振荡器使用无效，所有的计数器位均为主从触发器。在输入脉冲 CP1 和 CP0 的下降沿计数器以二进制进行计数，在时钟脉冲线上使用施密特触发器以对时钟上升和下降时间无限制。

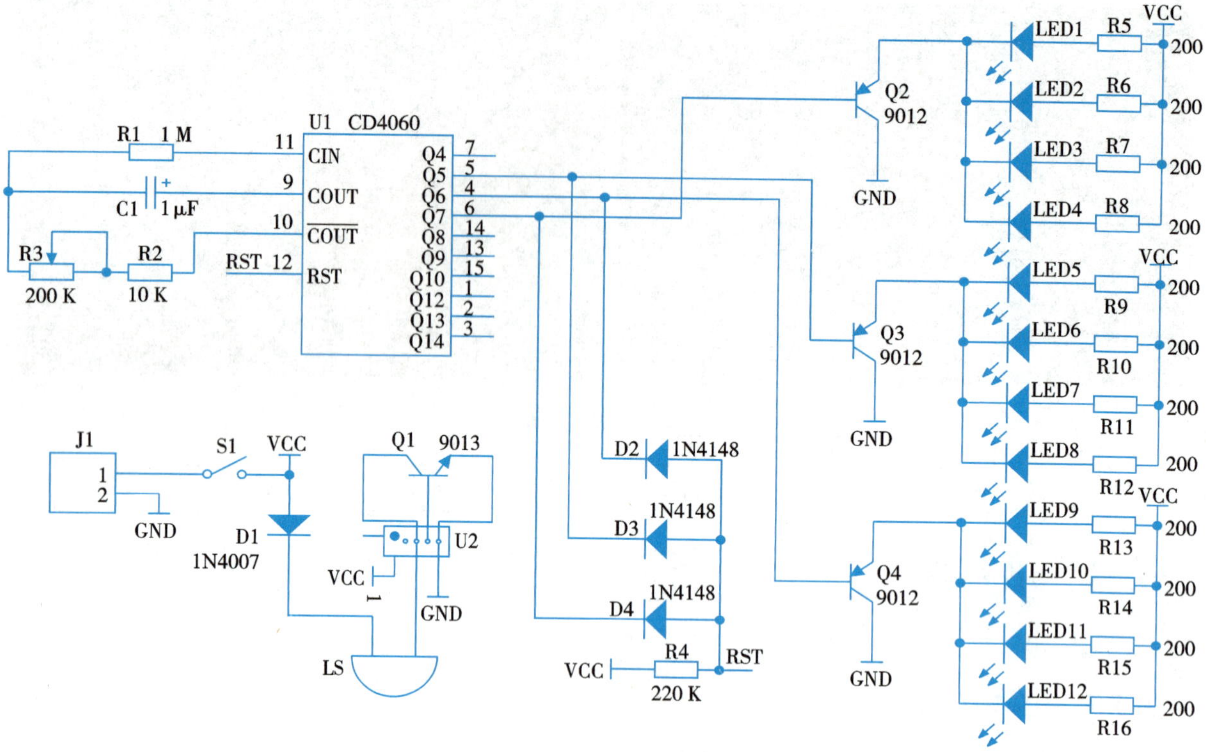

图 3-3-4　音乐彩灯电路原理图

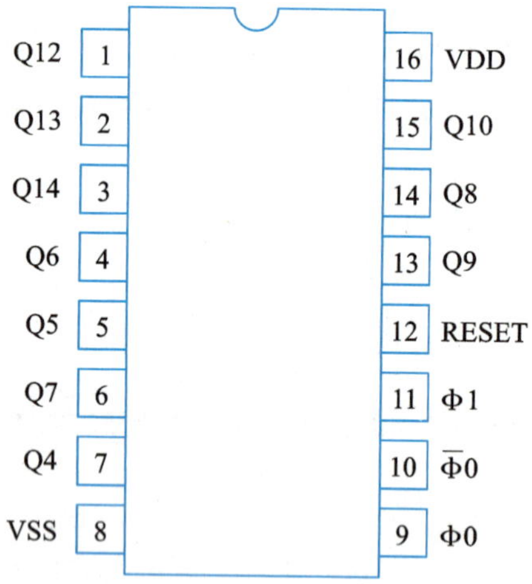

图 3-3-5　CD4060 引脚图

表 3-3-1　CD4060 引脚功能表

引脚号	功能	备注
1	12 分频输出	
2	13 分频输出	
3	14 分频输出	

续表3-3-1

引脚号	功能	备注
4	6 分频输出	
5	5 分频输出	
6	7 分频输出	
7	4 分频输出	
8	VSS	地
9	信号正向输出	
10	信号反向输出	
11	信号输入	
12	复位信号输入	
13	9 分频输出	
14	8 分频输出	
15	10 分频输出	
16	VDD	电源

U2 音乐芯片是一款不带触发的音乐 IC，接通电源就工作，实物图如图 3-3-6 所示，接线图如图 3-3-7 所示。

图 3-3-7 中 *A* 点为芯片电源正极，*C* 点为芯片电源负极，*B* 点为音频输出端，接蜂鸣器。芯片上的 c、b、e 分别接音频放大三极管 Q1 的集电极、基极、发射极。

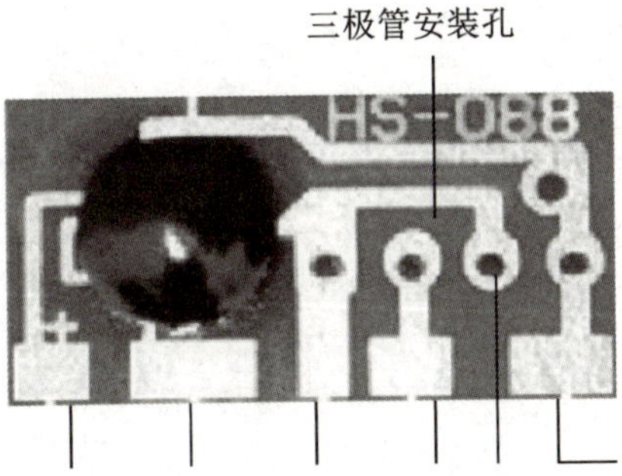

图 3-3-6　音乐芯片实物图

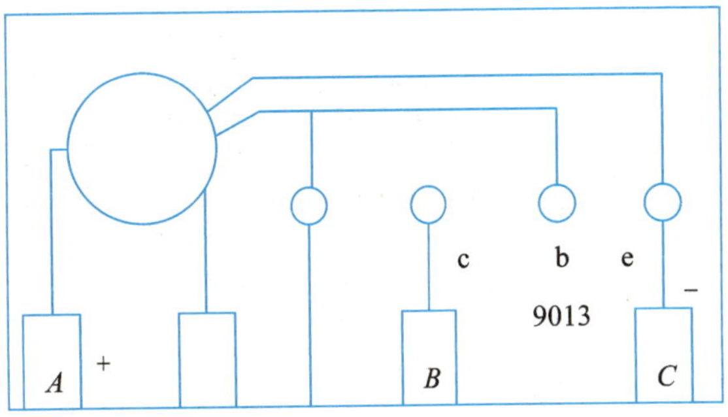

图 3-3-7　音乐芯片接线图

如图 3-3-4 所示，电阻 R1、R2、R3、C1 和 U1-(9)、(10)、(11)脚内部电路组成振荡器；U1-(7)、(5)、(4)、(6)、(14)、(13)、(15)、(1)、(2)、(3)脚为 14 级二分频计数器输出端 Q4~Q14；R4、D2、D3、D4 及 U1-(12)脚构成复位电路；Q2、Q3、Q4 组成开关、驱动电路；LED1、LED2、LED3、LED4 为第一组发光二极管，R5、R6、R7、R8 分别为其限流电阻，LED5、LED6、LED7、LED8 为第二组发光二极管，R9、R10、R11、R12 分别为其限流电阻，LED9、LED10、LED11、LED12 为第三组发光二极管，R13、R14、R15、R16 分别为其限流电阻，三组发光二极管及其限流电阻构成彩灯执行电路；U2、Q1、D1 和 LS 构成音乐电路，

U2 为无须触发型音乐芯片，Q1 为音乐信号放大三极管，D1 为保护二极管，LS 为无源蜂鸣器；电池盒和 S1 构成电源电路，U1-(16)脚为电源供电引脚，U1-(8)脚为接地引脚。

安装电池合上开关 S1，音乐电路获得电源 VCC 工作，并通过蜂鸣器发出美妙的声音，达到音乐的效果。电源 VCC 经 R4 送至 U1-(12)脚(高电平)使 U1 清零复位，各输出级 Q4～Q14 均输出低电位，由于 D2、D3、D4 的作用，U1-(12)脚为低电位，U1 计数器处于计数状态。同时 U1-(5)、(4)、(6)脚将低电平送往三极管 Q2、Q3、Q4 基极，三极管 Q2、Q3、Q4 均导通，所以通电瞬间三组发光二极管 LED1～LED12 同时发光。随着由 R1、R2、R3、C1 和 U1-(9)、(10)、(11)脚内部电路组成的振荡器(振荡频率可由 R3 调节)产生振荡信号送入内部计数器，U1 输出端 Q4～Q14 以二进制形式递进输出，三组发光管也随输出端的高低电平变化而亮灭。当某端输出高电平时，对应三极管截止，对应组发光二极管灭，当某端输出低电平时，对应三极管导通，对应组发光二极管亮，而当 U1 输出端 Q5、Q6、Q7 均为高电平时，二极管 D2、D3、D4 截止，从而使得 U1-(12)脚 RST 复位端为高电平达到复位条件，CD4060 复位计数从头开始并周而复始，从而使彩灯达到循环闪烁的效果。

由二进制计数器功能表 3-3-2 可看出，CD4060 获得由振荡器送来的触发信号后，其输出端 Q4～Q14 以二进制形式递进输出，输出端 Q5、Q6、Q7 的输出也随之相应变化，控制三极管 Q1、Q2、Q3 的导通和截止，从而使三组发光二极管循环闪烁。当 CD4060 的输出端 Q5、Q6、Q7 同时为 H 时，二极管 D2、D3、D4 截止，U1-(12)脚 RST 获高电平复位，计数从头开始并周而复始。调节 R3 可以改变振荡器频率即改变计数器触发脉冲频率从而改变循环速度。这里 Q5 输出的信号频率为 $f_5=f_{振}/2^5$，Q6 的频率为 $f_6=f_{振}/2^6$，依此类推，Q5、Q6、Q7 各信号频率的关系为依次二分频。

表 3-3-2　二进制计数器功能表

CP1	$\overline{CP0}$	CP0	RST	Q4	Q5	Q6	Q7	Q8	Q9	Q10	Q12	Q13	Q14
↓	↓	↑	0	H	L	L	L	L	L	L	L	L	L
↓	↓	↑	0	L	H	L	L	L	L	L	L	L	L
↓	↓	↑	0	H	H	L	L	L	L	L	L	L	L
↓	↓	↑	0	L	L	H	L	L	L	L	L	L	L
↓	↓	↑	0	H	L	H	L	L	L	L	L	L	L
↓	↓	↑	0	L	H	H	L	L	L	L	L	L	L
↓	↓	↑	0	H	H	H	L	L	L	L	L	L	L
↓	↓	↑	0	L	L	L	H	L	L	L	L	L	L
↓	↓	↑	0	H	L	L	H	L	L	L	L	L	L
↓	↓	↑	0	L	H	L	H	L	L	L	L	L	L
↓	↓	↑	0	H	H	L	H	L	L	L	L	L	L
↓	↓	↑	0	L	L	H	H	L	L	L	L	L	L
↓	↓	↑	0	H	L	H	H	L	L	L	L	L	L
↓	↓	↑	1	L	H	H	H	L	L	L	L	L	L

3.3.3.3 PCB 板图的识读

由图 3-3-8 可见，U1-(1)脚为空脚未用；U1-(2)脚为空脚未用；U1-(3)脚为空脚未用；U1-(4)脚通过印制板线路连接到了 Q4 基极，再穿过通孔连接到了 D2 的负极；U1-(5)脚通过印制板线路和通孔连接到了 Q3 的基极和 D3 的负极；U1-(6)脚通过印制板线路直接连接到了 Q2 的基极和 D4 的负极；U1-(7)脚为空脚未用；U1-(8)脚与 GND 相连；U1-(9)脚通过印制板线路与 C1 正极相连；U1-(10)脚通过印制板线路连接 R2 一端，R2 另一端通过印制板线路和通孔与可变电阻 R3 一端相连，R3 另一端与 C1 负极相连；U1-(11)脚通过印制板线路与 R1 一端相连，R1 另一端通过印制板线路与 C1 负极和 R3 的节点相连；U1-(12)通过印制板线路同时与 D2 正极、D3 正极、D4 正极、R4 一端相连，R4 另一端通过印制板线路接 U1-(16)脚 VCC 端；U1-(13)脚为空脚未用；U1-(14)脚为空脚未用；U1-(15)脚为空脚未用；U1-(16)脚通过印制板线路和通孔再通过开关接 J1 电源 VCC；Q2、Q3、Q4 三个集电极相连再通过通孔与 GND 相连；Q2 的发射极通过通孔再通过印制板线路同时与 LED1、LED2、LED3、LED4 的负极相连，LED1 正极与 R5 一端相连，LED2 正极与 R6 一端相连，LED3 正极通过通孔和印制板线路与 R7 一端相连，LED4 正极通过印制板线路与 R8 一端相连；Q3 的发射极通过通孔和印制板线路同时连接 LED5、LED6、LED7、LED8 的负极，LED5 正极通过印制板线路与 R9 一端相连，LED6 正极通过印制板线路与 R10 相连，LED7 正极通过印制板线路与 R11 相连，LED8 正极通过印制板线路与 R12 相连；Q4 的发射极通过通孔和印制板线路同时连接 LED9、LED10、LED11、LED12 的负极，LED9 正极通过印制板线路与 R13 一端相连，LED10 正极通过印制板线路与 R14 相连，LED11 正极通过通孔和印制板线路与 R15 相连，LED12 正极通过印制板线路与 R16 相连；R5～R16 的另一端同时连接 U1-(16)脚 VCC 端；二极管 D1 正极通过印制板线路连接 U1-(16)脚 VCC 端，D1 负极通过通孔和印制板线路连接 LS 正极，LS 负极通过印制板线路连接 U2-C 端，U2 电源正极端通过通孔和印制板线路接 U1-(16)脚 VCC 端，U2 电源负极端通过印制板线路接 GND。

(a) 正面　　(b) 反面

图 3-3-8　音乐彩灯 PCB 板图

如图 3-3-9 所示，集成电路 U1 上的小圆点应该和 PCB 板的缺口对应；集成电路 U2 的安装应该是卧式贴底安装，且在指定方框范围之内；LED1～LED12 应注意极性，二极管箭头方向是电流正向方向；D1～D4 应注意极性，有一竖的一端为负极；三极管 Q2～Q4 的装配图应与实物形状一致；贴片电阻没有极性，但尽可能摆放时字向一致，利于美观；C1 空心部分为正极；R3 的⊘状一端对应可调电阻的调节钮；LS 标有+号的一端对应蜂鸣器的正极；S1 可以不区分极性；J1 的 VCC 接电源正极，GND 接电源负极。

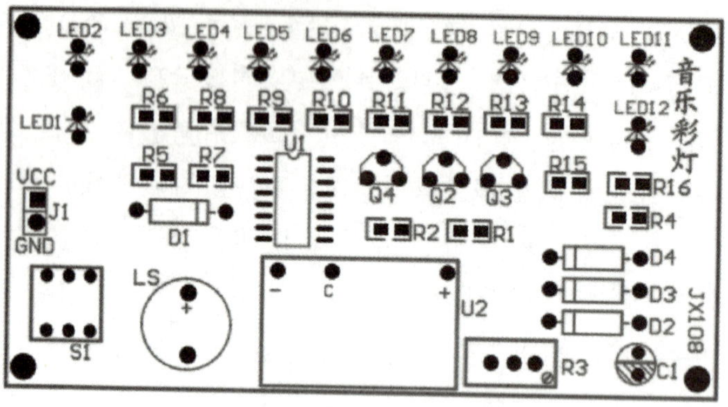

图 3-3-9　PCB 板的安装面

3.3.4　装配准备

3.3.4.1　工具、仪器仪表及焊接材料清单的识读

音乐彩灯电路安装所需工具、仪器仪表及焊接材料清单如表 3-3-3 所示。

表 3-3-3　所需工具、仪器仪表及焊接材料清单

项目	序号	名称	备注
所需工具	1	电烙铁及烙铁架，烙铁头擦拭海绵	
	2	尖嘴钳	
	3	斜口钳	
	4	镊子	
	5	小一字、十字起	
仪器仪表	1	万用表	
	2	示波器	
焊接材料		焊锡丝、松香、洗板水	

3.3.4.2　元器件清单的识读

对照元器件清单表 3-3-4 认真清理元器件，看实际元器件与清单是否相符，有无少或多的元器件，如果存在少元器件的情况，应立即报告老师进行补充。

表 3-3-4　元器件清单

序号	名称	规格	编号	数量	序号	名称	规格	编号	数量
1	贴片电阻	1 M(105)	R1	1	10	三极管(插件)	9013	Q1	1
2	贴片电阻	10 K(103)	R2	1	11	三极管(插件)	9012	Q2~Q4	3
3	贴片电阻	220 K(224)	R4	1	12	贴片集成电路	CD4060	U1	1
4	贴片电阻	200(201)	R5~R16	12	13	音乐芯片	CL9300A	U2	1
5	精密电位器	200 K(204)	R3	1	14	发光二极管	5 mm	LED1~LED12	12
6	电解电容	1 μF/50 V	C1	1	15	蜂鸣器	无源	LS	1
7	电源开关	自锁	S1	1	16	电池盒	4 节 5 号		1
8	二极管(插件)	1N4007	D1	1	17	电路板	80 mm×43 mm		1
9	二极管(插件)	1N4148	D2~D4	3	18	说明书	A4		1

音乐彩灯电路安装材料实物如图 3-3-10 所示。

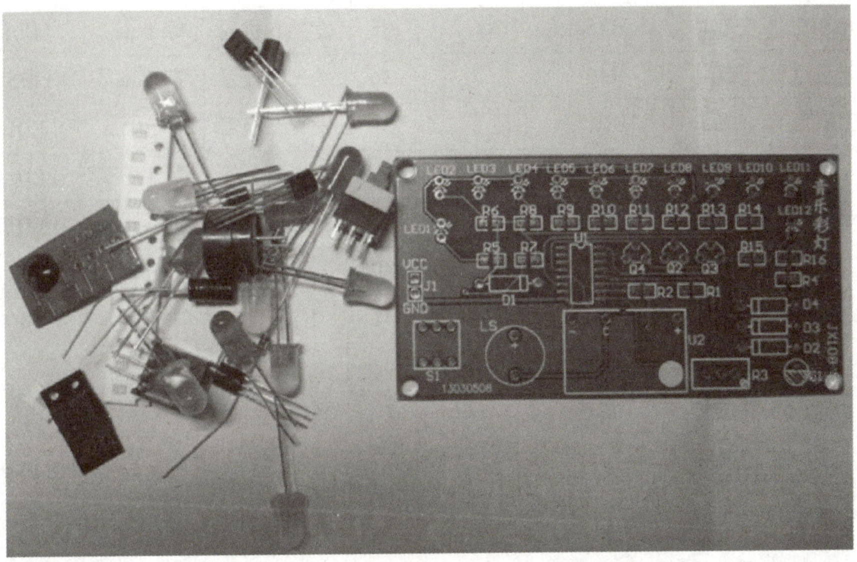

图 3-3-10　音乐彩灯电路安装材料实物图

3.3.5　任务实现

3.3.5.1　元器件的检测与预处理

1. 元器件的检测

根据元器件列表，将所有要焊接的元器件检测一遍，并将检测结果填入表 3-3-5 中。

表 3-3-5　元器件检测表

序号	名称	规格	编号	检测结果	序号	名称	规格	编号	检测结果
1	贴片电阻	105	R1		22	三极管	9013	Q1	
2	贴片电阻	103	R2		23	三极管	9012	Q2	
3	贴片电阻	224	R4		24	三极管	9012	Q3	
4	贴片电阻	201	R5		25	三极管	9012	Q4	
5	贴片电阻	201	R6		26	贴片集成块	CD4060	U1	
6	贴片电阻	201	R7		27	音乐芯片	CL9300A	U2	
7	贴片电阻	201	R8		28	发光二极管	红 5 mm	LED1	
8	贴片电阻	201	R9		29	发光二极管	红 5 mm	LED2	
9	贴片电阻	201	R10		30	发光二极管	红 5 mm	LED3	
10	贴片电阻	201	R11		31	发光二极管	红 5 mm	LED4	
11	贴片电阻	201	R12		32	发光二极管	绿 5 mm	LED5	
12	贴片电阻	201	R13		33	发光二极管	绿 5 mm	LED6	
13	贴片电阻	201	R14		34	发光二极管	绿 5 mm	LED7	
14	贴片电阻	201	R15		35	发光二极管	绿 5 mm	LED8	
15	贴片电阻	201	R16		36	发光二极管	黄 5 mm	LED9	
16	精密电位器	204	R3		37	发光二极管	黄 5 mm	LED10	
17	电解电容	1 μF/50 V	C1		38	发光二极管	黄 5 mm	LED11	
18	二极管	1N4007	D1		39	发光二极管	黄 5 mm	LED12	
19	二极管	1N4148	D2		40	蜂鸣器	无源	LS	
20	二极管	1N4148	D3		41	电源开关	自锁	S1	
21	二极管	1N4148	D4		42				

注意：电阻要求测量出实际阻值，并与标称值对比判断是否正常；电容器根据容量标称值用万用表进行判断；二极管用万用表测量正反向电阻，并判断是否正常；三极管用万用表测量其好坏，先判断出管型，再用万用表估算其放大倍数；集成电路用同一型号对比测量阻值进行判断，如阻值比较接近，说明集成电路基本正常；发光二极管用 R×10 k 挡测量正反向电阻，正向导通时应发出微弱光；蜂鸣器用万用表 R×1 挡测量，并判断是否导通和能否发声；开关用万用表 R×1 挡测量，并判断能否导通和关断。将检测结果填入表 3-3-5 中。

2. 元器件的预处理

按照项目 1 介绍的方法对插件类元器件做焊接前预处理。

3.3.5.2　元器件的插(贴)装与焊接

按照项目 1 介绍的方法安装音乐彩灯电路。

1. 安装注意事项

● U1：集成块上的小圆点对应 PCB 板上的缺口，贴底对正，先焊接两个对角引脚，再焊接其他引脚。

● U2：先把 Q1 焊接在 U2 的铜箔面，注意三极管的三个电极应与之对应；U2 的+、C、-3 个端子用 Q1 剪下来的引脚(引脚偏细为佳)焊接，再将 U2 贴底安装在白色方框线以内，且黑色软封 IC 对应方框里的白实心圆，焊接时烙铁尽可能不要靠近黑色软封 IC，焊接时间也要尽可能短，否则容易损坏黑色软封 IC。

● R3：精密可调电阻 R3 应贴底安装，可调钮应该对应 PCB 板上的小圆，也就是靠 C1 端。

● LS：蜂鸣器贴底安装，蜂鸣器上的+号对应 PCB 板上的+号，否则发出的声音会失真。

● S1：自锁开关应贴底安装，按下自锁开关应该对应开关闭合。

● C1：电解电容应注意极性，正极对应 PCB 板电容图形符号的空心部分，负极对应 PCB 板电容图形符号的阴影部分。

● D1～D4：二极管应贴底安装，两端引脚长短应基本一致，特别要注意极性，白色环或者黑色环代表二极管的负极端，对应 PCB 板二极管图形符号的一竖端。

● Q2～Q4：三极管的三个电极应与 PCB 板对应，安装时引脚尽可能短，且 3 只三极管高度尽可能保持一致。

● LED1～LED12：发光二极管应贴底安装，特别要注意极性，LED 管体内支架小的连接电极为正极，支架大的连接电极为负极，每一组发光二极管颜色应相同。

● R1、R2、R4～R16：贴片电阻应贴底安装，字向尽可能保持一致。

● 电池盒：电源特别要注意极性，否则会损坏电路，电源盒正极(红线)接 J1 的 VCC，电源盒的负极(黑线)接 GND。

2. 安装顺序原则

一般是按先小后大，先里后外，先低后高，先贴片后插件，先集成后分立的顺序进行安装，而且同类元器件要安装一致，有标识的元器件标识面尽量安装朝外，字向尽量一致，以便识别。

3. 音乐彩灯电路安装顺序

U1、R1、R2、R4、R5、R6、R7、R8、R9、R10、R11、R12、R13、R14、R15、R16、D2、D3、D4、D1、Q2、Q3、Q4、C1、LED1、LED2、LED3、LED4、LED5、LED6、LED7、LED8、LED9、LED10、LED11、LED12、Q1、U2、LS、R3、S1。

3.3.5.3 产品的检查与调试

1. 音乐彩灯电路安装焊接的检查

电路的检查可分为目视检查和手触检查两种。

目视检查就是从外观上检查元器件是否有明显装错位置或方向，焊点有无明显焊接缺陷。可以从以下几个方面进行检查：

- U1 的方向：集成块上的小圆点是否对应 PCB 板上的缺口。
- U2 的方向及位置：U2 应安装在白色方框线以内，且软封 IC 对应方框里的白实心圆。
- R3 的方向：精密可调电阻 R3 的可调钮应该对应 PCB 板上的小圆，也就是靠 C1 端。
- LS 的方向：蜂鸣器上的+号是否对应 PCB 板上的+号。
- S1：自锁开关是否贴底安装。
- C1：C1 是否贴底安装，且极性是否正确。
- D1～D4：二极管是否贴底安装，且极性是否正确。
- Q2～Q4：3 只三极管是否工整，外形是否与 PCB 板三极管图形符号一致。
- LED1～LED12：发光二极管是否贴底安装，极性是否装错，每组颜色是否相同。
- R1、R2、R4～R16：检查每一只电阻的阻值是否与图纸标称值相同。
- 电池盒：检查电源正负极性是否接错。
- 检查电路每一个插件元器件焊点是否均匀，表面是否光滑、圆润。
- 检查电路每一个贴片元器件焊点是否成坡状，表面是否光滑，焊点是否均匀。
- 检查每个焊点焊锡是否充满焊盘，焊锡有无过多、过少现象。
- 检查每个焊点周围是否有残留的助焊剂和焊锡。
- 检查是否有错焊、漏焊、虚假焊。
- 检查是否有桥焊、焊点不对称、拉尖等现象。
- 检查焊点是否有针孔、松动、过热等现象。
- 检查焊盘有无脱落、焊点有无裂痕。

手触检查就是在外观检查的基础上，采用手触检查，主要是检查元器件在印制电路板上有无松动、焊接是否牢靠、有无机械损伤。可用镊子轻轻拨动焊点看有无虚假焊，或夹住元器件的引线轻轻拉动看有无松动现象。

2. 音乐彩灯电路的功能调试

为了确保音乐彩灯电路能够正常工作，三组发光二极管循环速度达到满意效果，必须要对电路进行测量和调试。利用通用仪器(示波器或万用表)对电路进行测量和调整，确保电路能够实现所有功能。

安装电池合上开关 S1，音乐电路、彩灯工作正常，调整可调电阻 R3，闪烁频率发生变化，此时可以认为装配与调试成功。

3.3.6 考核评价

音乐彩灯电路的装配与调试考核评价如表 3-3-6 所示。

表 3-3-6 音乐彩灯电路的装配与调试考核评价参考表

考核时间		实际时间：自 时 分起至 时 分止		
项目	考核内容	配分	评分标准	扣分
元器件成形及插(贴)装	①元器件成形； ②插装位置、标记、极性、高度； ③元器件排列整齐； ④元器件字向一致	15	①元器件成形正确，无错误，每错误一处扣 3 分； ②插装位置、标记、极性、高度正确，每错误一处扣 3 分； ③元器件排列整齐，无高低不齐，每错误一处扣 2 分； ④元器件字向要一致，每错误一处扣 2 分	
焊接质量	①焊点均匀、光滑、一致； ②元器件引线过长、焊点弯曲	15	①搭锡、假焊、虚焊、漏焊、焊盘脱落、桥焊等现象，每出现一处扣 3 分； ②毛刺、焊料过多、焊料过少、焊点不光滑、引线过长等现象，每出现一处扣 2 分	
整形	元器件整形	10	元器件排列整齐、高低一致，每错误一处扣 2 分	
功能调试	①三组发光二极管循环闪烁； ②音乐正常	30	①三组发光二极管循环闪烁不正常扣 15 分； ②音乐不正常扣 15 分	
安全文明操作	①工作台上工具摆放整齐； ②操作时轻拿轻放； ③焊板表面整洁； ④严格遵守安全文明操作规程	10	①工作台上工具按要求摆放整齐，焊板表面整洁，不整齐、不整洁酌情扣分； ②焊接时应轻拿轻放不得损坏元器件和工具，每损坏一处扣 3 分	
实习报告	实习报告填写正确、认真	20	具体分值见实习报告	
合计		100		
教师签名：				

3.3.7 拓展提高

1. 音乐彩灯电路简单故障的检修

对于未安装成功的套件，可在老师指导下进行维修。或由指导老师设定故障，学生分析解除。

2. 音乐彩灯电路创新设计

可在老师指导下对音乐彩灯电路进行创新设计。

3. 实习报告

音乐彩灯电路的装配与调试实习报告

班级__________ 姓名__________

(1)依据电路方框图简述电路原理。(4 分)

(2)写出元器件清单中部分元器件的检测结果。(6 分)

表 3-3-7　部分元器件检测结果

<table>
<tr><th>元器件</th><th colspan="3">识别及检测内容</th><th>配分</th><th>评分标准</th><th>得分</th></tr>
<tr><td rowspan="3">电阻器
2 只</td><td>数码标志</td><td>标称值</td><td>实测值</td><td rowspan="3">每只
0.5 分
共计
1 分</td><td rowspan="3">检测错不得分</td><td rowspan="3"></td></tr>
<tr><td>201</td><td></td><td></td></tr>
<tr><td>105</td><td></td><td></td></tr>
<tr><td rowspan="2">电容器
1 只</td><td rowspan="2">C1</td><td colspan="2">写出容量值(μF)、耐压，并测量是否正常</td><td rowspan="2">1 分</td><td rowspan="2">检测错不得分</td><td rowspan="2"></td></tr>
<tr><td colspan="2"></td></tr>
<tr><td rowspan="3">二极管
2 只</td><td></td><td>正向电阻
数字表(　　)
指针表(　　)</td><td>反向电阻
数字表(　　)
指针表(　　)</td><td rowspan="3">每只
0.5 分
共计
1 分</td><td rowspan="3">检测错不得分</td><td rowspan="3"></td></tr>
<tr><td>D1</td><td></td><td></td></tr>
<tr><td>D2</td><td></td><td></td></tr>
<tr><td rowspan="2">三极管
1 只</td><td rowspan="2">9012</td><td colspan="2">面对标识面，管脚向下，画出三极管外形示意图，标出管脚名称，并测量其好坏</td><td rowspan="2">1 分</td><td rowspan="2">画错、检测错不得分</td><td rowspan="2"></td></tr>
<tr><td colspan="2"></td></tr>
<tr><td rowspan="2">自锁开关
1 只</td><td rowspan="2">S1</td><td colspan="2">管脚朝下，画出开关的内部结构示意图，并测量其好坏</td><td rowspan="2">1 分</td><td rowspan="2">画错、检测错不得分</td><td rowspan="2"></td></tr>
<tr><td colspan="2"></td></tr>
<tr><td rowspan="2">集成电路</td><td rowspan="2">U2</td><td colspan="2">画出音乐芯片的引脚功能图，并对比测量判断其好坏</td><td rowspan="2">1 分</td><td rowspan="2">画错、检测错不得分</td><td rowspan="2"></td></tr>
<tr><td colspan="2"></td></tr>
</table>

(3)填写调试报告。(10分)

测量调试过程如下：

①装上电池，关断开关S1，用万用表直流电压挡测量J1的VCC电压为__________，测量二极管D1正极电压为__________；开启开关S1，用万用表直流电压挡测量J1的VCC电压为__________，测量二极管D1正极电压为__________。

②装上电池，开启开关S1，用万用表直流电压挡监测U2-(12)脚电压，三组发光二极管只要有一组亮时，U2-(12)脚电压为__________；当三组发光二极管全部不亮时，U2-(12)脚电压为__________。

③电路中R5的作用是__________，其阻值变大将使得LED1__________。

④若断开R1，则电路会出现__________故障现象；若断开D1，则电路会出现____________________故障现象。

⑤电路中应用的CD4060为14级二分频计数器，若给其提供32.768 kHz的外接晶振，则第14脚输出信号的频率为____________________，第3脚输出信号的频率为____________________。

⑥U1-(9)、(10)、(11)脚内部电路及外围R1、R2、R3、C1构成振荡电路，其振荡频率可以通过R3进行调节，即可调节三组发光二极管的循环速度，调节时仔细观察，并估算循环一周所持续的时间，记录于表3-3-8中。

表3-3-8 记录表

序号	测试情况工作条件	循环一周持续的时间
1	将R3调到最小值	持续时间=______s
2	将R3调到最大值	持续时间=______s

任务 3.4　汽车前照灯自动开关电路的装配与调试

3.4.1　效果图

汽车前照灯自动开关电路效果图如图 3-4-1 所示。

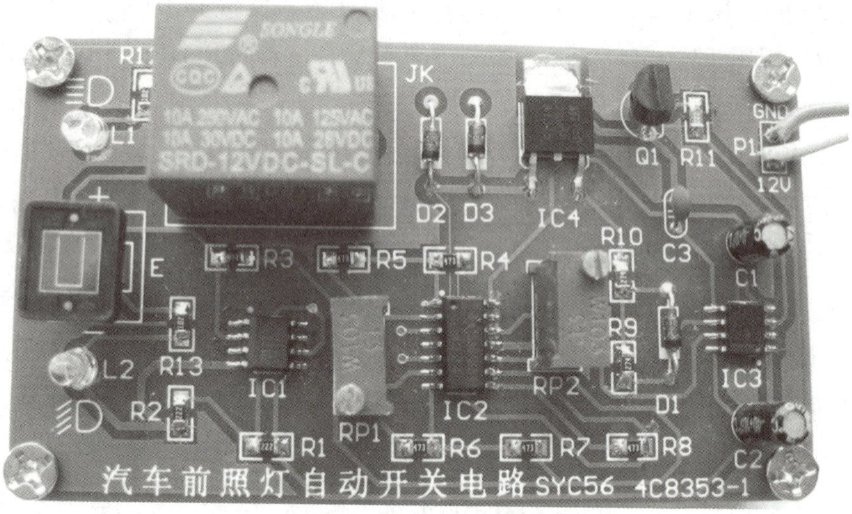

图 3-4-1　汽车前照灯自动开关电路效果图

3.4.2　项目描述

夜晚行车时一般需要打开远光灯，当遇到前方有相对行驶的车辆没有关闭远光灯时，则驾驶员通常会将灯光变为远光、近光交替显示，以提醒对方车辆关闭远光灯，从而避免驾驶员因受强光照射而无法正确判断前面路况。但在传统方式下，驾驶员手动调光所需延迟时间较长，并且驾驶员因频繁手动调光容易造成注意力分散，极易因此而引发交通事故。为了提高驾驶安全性以及驾驶舒适度，可设计一种汽车前照灯自动开关电路。汽车的前照灯如图 3-4-2 所示。

图 3-4-2　汽车的前照灯

3.4.3 知识准备

3.4.3.1 电路方框图的识读

汽车前照灯自动开关电路工作原理方框图如图 3-4-3 所示，它是由电源电路、电压跟随器、差分放大电路、电压比较器、振荡电路、灯光控制电路等组成的。

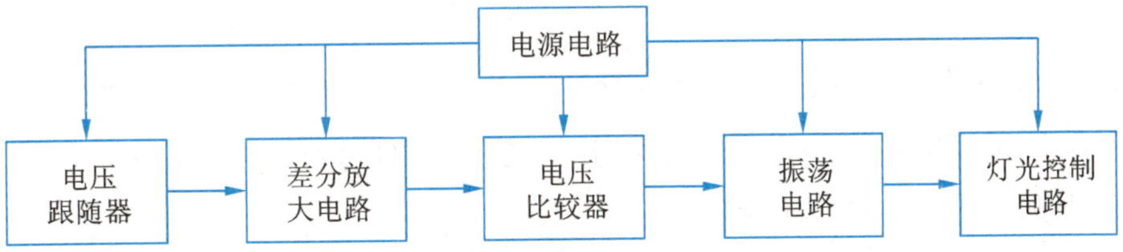

图 3-4-3　汽车前照灯自动开关电路工作原理方框图

3.4.3.2 电路原理图的识读

在图 3-4-4 所示的汽车前照灯自动开关电路原理图中，P1 接直流 12V 电源，该电源经过 IC4(78M09)稳压后输出 9 V 电压供给相应的电路。

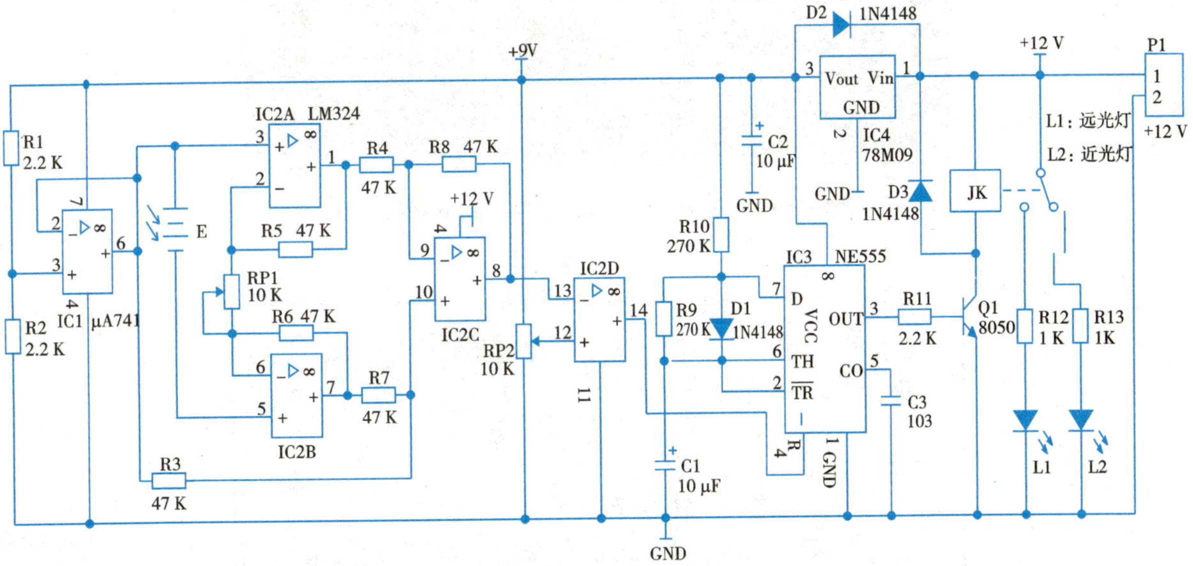

图 3-4-4　汽车前照灯自动开关电路原理图

遇到相对行驶的车辆时，当对方汽车远光灯发出的光照到本车光电池传感器 E 上时，光电池传感器 E 上会产生一个微小电压，该电压经 IC2(LM324)的 A、B、C 三个运算放大器放大后，从 IC2 的“8”脚输出，再加到 IC2 的“13”脚。RP1 用于调整放大器的放大倍数，IC2 的“12”脚为基准电压端，该端电压由可调电阻 RP2 调整，并与“13”脚上的电压进行比较。

当没有远光灯照射时，IC2 的“13”脚电压大于“12”脚电压，IC2 的“14”脚输出低电平。IC3(NE555)振荡器由于“4”脚为低电平而停止振荡，IC3 的“3”脚输出高电平，使三极管 Q1 导通，继电器 JK 吸合，L1 点亮，汽车灯光处于远光状态。

当检测到对方的远光灯照射时，光电池传感器 E 产生一个微小电压，该电压经放大后使得 IC2 的“13”脚电压小于“12”脚的电压，“14”脚输出高电平，即 IC3 的“4”脚为高电平，符合 IC3 振荡的条件，故使 IC3 启动振荡，三极管 Q1 交替工作在导通和截止的状态，使车灯按照 1.9 s 远光、1.9 s 近光交替显示。

3.4.3.3 PCB 板图的识读

汽车前照灯自动开关电路 PCB 板图如图 3-4-5、图 3-4-6 所示。电路元器件全部布置在顶层，印制导线顶层与底层双层走线，并采用了大面积的覆铜接地，增强了电路工作的可靠性，避免相互干扰。

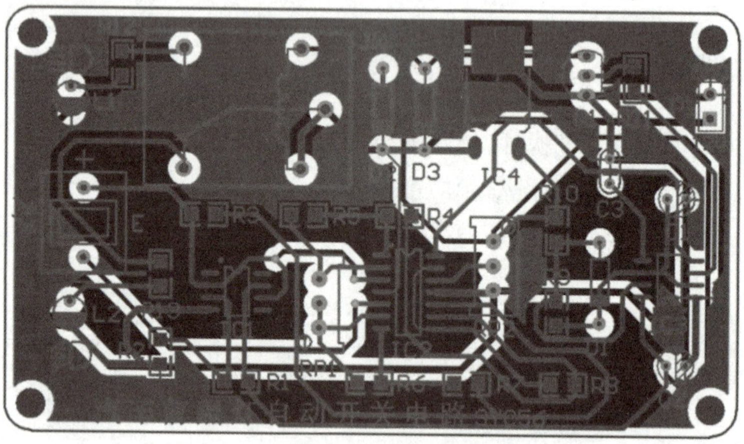

图 3-4-5　汽车前照灯自动开关电路 PCB 板实物图

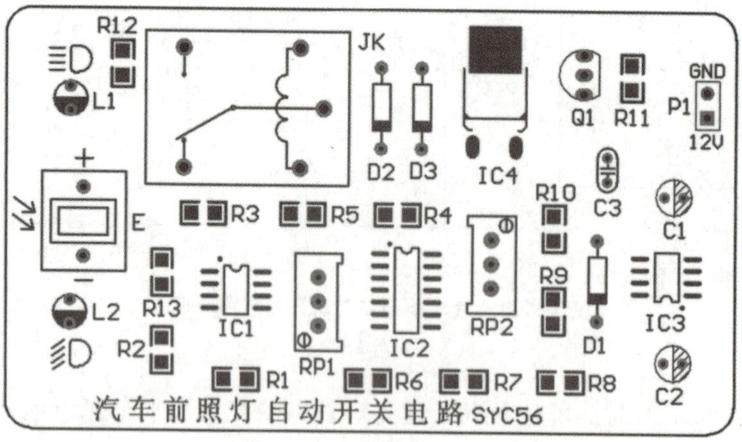

图 3-4-6　汽车前照灯自动开关电路 PCB 板安装面图

3.4.4 装配装备

3.4.4.1 工具、仪器仪表、焊接材料清单的识读

汽车前照灯自动开关电路所需的工具、仪器仪表、焊接材料清单如表3-4-1所示。

3.4.4.2 元器件清单的识读

对照元器件清单表3-4-2认真清理元器件，看实际元器件与清单是否相符，有无少或多的元器件，如果存在少元器件的情况，应立即报告老师进行补充。

表3-4-1 所需工具、仪器仪表及焊接材料清单

项目	序号	名称	备注
所需工具	1	电烙铁及烙铁架，烙铁头擦拭海绵	
	2	尖嘴钳	
	3	斜口钳	
	4	镊子	
	5	小一字、十字起	
仪器仪表	1	万用表	
	2	示波器	
焊接材料		焊锡丝、松香、洗板水	

表3-4-2 元器件清单

序号	元器件型号	规格	编号	数量
1	0805贴片电阻	2.2 K	R1、R2、R11	3
2		47 K	R3～R8	6
3		270 K	R9、R10	2
4		1 K	R12、R13	2
5	3296W电位器	10 kΩ	RP1、RP2	2
6	集成电路	μA741	IC1	1
7		LM324	IC2	1
8		NE555	IC3	1
9		78M09	IC4	1
10	光电池	硅光电池	E	1

续表3-4-2

序号	元器件型号	规格	编号	数量
11	热塑管	13 mm	（配 E）	1
12	二极管	1N4148	D1～D3	3
13	发光二极管	白发红	L1	1
14		白发绿	L2	1
15	继电器	12 V	JK	1
16	电解电容	10 μF/25 V	C1、C2	2
17	瓷片电容	103	C3	1
18	三极管	8050	Q1	1
19	双色杜邦线		（接 P1 处）	2

3.4.5 任务实现

3.4.5.1 元器件的检测与预处理

1. 元器件的检测

根据元器件清单，将所有要焊接的元器件检测一遍，并将检测结果填入表 3-4-3 中。

表 3-4-3 元器件检测表

序号	元器件型号	编号	检测结果	备注
1	0805 贴片电阻	R1、R2、R11		
2		R3～R8		
3		R9、R10		
4		R12、R13		
5	3296W 电位器	RP1、RP2		
12	二极管	D1～D3		
13	发光二极管	L1		
14		L2		
15	继电器	JK		
16	电解电容	C1、C2		
17	瓷片电容	C3		
18	三极管	Q1		

2. 元器件的预处理

按工艺要求对插件类元器件进行预处理。

3.4.5.2 元器件的焊接与装配

根据元器件焊接与装配的工艺要求进行操作。

1. 元器件焊接的工艺要求

在印制电路板上所焊接的元器件的焊点应大小适中、光滑、圆润、干净，无毛刺；无漏、假、虚、连焊，引脚加工尺寸及成形符合工艺要求；导线长度、剥线头长度符合工艺要求，芯线完好，捻线头镀锡。其中包括贴片焊接和非贴片焊接。

2. 元器件装配的工艺要求

元器件焊接安装无错漏，元器件、导线安装及元器件上字符标识面方向符合工艺要求；电路板上插件位置正确，接插件、紧固件安装可靠牢固；线路板和元器件无烫伤和划伤，整机清洁无污物。

3.4.5.3 产品的检查与调试

1. 汽车前照灯自动开关电路的检测

(1) 电路通电前应仔细检查所有元器件焊接是否正确，例如：是否出现虚焊、连焊、极性焊反和元器件错焊等常见焊接问题。检查无误后用万用表测量电源输入端是否短路，若是一切正常方可进行调试。

(2) 电源电路主要由三端集成稳压 78M09 及滤波电容 C2 组成，输入直流电压为 12 V，稳定输出直流电压为 9 V。

2. 汽车前照灯自动开关电路的调试

(1) 将提供的热塑管一端用烙铁烫密封，套住光电池传感器 E 以表示黑夜完全无光照。

(2) 调试 RP2，使得 IC2 的“12”脚电压在无光照时低于“13”脚，有光照时高于“13”脚。

(3) 根据电路功能调试后实现：完全没有光照时，L1 点亮，汽车前照灯工作在远光状态。当检测到有灯光照射时，L1、L2 交替显示。

3.4.6 考核评价

汽车前照灯自动开关电路的装配与调试考核评价如表 3-4-4 所示。

表 3-4-4　汽车前照灯自动开关电路的装配与调试考核评价参考表

考核时间		实际时间：自　　时　　分起至　　时　　分止		
项目	考核内容	配分	评分标准	扣分
元器件成形及插(贴)装	①元器件成形； ②插装位置、标记、极性、高度； ③元器件排列整齐； ④元器件字向一致	15	①元器件成形正确，无错误，每错误一处扣 3 分； ②插装位置、标记、极性、高度正确，每错误一处扣 3 分； ③元器件排列整齐，无高低不齐，每错误一处扣 2 分； ④元器件字向要一致，每错误一处扣 2 分	
焊接质量	①焊点均匀、光滑、一致； ②元器件引线过长、焊点弯曲	15	①搭锡、假焊、虚焊、漏焊、焊盘脱落、桥焊等现象，每出现一处扣 3 分； ②毛刺、焊料过多、焊料过少、焊点不光滑、引线过长等现象，每出现一处扣 2 分	
整形	元器件整形	10	元器件排列整齐、高低一致，每错误一处扣 2 分	
功能调试	①没有光照时，L1 点亮； ②有光照时，L1、L2 交替点亮	30	①没有光照时，L1 不亮，扣 15 分； ②有光照时，L1、L2 不能交替显示，扣 15 分	
安全文明操作	①工作台上工具摆放整齐； ②操作时轻拿轻放； ③焊板表面整洁； ④严格遵守安全文明操作规程	10	①工作台上工具按要求摆放整齐，焊板表面整洁，不整齐、不整洁酌情扣分； ②焊接时应轻拿轻放不得损坏元器件和工具，每损坏一处扣 3 分	
实习报告	实习报告填写正确、认真	20	具体分值见实习报告	
合计		100		
教师签名：				

3.4.7　拓展提高

1. 汽车前照灯自动开关电路灯光设置

若使得汽车灯光改为晚上无光照时远光灯亮，会车时近光灯亮来设计电路，请画出相应的控制电路部分。

2. 实习报告

汽车前照灯自动开关电路的装配与调试实习报告

班级__________ 姓名__________

(1)依据电路方框图简述电路原理。(10 分)

(2)参数测试。(10 分)

关键点电压的测量:请测量出表 3-4-5 中器件引脚的电压值,并填写好。

表 3-4-5 参数测试记录表

测量点	IC4		IC2					IC3
	第 3 脚	第 6 脚	第 9 脚	第 10 脚	第 12 脚	第 13 脚	第 14 脚	第 3 脚
无光照时								
有光照时								

任务 3.5　声光控延时楼道灯控制电路的装配与调试

3.5.1　效果图

声光控延时楼道灯控制电路效果图如图 3-5-1 所示。

图 3-5-1　声光控延时楼道灯控制电路的效果图

3.5.2　项目描述

声光控延时楼道灯控制电路是利用声波为控制源的新型智能开关，它避免了繁琐的人工开灯，同时具有自动延时熄灭的功能，更加节能，且无机械触点、无火花、寿命长，广泛应用于各种建筑的楼梯过道、走廊等公共场所。常见的声光控延时楼道灯如图 3-5-2 所示。但实际的声光控开关用来学生实训，有一定的危险性，为满足学生实训需要，又能保证学生实训时的安全，特制作了该款声光控延时楼道灯。

图 3-5-2　常见的声光控延时楼道灯

3.5.3 知识准备

3.5.3.1 电路方框图的识读

声光控延时楼道灯控制电路工作原理方框图如图 3-5-3 所示，它是由音频放大电路、电平比较电路、延时开启电路、触发控制电路、恒压源电源电路和晶闸管主回路等组成的。

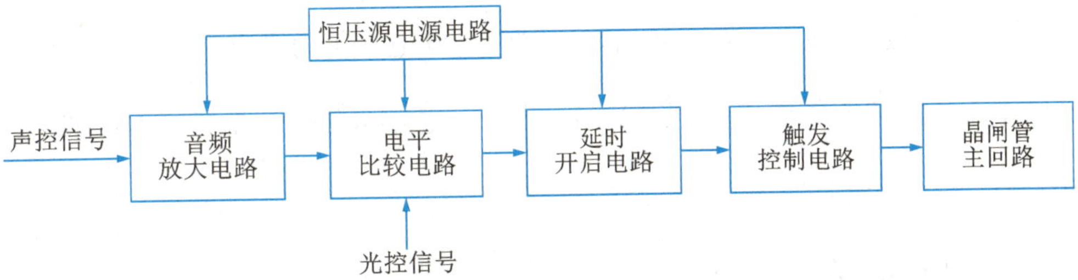

图 3-5-3 声光控延时楼道灯控制电路工作原理方框图

3.5.3.2 电路原理图的识读

在图 3-5-4 所示的声光控延时楼道灯控制电路原理图中，CD4011 为四个 2 输入与非门电路，其功能为有 0 出 1，全 1 出 0。交流电源 12 V 经桥式全波整流和 VD2、电容 C2 滤波获得直流电压(1.2×12 V≈14.4 V)，再经限流电阻 R1，使 VS 稳压管有 U_Z=+6.2V 稳定电压供给电路(灯亮时 U_Z 有所降低)，而灯泡 L 串于整流电路中。白天时，光敏电阻 RG 阻值较小，与非门 U1A 的 2 脚(TP4)输入为低电平 0 态，U1A 门被封锁，即不管 U1A 的 1 脚(TP3)为何种状态，U1A 总是出 1，U1B 出 0，U1C 输入端(TP5)为 0，U1C 出(TP6)1，U1D 出 0，TP7 为低电平，单向晶闸管 VT2 不导通。在晚上天暗时，RG 阻值增大，TP4 为高电平 1 态，U1A 门打开，TP3 信号可传送。若无脚步声或掌声，驻极体话筒 MC 无动态信号。偏置电阻(RP2、R4 和

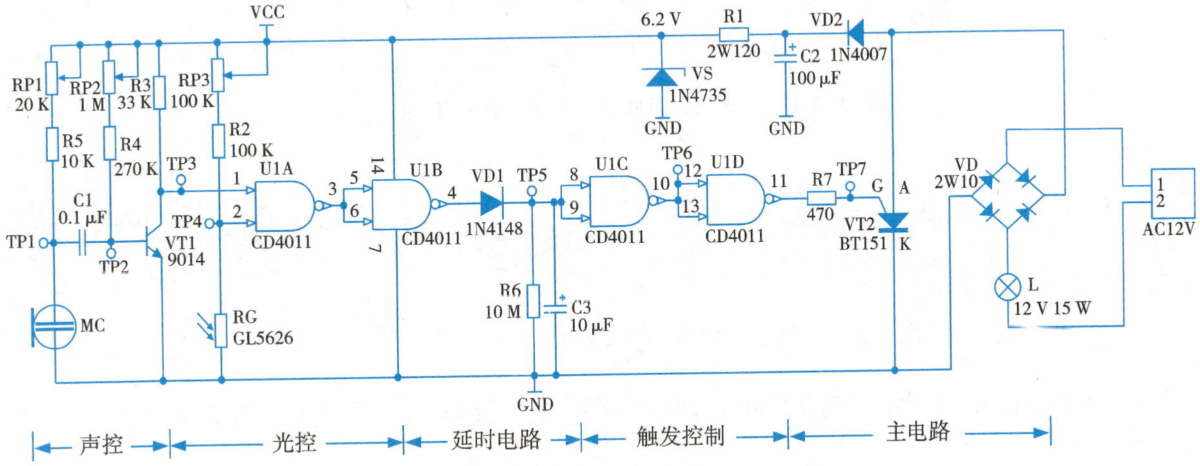

图 3-5-4 声光控延时楼道灯控制电路原理图

R3)使 VT1(NPN 型三极管)导通，TP3 为低电平 0 态，则 U1A 出 1，其余状态与上述相同。晶闸管 VT2 控制极 G 无触发信号，故不导通，灯泡 L 不亮。

晚上当有脚步声或掌声时，驻极体话筒 MC 有动态波动信号输入到放大电路 VT1 的基极，由于电容 C1 的隔直通交作用，加在基极信号相对零电位有正、负波动信号，使集电极输出端 TP3 有高电平 1 态，因此 U1A 出 0，U1B 出 1，二极管 VD1 导通，C3 充电达 5V，TP5 也为 1，U1C 出 0，U1D 出 1 为高电平，R7 为限流电阻，G 端触发信号使 VT2 导通，桥式全波整流电路中串联的灯泡 L 经晶闸管 VT2 导通，灯泡 L 点亮。由于晶闸管导通后的 U_{AK} 正向压降会降至约 1.8V，因此用 VD2 来防止 U_Z 电压下降，避免影响控制电路电源。在脚步声或掌声消失后，电容 C3 上的电压经过 R6 放电，放电开始一段时间 TP5 电平仍为高电平 1，故灯泡 L 仍亮，直到 TP5 电压小于与非门阈值电压 $U_{TH}\left(\frac{1}{2}V_{CC}\right)$。当 U_{AK} 过零电压时，晶闸管 VT2 截止，整个过程持续 30~60 s 后，灯泡 L 熄灭。

3.5.3.3 PCB 板图的识读

通过 PCB 板安装面(图 3-5-5)了解各元器件的安装位置、安装尺寸、电源的正负端等信息。

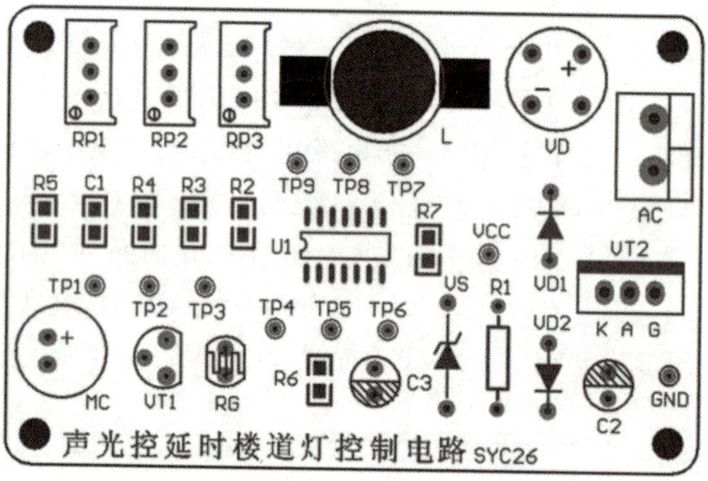

图 3-5-5　声光控延时楼道灯控制电路 PCB 板安装面

3.5.4 装配准备

3.5.4.1 工具、仪器仪表、焊接材料清单的识读

声光控延时楼道灯控制电路装配与调试所需工具、仪器仪表及焊接材料清单如表 3-5-1 所示。

表 3-5-1 所需工具、仪器仪表及焊接材料清单

项目	序号	名称	备注
所需工具	1	电烙铁及烙铁架，烙铁头擦拭海绵	
	2	尖嘴钳	
	3	斜口钳	
	4	镊子	
	5	小一字、十字起	
仪器仪表	1	万用表	
	2	示波器	
焊接材料		焊锡丝、松香、洗板水	

3.5.4.2 元器件清单的识读

对照元器件清单表 3-5-2 认真清理元器件，看实际元器件与清单是否相符，有无少或多的元器件，如果存在少元器件的情况，应立即报告老师进行补充。

表 3-5-2 元器件清单

序号	名称	规格	编号	数量	序号	名称	规格	编号	数量
1	电阻	120/2 W	R1	1	18	桥式整流堆	2W10	VD	1
2		100 K	R2	1	19	三极管	9014	VT1	1
3		33 K	R3	1	20	晶闸管	BT151	VT2	1
4		270 K	R4	1	21	灯泡	12V/15W	L	1
5		10 K	R5	1	22	灯泡座	E10	(配 L)	1
6		10 M	R6	1	23	驻极体话筒	9 mm×7 mm	MC	1
7		470	R7	1	24	集成电路	CD4011	U1	1
8	电位器	20 K	RP1	1	25	IC 插座	14P	(配 U1)	1
9		1 M	RP2	1	26	单排针	11 mm	TP1～TP7	7
10		100 K	RP3	1				VCC，GND	2
11	光敏电阻	GL5626	RG	1	27	电压插座	2P	AC	1
12	瓷片电容	0.1 μF	C1	1	28	杜邦电源线	双色		2
13	电解电容	100 μF/25V	C2	1	29	鳄鱼夹	红+黑		2
14		10 μF/25V	C3	1	30	螺丝	ϕ3×6 mm		4
15	二极管	1N4148	VD1	1	31	铜柱	ϕ3×10 mm		4
16		1N4007	VD2	1	32	电路板	85 mm×58 mm		1
17	稳压二极管	1N4735(6.2V)	VS	1	33	说明书	A4 双面		1

3.5.5 任务实现

3.5.5.1 元器件的检测与预处理

1. 元器件的检测

根据元器件清单，将所有要焊接的元器件检测一遍，并将检测结果填入表 3-5-3 中。

表 3-5-3 元器件检测表

<table>
<tr><th>序号</th><th>名称</th><th>编号</th><th>检测结果</th><th>序号</th><th>名称</th><th>编号</th><th>检测结果</th></tr>
<tr><td>1</td><td rowspan="7">电阻</td><td>R1</td><td></td><td>13</td><td>瓷片电容</td><td>C1</td><td></td></tr>
<tr><td>2</td><td>R2</td><td></td><td>14</td><td>桥式整流堆</td><td>VD</td><td></td></tr>
<tr><td>3</td><td>R3</td><td></td><td>15</td><td>稳压二极管</td><td>VS</td><td></td></tr>
<tr><td>4</td><td>R4</td><td></td><td>16</td><td>灯泡</td><td>L</td><td></td></tr>
<tr><td>5</td><td>R5</td><td></td><td>17</td><td>三极管</td><td>VT1</td><td></td></tr>
<tr><td>6</td><td>R6</td><td></td><td>18</td><td>晶闸管</td><td>VT2</td><td></td></tr>
<tr><td>7</td><td>R7</td><td></td><td>19</td><td>驻极体话筒</td><td>MIC</td><td></td></tr>
<tr><td>8</td><td rowspan="3">电位器</td><td>RP1</td><td></td><td>20</td><td>光敏电阻</td><td>RG</td><td></td></tr>
<tr><td>9</td><td>RP2</td><td></td><td rowspan="2">21</td><td rowspan="2">二极管</td><td>VD1</td><td></td></tr>
<tr><td>10</td><td>RP3</td><td></td><td>VD2</td><td></td></tr>
<tr><td>11</td><td rowspan="2">电解电容</td><td>C2</td><td></td><td>22</td><td></td><td></td><td></td></tr>
<tr><td>12</td><td>C3</td><td></td><td>23</td><td></td><td></td><td></td></tr>
</table>

2. 元器件的预处理

按照工艺要求对元器件进行焊接前的预处理。

3.5.5.2 元器件的插(贴)装与焊接

按照安装顺序，各元器件按图纸的指定位置、孔距进行插(贴)装、焊接。

3.5.5.3 产品的检查与调试

1. 声光控延时楼道灯控制电路焊接安装的检查

对焊接安装进行目视检查和手触检查。

2. 声光控延时楼道灯控制电路的功能调试

为了确保声光控楼道灯电路能够正常工作，也就是说要稳定、准确地反映白天、黑夜灯的变化，在完成声光控延时楼道灯控制电路的焊接与安装后，必须要对电路进行测量和调试。

利用通用仪器(示波器或万用表)对电路进行测量和调整，确保电路能够实现所有功能。

注意事项：

①对光敏电阻暗阻测试时，要求遮挡严实。

②对 C2 和 C3 电解电容极性不能接反，在外壳标有"-"号的一边为负极接地。

③当灯亮时，电容 C3 上的电压(TP5)波形直线为缓慢下降，说明 C3 在放电，当达到低电压时，延时结束，灯泡熄灭。

3.5.6 考核评价

声光控延时楼道灯控制电路的装配与调试考核评价如表 3-5-4 所示。

表 3-5-4 声光控延时楼道灯控制电路的装配与调试考核评价参考表

考核时间		实际时间：自 时 分起至 时 分止		
项目	考核内容	配分	评分标准	扣分
元器件成形及插(贴)装	①元器件成形； ②插装位置、标记、极性、高度； ③元器件排列整齐； ④元器件字向一致	15	①元器件成形正确，无错误，每错误一处扣 3 分； ②插装位置、标记、极性、高度正确，每错误一处扣 3 分； ③元器件排列整齐，无高低不齐，每错误一处扣 2 分； ④元器件字向要一致，每错误一处扣 2 分	
焊接质量	①焊点均匀、光滑、一致； ②元器件引线过长、焊点弯曲	15	①搭锡、假焊、虚焊、漏焊、焊盘脱落、桥焊等现象，每出现一处扣 3 分； ②毛刺、焊料过多、焊料过少、焊点不光滑、引线过长等现象，每出现一处扣 2 分	
整形	元器件整形	10	元器件排列整齐、高低一致，每错误一处扣 2 分	
功能调试	①光控功能正常； ②声控功能正常	30	白天亮灯或者晚上无声发生时亮灯该项不得分	
安全文明操作	①工作台上工具摆放整齐； ②操作时轻拿轻放； ③焊板表面整洁； ④严格遵守安全文明操作规程	10	①工作台上工具按要求摆放整齐，焊板表面整洁，不整齐、不整洁酌情扣分； ②焊接时应轻拿轻放不得损坏元器件和工具，每损坏一处扣 3 分	
实习报告	实习报告填写正确、认真	20	具体分值见实习报告	
合计		100		
教师签名：				

3.5.7 拓展提高

1. 声光控延时楼道灯简单故障的检修

对于未安装成功的套件，可在老师指导下进行维修。或由指导老师设定故障，学生分析解除。

2. 实习报告

声光控延时楼道灯的装配与调试实习报告

班级＿＿＿＿＿＿ 姓名＿＿＿＿＿＿

（1）依据电路方框图简述电路原理。（5 分）

（2）写出元器件清单中部分元器件的检测结果。（5 分）

表 3-5-5 部分元器件检测表

元器件类别	标号	色环颜色	标称值	实测值	备注
电阻 1	R1				
电阻 2	R2				
电容	C2				
二极管	VD1				写出正反向电阻
三极管	VT1				画出引脚图，标出电极
驻极体话筒	MC				画出引脚图，标出电极

（3）填写调试报告。（10 分）

测试过程如下：

①测试稳压管 VS 输出端的电压，应为 6.2 V 左右，用万用表测试。

②将光敏电阻放在自然光照射下，用万用表测量电路中各参考点电压，并记录在表 3-5-6 的序号 1 中。

③将光敏电阻用黑胶带布遮住，在有拍手声的过程中用示波器观察参考点电压波形和灯泡 L 的状态，将结果记录于表 3-5-6 的序号 2 中，并估算灯泡发光持续时间。

表 3-5-6 记录表

序号	测试情况工作条件	TP3	TP4	TP5	TP6	TP7	灯泡 L 的状态
1	光敏电阻受光照射						
2	光敏电阻遮住、有拍手声						灯亮持续时间 = ____s

任务 3.6　八路抢答器的装配与调试

3.6.1　效果图

八路抢答器电路效果图如图 3-6-1 所示。

图 3-6-1　八路抢答器电路效果图

3.6.2　项目描述

抢答器应用非常广泛，是一种在各种竞赛、抢答场合中的必备设备，它能够准确、公正、直观地判断出第一位抢答者，并能迅速、客观地分辨出最先获得发言权的选手。

而要保证公平，完全靠人眼来判断是远远不够的，必须要在抢答器的设计这一源头上下功夫。对于抢答器我们大家都不陌生，抢答器不仅考验选手的反应速度同时也要求选手具备足够的知识面和一定的勇气；它适用于很多竞赛场合，真正实现先抢先答，让最先抢到题的选手来回答问题；选手们都站在同一个起跑线上，体现了公平公正的原则，也增添了娱乐性、刺激性，在一定程度上丰富了人们的业余生活。图 3-6-2 为别开生面的知识抢答场景。

图 3-6-2　别开生面的知识抢答场景

3.6.3　知识准备

3.6.3.1　电路方框图的识读

八路抢答器电路工作原理方框图如图 3-6-3 所示，它是由输入抢答电路、复位电路、编码优先电路、锁存电路、译码电路、显示电路、语音提示电路和电源电路组成的。

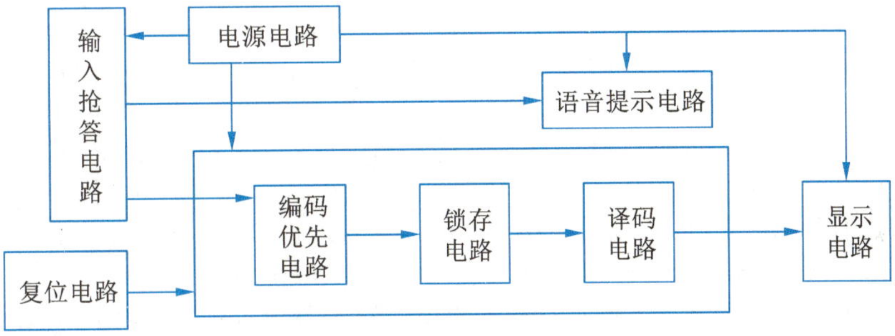

图 3-6-3　八路抢答器电路工作原理方框图

3.6.3.2　主要元器件的识读

1. 显示译码器 CD4511 的识读

CD4511 是一个用于驱动共阴极 LED（数码管）显示器的 BCD 码-七段码译码器。

其特点如下：

（1）具有 BCD 码转换、译码、消隐、锁存控制、七段译码及 CMOS 电路能提供较大的拉电流等功能；通常以反相器作输出级。

（2）可以直接驱动 LED 显示器。CD4511 的内部有上拉电阻，在输入端与数码管笔段端接上限流电阻就可工作。

CD4511 引脚图如图 3-6-4 所示；工作真值表如表 3-6-1 所示。

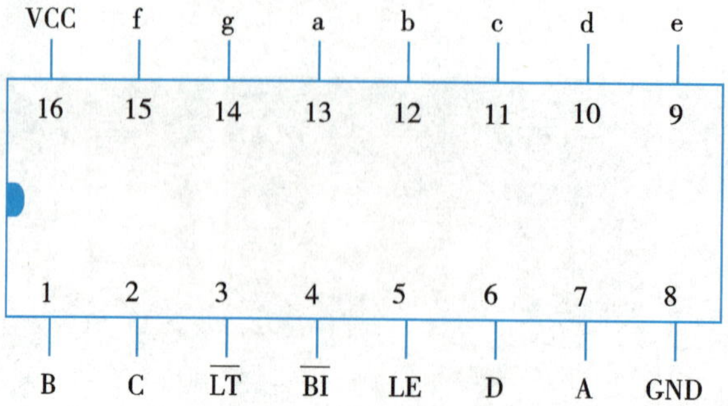

图 3-6-4　CD4511 引脚图

表 3-6-1　CD4511 的工作真值表

输入							输出							显示
LE	$\overline{BI}$	$\overline{LT}$	D	C	B	A	a	b	c	d	e	f	g	
×	1	0	×	×	×	×	1	1	1	1	1	1	1	8
×	0	1	×	×	×	×	0	0	0	0	0	0	0	消隐
0	1	1	0	0	0	0	1	1	1	1	1	1	0	0
0	1	1	0	0	0	1	0	1	1	0	0	0	0	1
0	1	1	0	0	1	0	1	1	0	1	1	0	1	2
0	1	1	0	0	1	1	1	1	1	1	0	0	1	3
0	1	1	0	1	0	0	0	1	1	0	0	1	1	4
0	1	1	0	1	0	1	1	0	1	1	0	1	1	5
0	1	1	0	1	1	0	0	0	1	1	1	1	1	6
0	1	1	0	1	1	1	1	1	1	0	0	0	0	7
0	1	1	1	0	0	0	1	1	1	1	1	1	1	8
0	1	1	1	0	0	1	1	1	1	1	0	1	1	9
0	1	1	1	0	1	0	0	0	0	0	0	0	0	消隐
0	1	1	1	0	1	1	0	0	0	0	0	0	0	消隐
0	1	1	1	1	0	0	0	0	0	0	0	0	0	消隐
0	1	1	1	1	0	1	0	0	0	0	0	0	0	消隐
0	1	1	1	1	1	0	0	0	0	0	0	0	0	消隐
0	1	1	1	1	1	1	0	0	0	0	0	0	0	消隐
1	1	1	×	×	×	×	锁　存							锁存

CD4511 引脚功能介绍如下：

$\overline{BI}$：4 脚是消隐输入控制端。当 $\overline{BI}=0$ 时，不管其他输入端状态如何，七段数码管均处于熄灭（消隐）状态，不显示数字。

$\overline{LT}$：3 脚是测试输入端。当 $\overline{BI}=1$，$\overline{LT}=0$ 时，译码输出全为 1，不管输入 DCBA 状态如何，七段均发亮，显示“8”。它主要用来检测数码管是否损坏。

LE：锁定控制端。当 LE=0 时，允许译码输出；LE=1 时译码输出处于锁定保持状态，译码输出被保持在 LE=0 时的数值。

A、B、C、D：8421BCD 码输入端。

a、b、c、d、e、f、g：译码输出端，输出为高电平 1 有效。

2. NE555

NE555 时基电路脚位功能如表 3-6-2 所示；其外形图、内部结构图分别如图 3-6-5、图 3-6-6 所示。

表 3-6-2　NE555 时基电路脚位功能

脚位	功能	脚位	功能
1	公共地端	5	调节比较器的基准电压端
2	低触发端 TL	6	高触发端 TH
3	输出端 V	7	放电端 DIS
4	强制复位端 MR	8	电源正极 VCC

图 3-6-5　555 时基电路外形图

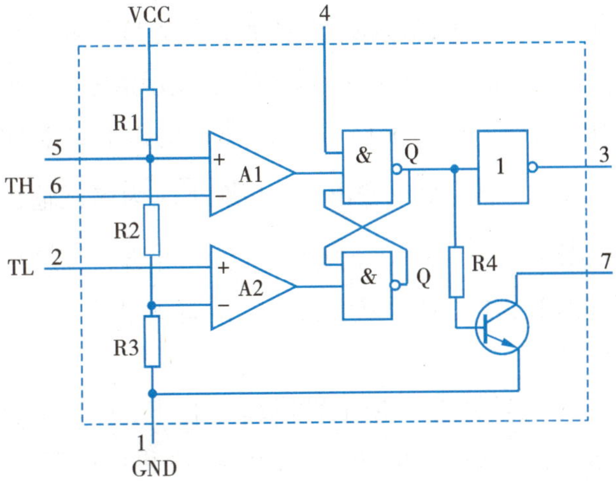

图 3-6-6　NE555 时基电路内部结构图

3. 七段译码显示器

LED 数码管根据 LED 的接法不同分为共阴极和共阳极两类。将多只 LED 的阴极连在一起即为共阴极，而将多只 LED 的阳极连在一起即为共阳极。以共阴极为例，如把阴极接地，在相应段的阳极接上高电平，该段即会发光。

七段 LED 数码管是在一定形状的绝缘材料上，利用单只 LED 组合排列成“8”字形的数码管。七段数码管笔段图、外形图、结构图如图 3-6-7、图 3-6-8 所示。

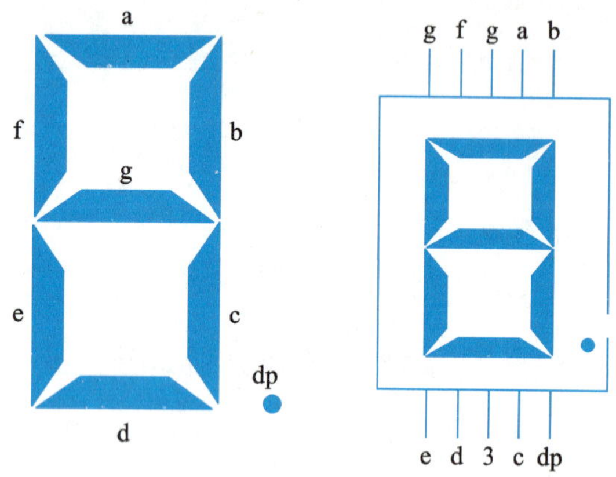

(a) 8 字形的数码管笔段图　(b) 8 字形的数码管外形图

图 3-6-7　七段数码管

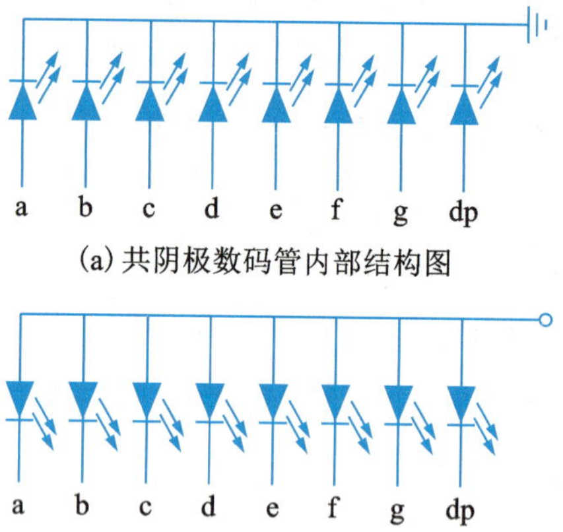

(a) 共阴极数码管内部结构图

(b) 共阳极数码管内部结构图

图 3-6-8　七段数码管结构图

3.6.3.3　八路抢答器电路原理图的识读

如图 3-6-9 所示，利用 8 个常开按钮开关 S1～S8 和 12 只二极管 D1～D12 以及 R1、R2、R3 组成抢答器的输入电路。S1～S8 为自复式常开按钮开关，分别作为 8 个抢答按钮，与 VCC 相连，以保证按钮未按下时，锁存器的输入端为高电平。

开关 S9 为主持人发出抢答命令时用的自复位常开式按钮开关。按下 S9 后，提示喇叭 BUZ1 响，可同时进行八路优先抢答。优先抢答者的号数抢答成功后，其他各路按键按下，显示不会改变，除非按复位键。复位后，显示清零，可继续抢答，S9 为复位键。

CD4511 是一片集锁存、译码、驱动电路于一体的集成电路，其中 1、2、6、7 脚为 BCD 码输入端，9～15 脚为显示输出端；3 脚($\overline{LT}$)为测试输出端，当 $\overline{LT}$ 为 0 时，输出全为“1”；4 脚($\overline{BI}$)为消隐端，$\overline{BI}$ 为“0”时输出全为 0；5 脚(LE)为锁存允许端，当 LE 由“0 变为“1”时，输出端保持 LE 为“0”时的显示状态。16 脚为电源正，8 脚为电源负。焊接完成后通电显示为 0，可以直接抢答。

如：第三号台选手抢到答题权后，按下 S3，VCC 通过 S3 经 D3、R1，D4、R2 分压后，分别为 CD4511 的 7 脚(A 端)和 1 脚(B 端)提供高电平“1”，此时，CD4511 芯片的 6、2、1、7 脚 DCBA 端分别为 0011，显示器将显示“3”，表示第三号台选手抢答成功，同时，NE555 时基电路发出提示音。此后无论谁再按键，都不能使锁存器的数据发生变化，音响提示电路也不会产生音响。

NE555 定时器及外围电路组成抢答器语音提示电路。

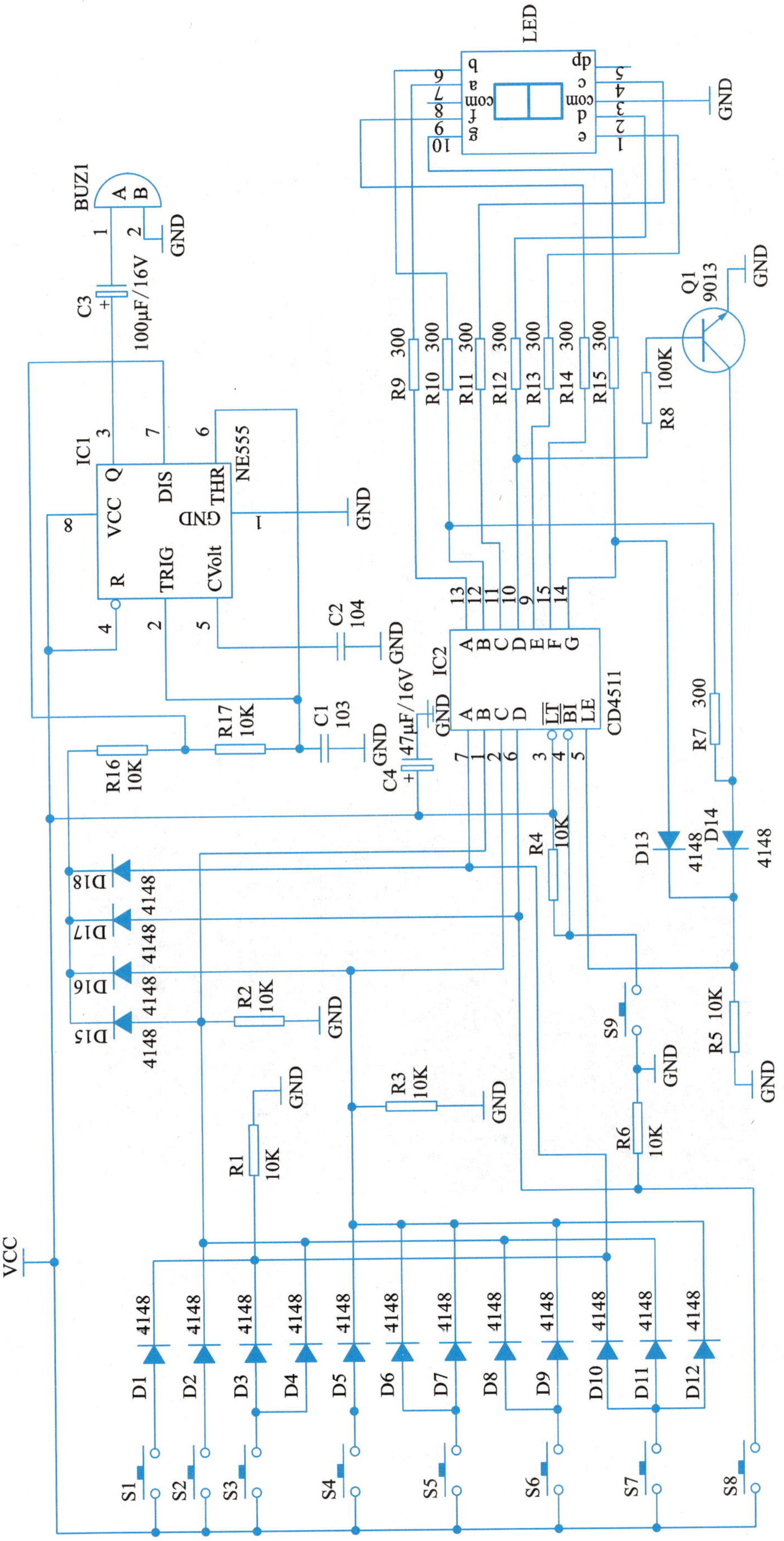

图3-6-9 八路抢答器电路原理图

3.6.3.4 PCB 板图的识读

八路抢答器 PCB 空板正、反面示意图如图 3-6-10 所示。

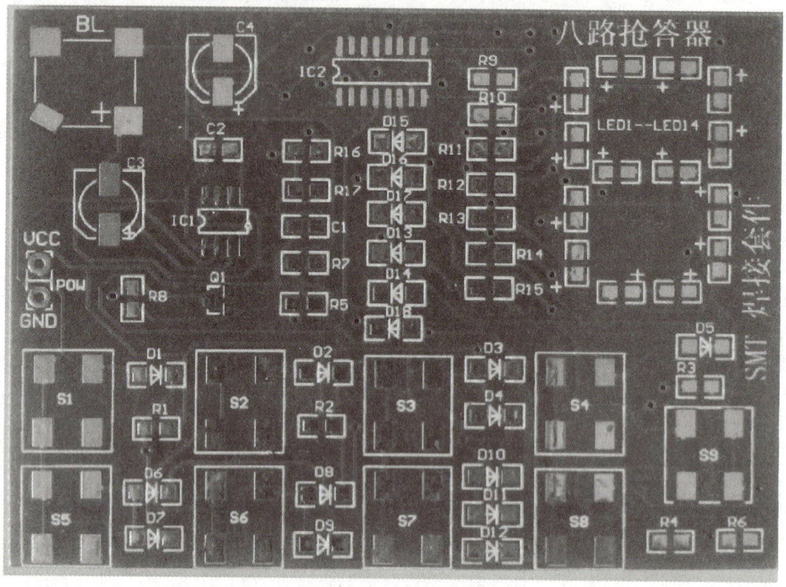

(a) 正面

(b) 反面

图 3-6-10　八路抢答器 PCB 空板正、反面示意图

3.6.4　装配准备

3.6.4.1　工具、仪器仪表及焊接材料清单的识读

八路抢答器所需工具、仪器仪表及焊接材料清单如图 3-6-3 所示。

表 3-6-3　所需工具、仪器仪表及焊接材料清单

项目	序号	名称	备注
所需工具	1	电烙铁及烙铁架，烙铁头擦拭海绵	
	2	尖嘴钳	
	3	斜口钳	
	4	镊子	
	5	小一字、十字起	
仪器仪表	1	万用表	
	2	示波器	
焊接材料		焊锡丝、松香、洗板水	

3.6.4.2　元器件清单的识读

对照元器件清单表 3-6-4 认真清理元器件，看实际元器件与清单是否相符，有无少或多的元器件，如果存在少元器件的情况，学生应报告老师进行补充。

表 3-6-4　元器件清单

序号	名称	规格	编号	数量	序号	名称	规格	编号	数量
1	电阻	100 K	R8	1	10	集成电路	CD4511	IC2	1
2		10 K	R1～R6、R16、R17	8	11		NE555	IC1	1
3		300	R7、R9～R15	8	12	三极管	9013	Q1	1
4	电解电容	100 μF	C3	1	13	蜂鸣器		BUZ1	1
5		47 μF	C4	1	14	发光二极管		LED1～LED14	1
6	瓷片电容	103	C1	1	15	按键	6 mm×6 mm ×5 mm	S1～S9	9
7		104	C2	1	16	电路板		1	
8	二极管	1N4148	D1～D18	18	17	说明书		1	

八路抢答器电路安装材料实物如图 3-6-11 所示。

3.6.5　任务实现

3.6.5.1　元器件的检测、预处理与安装要求

1. 元器件的检测

根据元器件清单，将所有要焊接的元器件检测一遍，并将检测结果填入表 2-6-5 中。

2. 元器件的预处理

根据元器件焊接工艺的要求对元器件进行预处理。

图 3-6-11　八路抢答器电路安装材料实物图

3. 元器件安装要求

在印制电路板上所焊接的元器件的焊点应大小适中、光滑、圆润、干净，无毛刺；无漏、假、虚、连焊，无拉尖等，符合 SMT 焊接工艺要求。

表 2-6-5　元器件的检测结果

序号	名称	编号	检测结果	备注
1	电　阻	R8		
2		R1～R6、R16、R17		
3		R7、R9～R15		
4	电解电容	C3		
5		C4		
6	电　容	C1		
7		C2		
8	开关二极管	D1～D18		
10	集成电路	IC2(CD4511)	基本不可测量	
11		IC1(NE555)		
12	三极管	Q1		
13	蜂鸣器	BUZ1		
14	发光二极管	LED1～LED14		

3.6.5.2　元器件的贴装与焊接

按照工艺要求对元器件进行插装与焊接，安装步骤如下：

第一步：在 PCB 安装板上将 17 只电阻焊接好，如图 3-6-12 所示。

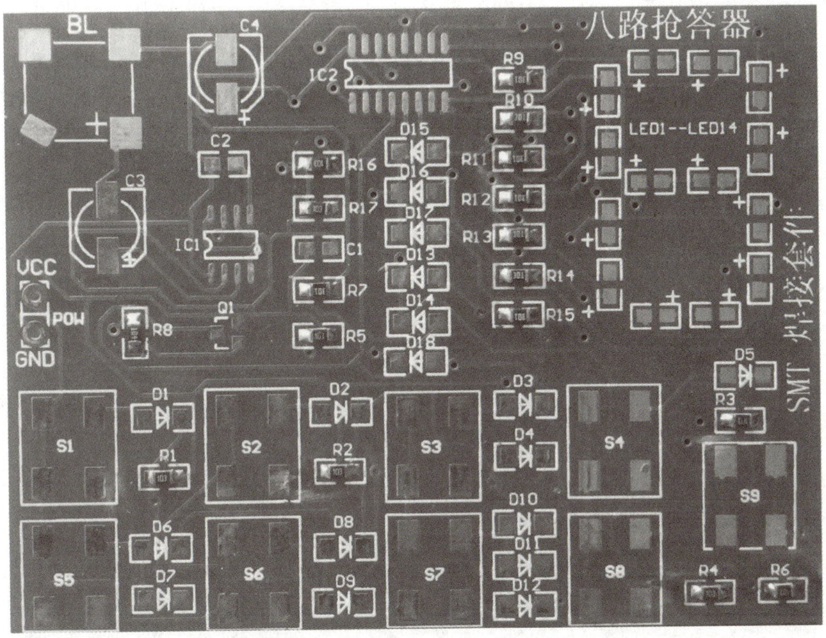

图 3-6-12　第一步装配示意图

注意：焊接时注意各元器件对应位置确保无误时再进行焊接，安装电阻时，电阻要与焊盘对位整齐并紧贴 PCB 板安装。

第二步：将 2 只贴片电容 C1、C2 安装在电路板上，如图 3-6-13 所示。安装贴片电容 C1、C2 时，注意容量即可。

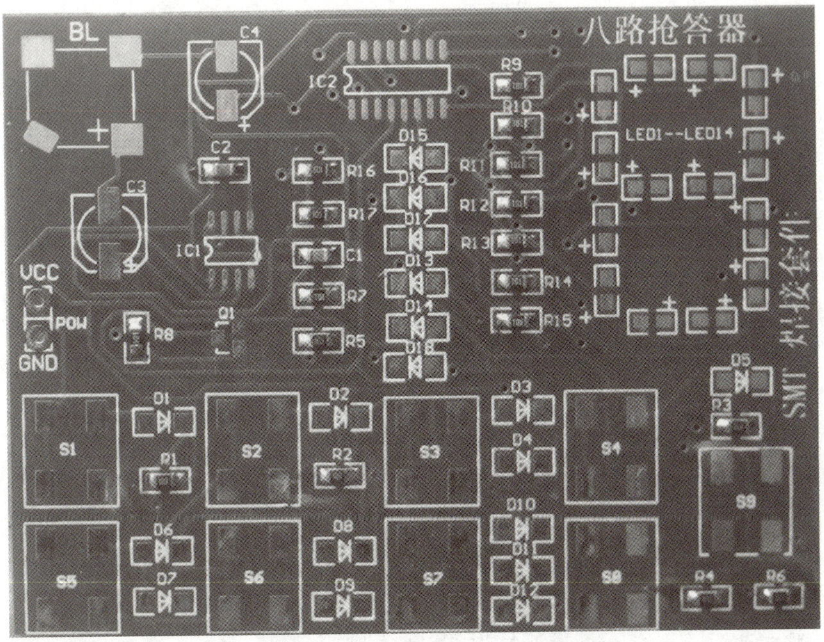

图 3-6-13　第二步装配示意图

第三步：将 2 只集成电路紧贴 PCB 板上安装、焊接好，如图 3-6-14 所示。

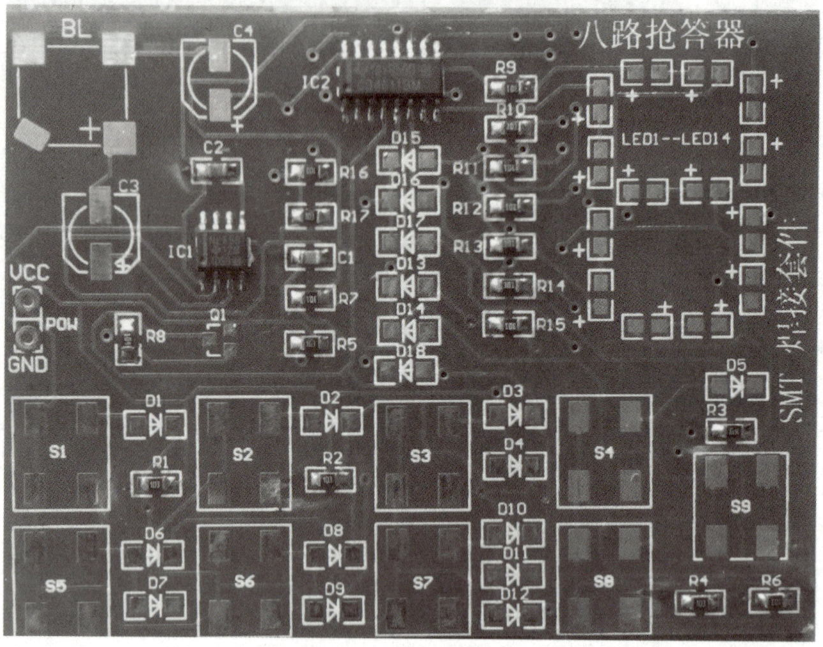

图 3-6-14　第三步装配示意图

注意： 集成电路安装时，特别要注意其脚位不要搞错，两边引脚要与焊盘完全重合，绝不允许错位与倾斜。

第四步：安装发光二极管 LED1～LED14 与三极管 Q1，如图 3-6-15 所示。

注意： 发光二极管安装时要注意正、负极，焊接时速度要快，以免烫坏二极管。安装三极管要注意其引脚，与电路板对准并紧贴即可。

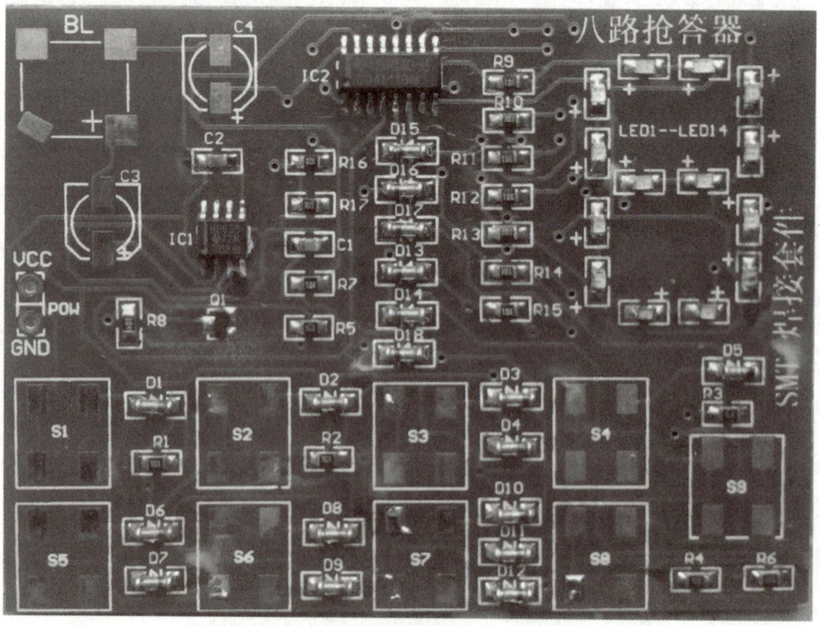

图 3-6-15　第四步装配示意图

第五步：安装电解电容 C3、C4，如图 3-6-16 所示。

注意： 电解电容 C3、C4 的安装，注意其正、负极。

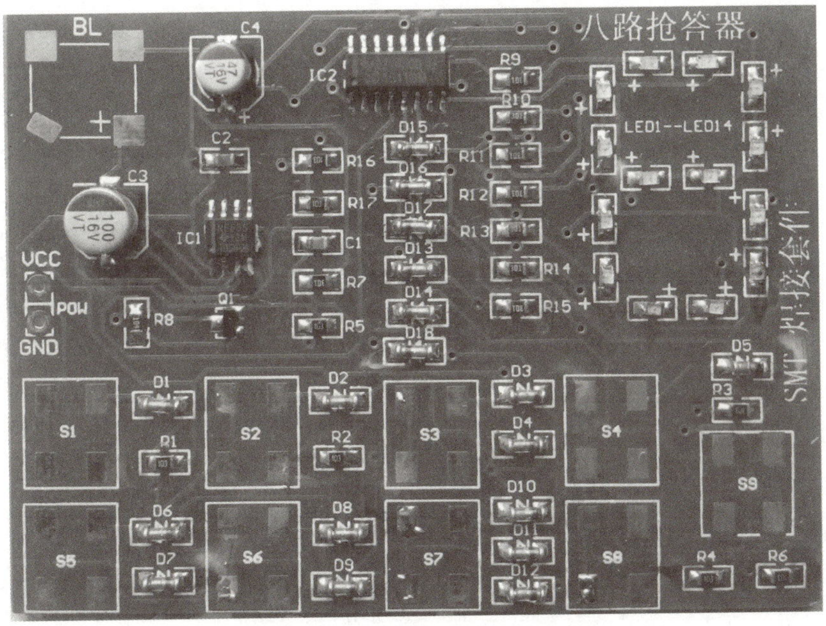

图 3-6-16　第五步装配示意图

第六步：安装轻触按键 S1～S9 和蜂鸣器，如图 3-6-17 所示。此时电路安装完成。

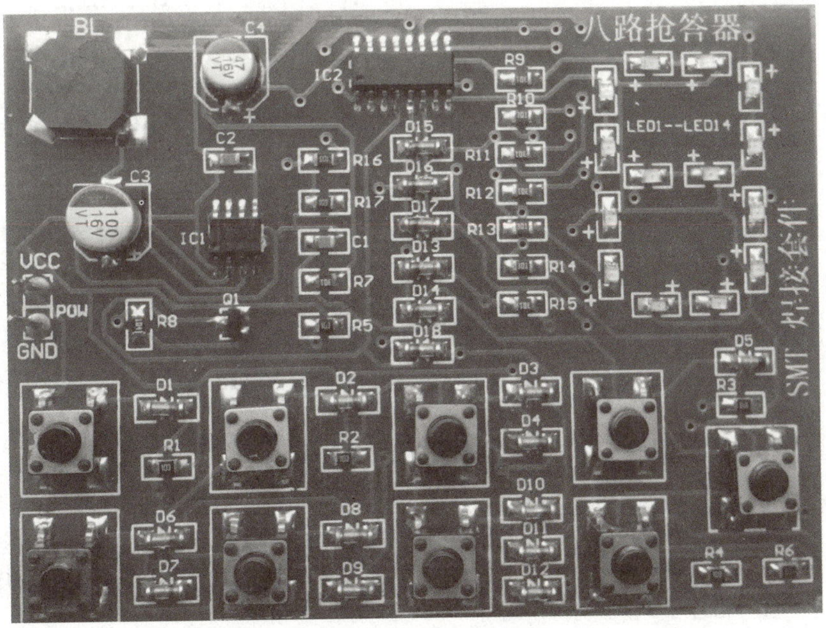

图 3-6-17　第六步装配示意图

3.6.5.3　产品的检查与调试

组装完成并经目视、手触检查无误后，为了确保电路能够正常工作，必须要对电路进行检查和调试。本八路抢答器电路元器件只要安装无误，即可正常工作。

3.6.6 考核评价

八路抢答器电路的装配与调试考核评价如表 3-6-6 所示。

表 3-6-6 八路抢答器电路的装配与调试考核评价参考表

考核时间		实际时间：自 时 分起至 时 分止		
项目	考核内容	配分	评分标准	扣分
元器件成形及插(贴)装	①元器件成形； ②插装位置、标记、极性、高度； ③元器件排列整齐； ④元器件字向一致	15	①元器件成形正确，无错误，每错误一处扣 3 分； ②插装位置、标记、极性、高度正确，每错误一处扣 3 分； ③元器件排列整齐，无高低不齐，每错误一处扣 2 分； ④元器件字向要一致，每错误一处扣 2 分	
焊接质量	①焊点均匀、光滑、一致； ②元器件引线过长、焊点弯曲	15	①搭锡、假焊、虚焊、漏焊、焊盘脱落、桥焊等现象，每出现一处扣 3 分； ②毛刺、焊料过多、焊料过少、焊点不光滑、引线过长等现象，每出现一处扣 2 分	
整形	元器件整形	10	元器件排列整齐、高低一致，每错误一处扣 2 分	
功能调试	抢答、锁存、显示、语音提示功能正常	30	①通电正常，应显示“0”，错误扣 10 分 ②按任意数字键，显示对应数字后，再按其他数字键无效为正常，错误扣 10 分 ③按任意数字键，显示对应数字后，再按“S9 复位”键，然后按其他任意数字键，应显示该数字为正常，错误扣 10 分	
安全文明操作	①工作台上工具摆放整齐； ②操作时轻拿轻放； ③焊板表面整洁； ④严格遵守安全文明操作规程	10	①工作台上工具按要求摆放整齐，焊板表面整洁，不整齐、不整洁酌情扣分； ②焊接时应轻拿轻放不得损坏元器件和工具，每损坏一处扣 3 分	
实习报告	实习报告填写正确、认真	20	具体分值见实习报告	
合计		100		
教师签名：				

3.6.6 拓展提高

1. 八路抢答器简单故障的检修

对于未安装成功的套件，可在老师指导下进行维修。或由指导老师设定故障，学生分析解除。

2. 实习报告

八路抢答器的装配与调试实习报告

班级＿＿＿＿＿＿ 姓名＿＿＿＿＿＿

（1）依据电路方框图简述电路原理。（10 分）

（2）写出元器件清单中部分元器件的检测结果。（10 分）

表 3-6-7 部分元器件的检测结果

元器件类别	编号	数码标示	标称值	实测值	备注
电阻 1	R1				
电阻 2	R9				
电阻 3	R16				
二极管	1N4148				写出正、反向电阻（R×100 挡）
三极管	9013				画出引脚图，标出电极

3. 通过八路抢答器的组装谈谈你的感受。

（学到了什么，得到了什么，还有哪些方面的不足，今后如何去提高等）

参考文献

[1] 胡峥. 电子产品装配及工艺[M]. 北京：高等教育出版社，2019

[2] 刘进峰. 电子产品装配与调试[M]. 北京：中国劳动社会保障出版社，2020

[3] 张龙兴. 电子技术基础[M]. 第2版. 北京：高等教育出版社，1999

[4] 钟名湖. 电子产品结构工艺[M]. 第2版. 北京：高等教育出版社，2010

[5] 邱勇进. 电子产品装配与调试[M]. 北京：机械工业出版社，2012

[6] 罗国强，罗伟. 实用模拟电子技术项目教程[M]. 北京：科学出版社，2011

[7] 朱向阳，罗国强. 实用数字电子技术项目教程[M]. 北京：科学出版社，2009

[8] 戴树春. 电子产品装配与调试[M]. 北京：机械工业出版社，2012

图书在版编目(CIP)数据

电子产品装配与调试 / 吴明波，晏学峰主编. —2 版.
—长沙：中南大学出版社，2023.8
ISBN 978-7-5487-4742-0

Ⅰ. ①电… Ⅱ. ①吴… ②晏… Ⅲ. ①电子设备—组装—中等专业学校—教材②电子设备—调试方法—中等专业学校—教材 Ⅳ. ①TN05②TN06

中国版本图书馆 CIP 数据核字(2021)第 249460 号

电子产品装配与调试

DIANZI CHANPIN ZHUANGPEI YU DIAOSHI

吴明波　晏学峰　主编

□出 版 人　吴湘华
□责任编辑　胡小锋
□责任印制　唐　曦
□出版发行　中南大学出版社
社址：长沙市麓山南路　邮编：410083
发行科电话：0731-88876770　传真：0731-88710482
□印　　装　长沙印通印刷有限公司

□开　　本　889 mm×1194 mm 1/16　□印张 14　□ 字数 337 千字
□版　　次　2023 年 8 月第 2 版　□印次 2023 年 8 月第 1 次印刷
□书　　号　ISBN 978-7-5487-4742-0
□定　　价　36.00 元

图书出现印装问题，请与经销商调换